# 离散调制信号 MIMO传输技术

吴泳澎／著

## MIMO Transmission Technology for Discrete Modulated Signals

人民邮电出版社
北京

图书在版编目（CIP）数据

离散调制信号MIMO传输技术 / 吴泳澎著. -- 北京 : 人民邮电出版社, 2022.10
ISBN 978-7-115-59063-3

Ⅰ. ①离… Ⅱ. ①吴… Ⅲ. ①移动通信－通信系统－无线传输技术 Ⅳ. ①TN929.5

中国版本图书馆CIP数据核字(2022)第069883号

## 内 容 提 要

本书主要介绍离散调制信号 MIMO 传输理论与方法，重点关注了三方面的内容：离散调制信号基础理论、均匀分布离散调制信号 MIMO 预编码设计、非均匀分布离散调制信号 MIMO 最优传输方法。本书共 6 章，分为 3 个部分：第 1～3 章概述移动通信系统和 MIMO 传输技术的发展历程及趋势，并介绍 MIMO 传输理论极限及离散调制信号基础理论；第 4 章、第 5 章分别介绍离散调制信号下的点对点 MIMO 传输和多用户 MIMO 传输；第 6 章讨论基于概率幅度成型的离散调制信号 MIMO 传输。

本书适合无线通信领域的科研人员、教学人员和相关专业的研究生阅读，也可供相关工程技术人员参考。

◆ 著　　　吴泳澎
责任编辑　贺瑞君
责任印制　李　东　焦志炜

◆ 人民邮电出版社出版发行　北京市丰台区成寿寺路 11 号
邮编　100164　电子邮件　315@ptpress.com.cn
网址　https://www.ptpress.com.cn
固安县铭成印刷有限公司印刷

◆ 开本：700×1000　1/16
印张：12　　　2022 年 10 月第 1 版
字数：203 千字　　　2022 年 10 月河北第 1 次印刷

定价：79.80 元

读者服务热线：(010)81055552　印装质量热线：(010)81055316
反盗版热线：(010)81055315
广告经营许可证：京东市监广登字 20170147 号

# 序

移动通信产业为网络和信息服务提供基础设施，能极大地支撑经济社会发展，具有战略性、基础性和先导性意义，近二十年一直保持着迅猛发展的态势。

面对当前频谱资源日益紧缺的情况，为寻求突破，利用多输入多输出（Multiple-Input Multiple-Output，MIMO）传输技术深入挖掘空间维度资源，提高移动通信系统的频谱利用率和功率效率，已成为重要的战略研究方向。目前第五代移动通信（the 5th Generation Mobile Communication，5G）系统中的MIMO传输技术采用单调制方式多空域子信道，即奇异值分解（Singular Value Decomposition，SVD）后的空间并行子信道发送方案。空间并行子信道发送方案的理论基础是达到MIMO信道容量的经典注水功率分配策略。该策略是在假设发射信号是理想高斯调制信号的前提下推导出的最优发送策略。然而，实际的通信系统中采用的往往是离散调制信号，如相移键控（Phase Shift Keying，PSK）调制信号、脉冲幅度调制（Pulse Amplitude Modulation，PAM）信号、正交幅度调制（Quadrature Amplitude Modulation，QAM）信号等。因此，基于理想高斯调制信号获得的空间并行子信道发送方案在实际通信系统中并非最优选择。

针对这一问题，学术界和工业界近年来都开始关注离散调制信号MIMO传输，期望能在实际通信系统采用的离散调制发射信号下获得逼近香农极限的最优MIMO传输策略。本书系统介绍了离散调制信号MIMO传输的基本理论和新的研究成果。

目前，市面上已有不少介绍MIMO传输技术的图书，但还没有专门讨论离散调制信号MIMO传输的图书。本书专注于研究离散调制信号MIMO传输的基础理论和关键技术，从原理出发，介绍理论推导、算法设计、仿真评估和复杂度分析等，结构清晰、论证翔实，既可作为高等院校通信相关专业研究生的教学参考书，也可作为学术界和工业界通信领域研究人员的参考书。希望本书能够有助于吸引更多的通信领域专业人员从事离散调制信号MIMO传输的研究，这对于改进目前5G系统中的MIMO传输技术有重要意义。

丁峙

# 前言

MIMO传输技术可以利用信道在空域的特征达到复用时域资源、增强信号、抑制干扰的目的，从而有效提高系统的频谱利用率和功率效率。近二十年来，MIMO传输技术一直是移动通信领域的主要研究方向，同时受到工业界和学术界的广泛关注，对宽带无线移动通信的发展产生了重要影响。MIMO传输技术如今已经成为4G、5G和Wi-Fi等多个主流无线通信系统的核心技术。

传统的关于MIMO信道容量的理论研究虽然能为实际应用提供很好的理论基础，但其存在一个根本性的问题：达到容量界的输入信号必须服从高斯分布。然而，在实际的通信系统中，高斯调制信号至今没有被采用。这主要是因为：高斯调制信号的幅度没有取值界限，可能导致发射信号的功率非常高；高斯调制信号是连续分布的，会极大地增加接收机的信号检测复杂度。实际通信系统中常采用的是离散调制信号，如PSK调制信号、PAM信号、QAM信号等，把理想高斯调制信号的研究结果直接应用于实际的离散调制信号系统，会导致非常严重的性能损失。因此，近年来对离散调制信号MIMO传输的研究开始引起工业界和学术界的极大兴趣。

本书从MIMO传输和离散调制信号通信系统的原理出发，较为全面地介绍了离散调制信号MIMO传输目前的理论研究结果和关键技术。本书作者长期从事离散调制信号MIMO传输理论与关键技术的研究工作，承担过多项国家级和移动通信行业领军企业的重点科研项目，在理论研究和工程实践方面都有较深积累。本书内容是作者多年研究的总结和梳理，书中介绍的离散调制信号MIMO传输方法较好地结合了理论研究与工程实践，非常适合高等院校中具有一定专业基础的学生、科研工作者，以及企事业机构中从事相关领域研究的工作人员阅读。

在撰写本书的过程中，作者得到了许多专家的帮助，他们是美国里海大学的肖承山教授、美国加利福尼亚大学戴维斯分校的丁峙教授、东南大学的高西奇教授和金石教授、美国高通公司的曾维亮博士和王明晰博士，在此一并表示感谢。同时，也要感谢在撰写和整理本书的过程中提供过帮助的学生们，他们是冯必乾、高俊园、谢欣宇、李天雅、沈博潇、施雨轩、腾龙、鄢高鹏、冯杰、史晨超、曹晨、黄殊凡、宋凯、沈力等。

此外，非常感谢国家自然基金项目（编号：62122052和62071289）和国家重点研发项目“大规模无线通信物理层基础理论与技术”（编号：2018YFB1801102）对本书的资助。

最后，十分感谢家人对我工作的理解和大力支持。

作者

# 主要符号表

| | |
|---|---|
| $\mathbb{C}$ | 复数集 |
| $\mathbb{R}$ | 实数集 |
| $x$ | 变量 |
| $\boldsymbol{x}$ | 向量 |
| $\boldsymbol{X}$ | 矩阵 |
| $\mathrm{E}_{\pi}\left\{f(\bullet)\right\}$ | 函数 $f(\bullet)$ 对在分布 $\pi$ 下的期望，意义明确时简写为 $\mathrm{E}\left\{f(\bullet)\right\}$ |
| $\odot$ | 点积运算 |
| $\otimes$ | 叉乘运算 |
| $\mathrm{vec}(\boldsymbol{H})$ | 将矩阵 $\boldsymbol{H}$ 按列拉直成向量 |
| $\min(x,y)$ | 取 $x$ 和 $y$ 中的较小值 |
| $\log_2(\bullet)$ 和 $\ln(\bullet)$ | 对数函数，底数分别为2和e |
| $\det(\boldsymbol{X})$ | 矩阵 $\boldsymbol{X}$ 的行列式 |
| $\boldsymbol{X} \sim \mathrm{CN}(u, \boldsymbol{A} \otimes \boldsymbol{B})$ | $\boldsymbol{X}$ 是均值为$u$，协方差矩阵为 $\boldsymbol{A} \otimes \boldsymbol{B}$ 的复高斯分布矩阵，其中$\boldsymbol{A}$、$\boldsymbol{B}$表示确定性的正定矩阵 |
| $\boldsymbol{I}_N$ | $N \times N$ 维的单位矩阵 |
| $(\bullet)^+$ | 大于等于0的实数 |
| $\mathrm{tr}(\boldsymbol{X})$ | 求矩阵$\boldsymbol{X}$的迹 |
| $\lvert x \rvert$ 和 $\lVert \boldsymbol{x} \rVert$ | 变量 $x$ 和向量$\boldsymbol{x}$的模 |
| $\mathrm{diag}(\boldsymbol{x})$ | 将向量$\boldsymbol{x}$对角化 |
| $\boldsymbol{e}_i$ | 第 $i$ 个元素为1，其余元素为0的向量 |

# 目 录

# 第1章
# 移动通信系统和 MIMO 传输技术的发展历程及趋势

近年来，宽带移动通信技术正成为新一轮技术变革的焦点，为了满足人类社会高速增长的信息交换需求，其正不断地向高速化、灵活化、智慧化方向演进。

自20世纪20～40年代专用车载移动通信系统被开发出来至今，移动通信技术取得了突飞猛进的发展，已成为当代通信领域中发展潜力巨大、市场前景广阔的研究热点。然而，从移动通信系统诞生至今，频谱资源紧缺一直是制约其发展的最大瓶颈。MIMO传输技术可以充分挖掘空间维度资源，实现移动通信系统中频谱资源的高效利用，为移动通信系统的可持续发展提供理论保障和技术支撑。本章将分别介绍移动通信系统和MIMO传输技术的发展历程及趋势。

# | 1.1 移动通信系统的发展历程 |

本节主要介绍从第一代移动通信（the 1st Generation Mobile Communication，1G）系统到5G系统的发展历程。

## 1.1.1 第一代移动通信系统

1G系统的技术前身是移动电话网络，又称0G。与0G相比，1G系统的核心突破是20世纪70年代美国贝尔实验室提出的蜂窝网的概念，即在移动通信网中引入了小区的概念。引入小区的划分使得频率复用成为可能，从而极大地提高了系统容量。

1G系统真正开始推进产业化的标志是1978年由美国贝尔实验室成功研制的模拟制式蜂窝高级移动电话系统（Advanced Mobile Phone System，AMPS）。随后，曾在北欧国家、瑞士、荷兰及包括俄罗斯在内的东欧国家广泛使用的北欧移动电话（Nordic Mobile Telephone，NMT）系统，英国的全入网通信系统（Total Access Communication System，TACS），德国、葡萄牙及南非的C网络（C-450）等相继研制成功并投入使用。而日本的1G系统使用了多种制式，分别是由NTT公司设计的TZ-801、TZ-802和TZ-803，以及DDI公司的日本全入网通信系统（Japan Total Access Communication System，JTACS）标准。中国的第一代模拟移动通信系统于1987年11月在广东省举办的第六届全运会期间开通并正式商用，采用的是英国的TACS制式。

1G系统以进行语音通话为目的，利用频分多址（Frequency Division Multiple Access，FDMA）模拟制式，即每30kHz（或25kHz）为一个模拟用户信道，实现模拟信号调制的语音传输。20世纪80年代，1G系统在商业上取得了巨大的成功，但其局限性也逐渐暴露出来。由于采用的是模拟技术，1G系统的频谱利用率非常低，业务种类有限，无法支持高速数据业务，而且安全性和抗干扰能力也存在较大的问题，容易被窃听和盗号。此外，支持1G系统的设备体积大、重量大，且价格非常昂贵，不利于大规模推广和应用。例如，图1.1所示为支持1G系统的摩托罗拉（Motorola）DynaTAC 8000X手机，它重2磅（约0.9kg），单次通话时间仅约半小时，当时（1990年左右）的售价为3995美元，折合约3万元人民币。

图 1.1　摩托罗拉 DynaTAC 8000X 手机

### 1.1.2 第二代移动通信系统

与1G系统直接以模拟信号的方式进行语音传输相比，第二代移动通信（the 2nd Generation Mobile Communication，2G）系统是以数字化方式传输语音。除具有通话功能外，某些2G系统还引入了短信功能。还有一些2G系统也支持信息传输量较小的电子邮件、软件等数据业务。与模拟移动通信网相比，2G系统提高了频谱利用率，支持多种业务，并与综合业务数字网（Integrated Services Digital Network，ISDN）等兼容。2G系统以传输语音和低速数据为目的，因此又称为窄带数字通信系统。

2G系统的典型代表包括欧洲的全球移动通信系统（Global System for Mobile Communication，GSM）、美国的数字式高级移动电话系统（Digital Advanced Mobile Phone System，D-AMPS）和IS-95x系统等。20世纪80年代中期，欧洲率先推出了泛欧数字移动通信（即GSM）体系。随后，美国也推出了D-AMPS和IS-95x数字移动通信体系。当时日本也独立开发出了一套2G系统——个人数字蜂窝（Personal Digital Cellular，PDC）。从技术角度讲，2G技术基本上可依照采用的复用技术分成两类：一类是基于时分多址（Time Division Multiple Access，TDMA）技术发展出来的系统，以GSM、D-AMPS和PDC等为代表；另一类则是基于码分多址（Code Division Multiple Access，CDMA）技术发展出来的系统，以IS-95x为代表。2G系统早期以传输语音和低速数据为主。为了解决中速数据传输问题，从1996年开始，欧洲和美国又分别推出了2.5代的通用分组无线业务（General Packet Radio Service，GPRS）和IS-95B。在此基础上，一些物理层增强型技术相继出现，包括增强型数据速率GSM演进（Enhanced Data Rates for GSM Evolution，EDGE）技术（又称2.75代技术），以及高速电路交换数据（High-Speed Circuit-Switched Data，HSCSD）业务等。这些技术的基本思路是将多个语音信道捆绑在一起，用以支持基于电路交换的数据业务。这些技术虽然能够利用语音系统支持中低速数据业务传输，然而从系统整体来看，数据业务的空中接口频谱利用率仍较低。

### 1.1.3 第三代移动通信系统

国际电信联盟（International Telecommunication Union，ITU）于1985年提出了第三代移动通信（the 3rd Generation Mobile Communication，3G）系统的概念，称为未来公众陆地移动电信系统（Future Public Land Mobile Telecommunication

System，FPLMTS）。1996年，该系统更名为国际移动通信-2000（International Mobile Telecommunication-2000，IMT-2000），表示其工作在2000MHz频段，最高能够提供2000kbit/s的业务速率，于2000年左右获得大规模商用。3G系统能支持多种类型的高质量多媒体业务，具有全球漫游能力，用户可以利用小型便携式终端在任何时候、任何地点进行通信，并且能够与固定网络兼容，实现全球无缝覆盖。

随后，各个国家和合作组织根据ITU的基本要求，开始针对3G系统提出无线传输技术的提案。不同技术提案之间的融合工作，即3G的标准化工作，主要是由3GPP（3rd Generation Partnership Project）和3GPP2这两个标准化组织来推动和实施。3GPP成立于1998年12月，其无线接入技术主要采用欧洲和日本的宽带CDMA（Wide band CDMA，WCDMA）技术，在交换网方面，则是在GSM移动交换网络的基础上平滑演进，提供更加多样化的业务。3GPP2成立于1999年1月，其无线接入技术主要采用基于高通专利的CDMA2000技术。

1999年，ITU批准了5个IMT-2000的无线电接口，作为ITU-R M.1457推荐的一部分，包括WCDMA、CDMA2000、时分同步码分多址（Time Division Synchronous CDMA，TD-SCDMA）、EDGE系统和数字增强无绳通信（Digital Enhanced Cordless Telecommunication，DECT）。2007年，ITU批准全球微波接入互操作性（World Interoperability for Microwave Access，WiMAX）作为第6个3G标准。IMT-2000规定：3G系统的移动终端以车速移动时，数据传输速率为144kbit/s，室外静止或以步行速度移动时速率为384kbit/s，在室内为2Mbit/s。

随着3G系统的建设和部署，其本身的局限性也逐渐开始显露，主要体现在以下几个方面。

（1）3G系统难以进一步支持高速率的数据业务传输。由于3G系统的核心技术基于CDMA技术，而CDMA本身是一个自扰系统，所有的移动用户都占用相同的带宽和频率，因此在系统容量有限的情况下，用户数越多，越难达到较高的通信速率，无法满足用户对高速多媒体业务的要求。

（2）3G系统的空中接口标准对核心网有所限制，使其难以提供具有多种服务质量（Quality of Service，QoS）及性能的各种速率的业务，无法动态支持多速率业务。

（3）3G系统在不同频段采用不同的业务环境，需要移动终端配置有相应的软件、硬件模块，存在一定的困难。

### 1.1.4 第四代移动通信系统

随着移动互联网的高速发展和物联网的兴起，全球范围内移动通信用户数量迅猛增长，平板电脑和智能电话的持续普及促使新型无线多媒体业务不断涌现，对无线数据传输带宽的要求更是上了一个新的台阶。如何利用有限的频谱资源满足爆炸式增长的宽带无线多媒体业务需求，已成为宽带无线移动通信技术发展面临的巨大挑战。因此，主要的国际标准化组织开始了推进第四代及未来移动通信系统的研究工作。

第四代移动通信（the 4th Generation Mobile Communication，4G）系统的核心理念可以概括为宽带接入和分布式网络，包括了宽带无线固定接入、宽带无线局域网、移动宽带系统和交互式广播网络等。与3G系统相比，4G系统同时支持有线网络、无线平台和跨越不同频带的网络平台等多种异构网络，使用户能够在任何地方利用宽带无线通信的方式接入互联网。同时，4G系统还能够提供定时定位、数据采集、远程控制等综合业务。总体来看，4G系统是集成了多项功能的宽带移动通信系统。

2008年3月，ITU首先提出了一组IMT-Advanced规范，用于设定4G标准的要求。IMT-Advanced要求4G系统在静止或者低速移动时的峰值通信速率达到1Gbit/s，在高速移动的环境中峰值通信速率达到100Mbit/s。

2008年12月，3GPP发布了第一版LTE标准（Release 8），其在静止和低速移动时可以支持的峰值下载速率为299.6Mbit/s，峰值上传速率为75.4Mbit/s。虽然该峰值速率远小于IMT-Advanced规定的1Gbit/s，许多运营商和公司在商业宣传时仍称其为4G系统。2010年12月，ITU也承认LTE标准可以被认为是“4G”，是4G系统的早期版本，未来还需要继续演进。2011年3月，3GPP提交的LTE-Advanced标准（Release 10）是符合ITU要求的正式4G标准。

4G系统中的关键技术包括MIMO传输技术、正交频分复用（Orthogonal Frequency Division Multiplexing，OFDM）技术、低密度奇偶校验码（Low Density Parity Check Code，LDPC）和Turbo码、自适应信道分配以及基于网络协议（Internet Protocol，IP）的核心网技术等。其中，MIMO传输技术是4G系统实现高数据传输速率、大系统容量，及提高传输质量的关键。在3G系统中，下行链路的容量是整个系统的瓶颈。如果能够在发射端或接收端配置多天线系统，通过空间复用的方法，系统的信道容量将随着天线数量的增加而线性增大，同时在不增加带宽和天线发射功率的情况下，频谱利用率也成倍地提高。另外，通过空间分集的方法，MIMO传输技术可以获得更好的分集性能，从而增强无线链路性能。总体而言，基于MIMO的智能天线技术能支持高数据传输速率，有抑制干扰、削弱远近效应、降低中断概率、增加系统容量、提高频谱效率等智能功能，从而使4G系统能灵活、有效地进行越区切换并扩大小区覆盖范围，同时具有小区管理灵活、移动台电池寿命长，以及维护和运营成本较低等优点。因此，MIMO传输技术成为4G系统中的核心技术。

### 1.1.5　第五代移动通信系统

随着“万物互联”逐渐变成现实，移动数据流量呈现井喷式增长的趋势。据统计，2015年全球移动数据流量比2010年增长26倍，至2020年已扩大到900倍[1,2]。另外，超高清视频传输、车联网、工业物联网、云存储计算等新兴业务对链路传输速率和传输时延有极高的要求。4G系统已越来越难以满足移动数据流量的爆发式增长和新兴业务的需求。因此，面向未来移动通信网络发展需求的新一代移动通信系统，即5G系统开始引起人们的广泛关注。

2019年6月，3GPP RAN#84会议确立了5G系统空口标准的时间表。其中，作为5G第一阶段标准版本的Release 15，包括早期交付的非独立组网和主交付的独立组网，都已经完成并冻结。我国于2019年6月正式发放5G商用牌照，5G正式走向商用。如图1.2所示，从信息交互对象不同的角度出发，5G应用主要分为3个典型场景[3]：增强型移动宽带（enhanced Mobile Broadband，eMBB）、海量机器类通信（massive Machine Type Communication，mMTC）和超可靠低时延通信（Ultra-Reliable and Low-Latency Communication，URLLC）。其中，eMBB是在现有移动宽带业务场景的基础上，对用户体验等性能的进一步提升，主要还是追求人与人之间极致的通信体验。mMTC和URLLC都是物联网的应用场景，但各自侧重点不同。mMTC主要是人与机器之间的信息交互，而URLLC主要体现机器与机器之间的通信需求。

图1.3展示了5G系统的基本性能指标[4]。从图中可以看出，5G系统必须支持超大流量传输（峰值速率约为几十Gbit/s）、超大连接通信[每平方千米的设备连接数达100万台，流量密度约为几十Tbit • $s^{-1}/km^2$]、极度差异化的用户业务需求（用户体验速率范围为0.1～1Gbit/s）、高移动性（用户移动速率达500km/h）以及超低时延通信（1ms级的端到端通信时延）。从传输效率的角度来看，5G系统必须同时支持高频谱效率、高能量效率和高成本效率。5G系

统演进的核心是以用户为中心和以传感器为中心的无线网络，实现人与机器之间的即时通信。

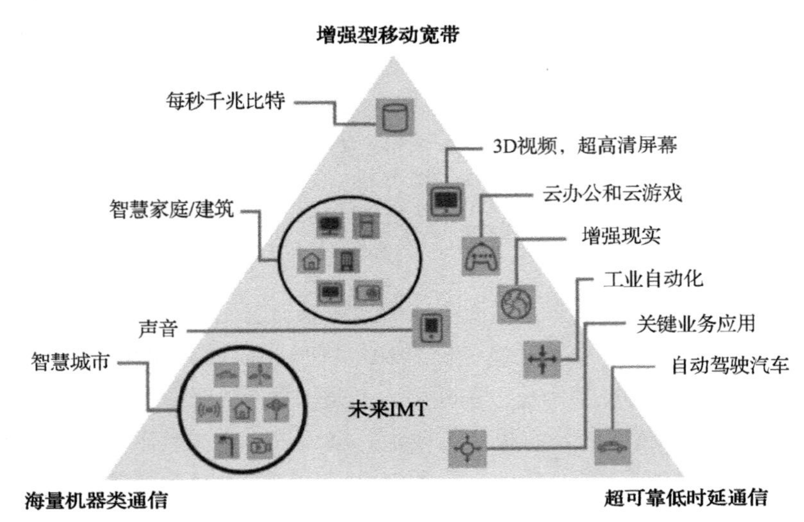


图 1.2　5G 应用的 3 个典型场景

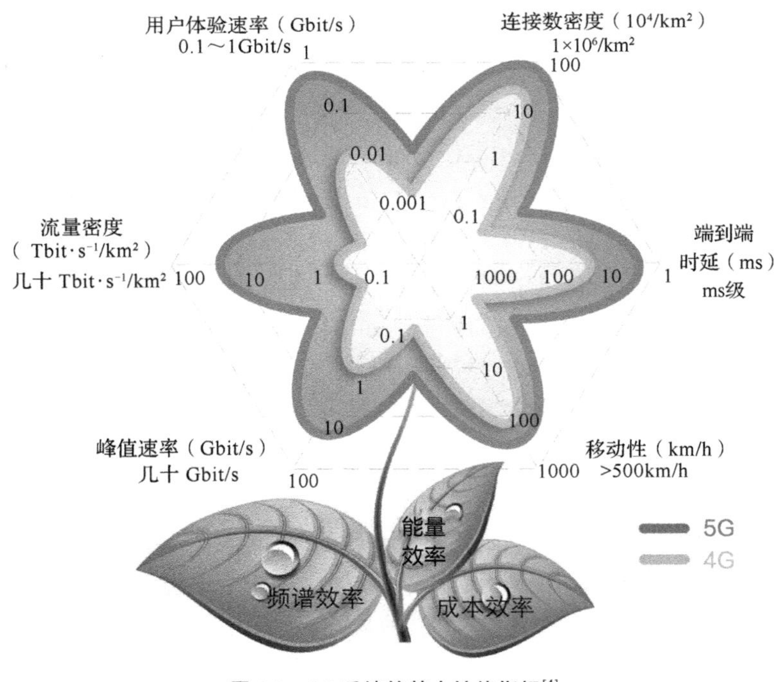


图 1.3　5G 系统的基本性能指标[4]

5G系统的空口接入层包含3项关键技术[5]：大规模MIMO传输技术、毫米波技术和微蜂窝小区技术。毫米波技术需要利用大规模天线阵列设计数字域和模拟域的波束赋形来降低传播路径损耗[6]；微蜂窝小区中同样也需要部署更多的大规模天线阵列来增强覆盖和降低干扰[7]。因此，MIMO传输技术仍然是5G和未来移动通信系统中的核心技术。

## 1.2　MIMO 传输技术的发展历程

从20世纪80年代至今，MIMO传输技术经历了从早期对抗信道衰落和抑制干扰的智能天线技术，到实现空间分集复用的单用户MIMO传输技术和多用户MIMO传输技术，最后到能显著提升现代移动通信系统频谱效率和功率效率的大规模MIMO传输技术的演进过程。

### 1.2.1　智能天线技术

MIMO的概念最早可以追溯到1908年，古列尔莫·马可尼（Guglielmo Marconi）提出利用多天线来抑制信道衰落。20世纪70年代，A. 罗杰·凯（A. Roger Kaye）等学者已经开始研究将MIMO传输技术应用于实际的无线通信系统中[8]。20世纪80年代，AT&T贝尔实验室的杰克·温特斯（Jack H. Winters）和杰克·萨尔茨（Jack Salz）针对多天线系统进行了研究，提出了能指向特定接收者的波束赋形技术，即智能天线技术[9,10]。如图1.4所示，智能天线形成的方向性波束能对其指向的目标接收者实现相长干涉，而对目标接收者指向以外的其他方向实现相消干涉，从而增加信号增益。实际系统中，通常采用一组间距较窄的天线阵列来实现此波束。然而，在都市的环境中，通过波束赋形技术生成的信号，容易朝向建筑物或移动的车辆等目标分散开来，使得波束的相长干涉特性变得模糊，因而降低了信号的增益。

比较典型的智能天线系统有两种，即波束扫描型智能天线系统和自适应阵列智能天线系统。波束扫描型智能天线系统是预先设定好固定的波束模式，每次通信根据系统需求来决定具体的接入波束。自适应阵列智能天线系统是通过改变天线阵列上的加权系数使波束指向特定方向，并且不会对其他方向造成干扰。波束的方向可以通过波达方向（Direction of Arrival，DoA）估计的方法获得。

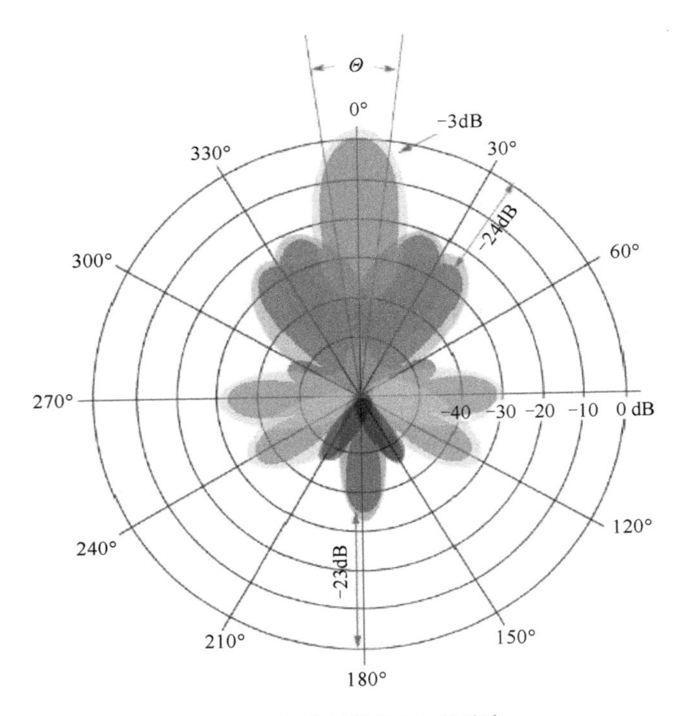


图 1.4 智能天线的方向性波束

在移动通信系统中引入智能天线技术的目的是充分利用空域资源，提升系统的性能和容量。理论研究和实测结果均显示，目标信号、目标信号的时延样本和其他用户的干扰信号往往具有不同的DoA和空间信号结构。智能天线技术能够充分利用移动通信系统中这样的空域信道特点，给系统带来额外的信息处理自由度，从而更加有效地对抗衰落和抑制干扰。具体地，智能天线技术可以实现空域滤波的效果，在用户信号方向形成较高的接收增益，而在干扰方向形成“零陷”或较低的接收增益，提高信号噪声干扰比，进而提升移动通信系统的整体性能和容量。

## 1.2.2 单用户 MIMO 传输技术

1993年，埃罗斯瓦米 • 波尔拉（Arogyaswami A. Paulraj）和托马斯 • 凯拉斯（Thomas Kailath）提出了利用多天线技术实现空分复用的技术[11,12]。与波束赋形技术刚好相反，空分复用技术通常采用大于发射信号波长的天线距离，以确保MIMO信道间的低关联性及高分集阶数。1998年，格雷格·罗利（Greg Raleigh）和杰拉德·福斯基尼（Gerard J. Foschini）明确定义了MIMO传输技术的新应用：将多副传输天线配置在同一台发射机上，用以增加系统吞吐量、延长发射距离以及减小比特错误率[13,14]。埃姆雷·特拉塔尔（I. Emre Telatar）从信息论的角度证明，在独立不相关瑞利平坦衰落信道模型下，MIMO系统的信道容量会随发射天线数和接收天线数中的较小者线性增加[15]。AT&T贝尔实验室于1998年研制出了第一台展示空分复用技术的原型机，可以提高MIMO通信系统的性能[16]。

单用户MIMO传输技术（见图1.5）可以利用信道在空域特征达到复用时域资源、增强信号、抑制干扰的目的，从而有效地提高系统的频谱利用率和功率效率，二十余年来一直是移动通信领域的主要研究方向，对宽带无线移动通信的发展产生了重要影响。具体地，单用户MIMO传输技术能在以下几个方面带来显著的性能增益。

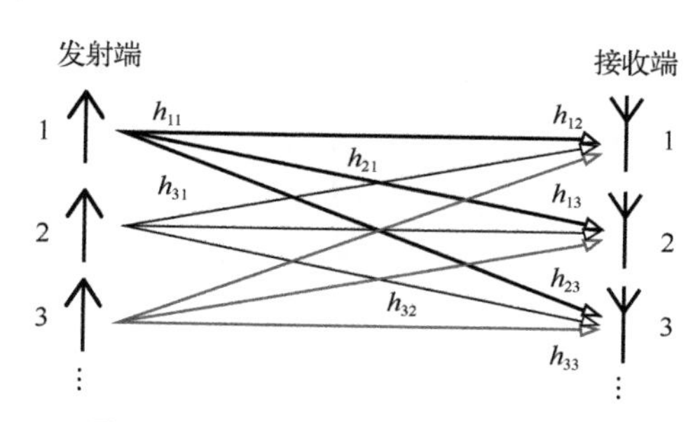


图 1.5　单用户 MIMO 传输技术示意图

## 1. 阵列增益

MIMO系统可以通过发射端和接收端的信号处理技术所带来的相干合成效果，大幅提高平均接收信噪比（Signal-to-Noise Ratio，SNR），进而获得阵列增益。利用信道信息，阵列增益可以通过发射天线阵列中的预处理和（或）接收天线阵列中的后处理来实现。该方法带来的平均接收SNR提升能够有效地对抗无线信道中的环境噪声，从而延长无线网络的传输距离和扩展覆盖范围[17]。

## 2. 空间分集增益

无线信道中的接收信号常常出现随机的波动（衰落）。分集技术是对抗无线链路衰落特性的有效手段，依赖在多个独立衰落的路径（时间、频率、空间）上传输发射信号。其中，与时间/频率分集相比，空间（天线）分集因为不需要增加额外的时频资源而更受关注。当 $N_t \times N_r$ 的MIMO链路中每条信道都独立衰落并且传输信号设计合理时，$N_t N_r$ 条路径中至少有一条路径不经历深衰落的概率将会大幅提高。因此，接收机能通过有效合并不同到达路径的信号将接收信号的能量波动降低至单输入单输出（Single-Input Single-Output，SISO）链路的水平，从而实现 $N_t N_r$ 阶分集增益。实际系统中，分集增益可以通过空时编码技术获得[18]。

#### 3. 空间复用增益

MIMO系统能够通过空分复用技术实现传输速率的线性增长。空分复用技术通过相同的时频资源传输多个独立的数据流。在合适的信道条件下，例如富散射环境中，接收机能够区分出这些独立的数据流，其中每个数据流的信道与SISO系统中的信道等效。因此，整个系统容量等价于SISO系统的容量乘以数据流数量。一般情况下，MIMO系统能支持的最大数据流数量为 $\min(N_t, N_r)$。空间复用增益提高了无线网络的容量[15]。

需要指出的是，以上增益都依赖MIMO技术所带来的空间自由度，因此它们之间是相互制约的，无法同时实现。实际的MIMO传输环境非常复杂，需要根据具体场景，综合考虑无线网络的传输速率、可靠性和覆盖范围等多种需求来综合设计传输方案。实际应用中，由于基站MIMO信道的角度扩展的局限性、移动终端配置多天线的高成本以及视距（Line of Sight，LoS）传输等因素，单用户MIMO传输系统的性能往往受到很大的限制，难以充分挖掘利用空间维度的无线资源。为此，同一时频资源上的多用户MIMO传输技术得到重视。多用户MIMO传输技术可以进一步提高空间无线资源的利用率。

### 1.2.3 多用户 MIMO 传输技术

在多用户MIMO无线通信系统中，基站和各用户均配置了多副天线并利用空间信道的差异性来共享频谱资源，实现基站与多个用户同时进行通信。图1.6展示了两种典型的多用户MIMO模型，即上行MIMO多址接入信道（Multiple Access Channel，MAC）模型和下行MIMO广播信道（Broadcast Channel，BC）模型。通过合理的传输设计，多用户MIMO传输技术可以在不占用更多时频资源的情况下给系统带来以下好处。

（1）多用户传输能直接提升上行MIMO MAC的容量（与基站天线数成正比），从而获取多用户空分复用增益。

（2）对于许多传播环境的限制，如信道矩阵秩亏或者天线相关，多用户MIMO系统比单用户MIMO系统更具有鲁棒性。例如，天线间相关性的增加会影响单用户MIMO系统的分集增益。然而，对于多用户MIMO系统，通过合理的用户调度，仍然能够获得多用户分集增益。

（3）多用户MIMO系统只需要在基站配置多副天线就能获得空分复用增益，并不要求用户端也配置多副天线。这可以极大地简化终端的体积和制造成本，有助于通信网络的普及。

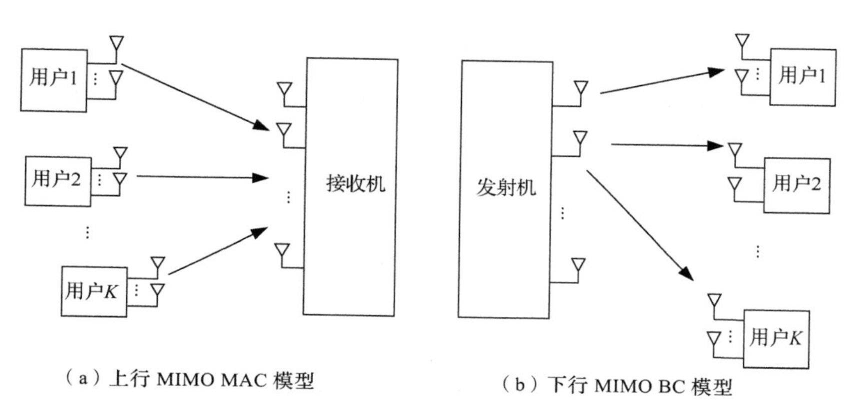


（a）上行 MIMO MAC 模型　　（b）下行 MIMO BC 模型

**图 1.6 两种典型的多用户 MIMO 模型**

## 1. 上行MIMO MAC模型

在信息论中，多用户MIMO上行链路的每个用户同时向基站发送独立的数据流的模型，被称为上行MIMO MAC模型。上行MIMO MAC模型已经被研究多年。理论证明，当每个用户完全已知自己的信道状态信息（Channel State Information，CSI），且基站完全已知所有用户的CSI时，发射信号服从高斯分布时能达到MIMO MAC容量域。该容量域可以表示为一组满足功率限制的多边形的联合[19,20]，且采用连续解码可以达到每个多边形的拐点[19,20]，因此MIMO MAC的容量域仅仅取决于输入信号的协方差矩阵。最优的输入信号协方差矩阵可以通过求解高斯输入信号下的一个凸优化问题，即最大化加权和速率来获得[21,22]。当考虑和速率最大化时，文献[23]给出了一个快速、有效的迭代注水算法来求解最优的协方差矩阵。

对于上行MIMO MAC模型，当每个用户只知道自己的统计CSI时，文献[24]证明了最优传输方向是沿每个用户发射相关阵的特征方向。进一步地，文献[24]证明了在满足特殊的波束赋形最优条件下，每个用户将所有功率集中到它们最强特征方向的传输是最优的。对于不满足波束赋形最优条件的一般性情况，文献[25]提出了一个搜索最优预编码矩阵的迭代算法，该方法在每次迭代时都需要进行蒙特卡洛仿真，计算复杂度较高。文献[26]研究了更一般性的双散射信道，推导出该信道模型下互信息紧致的上界，进而给出了特征模式下简捷的闭式预编码设计。仿真结果表明，文献[26]中的简化设计所导致的性能损失几乎可以忽略，MIMO MAC容量域的研究工作已经趋于成熟。

**2. 下行MIMO BC模型**

在信息论中，多用户MIMO下行链路中的基站向多个用户同时发送数据的模型，被称为下行MIMO BC模型。下行MIMO BC模型近年来得到了广泛研究。当发射端和用户都完全已知CSI时，下行MIMO BC模型的传输速率将随天线数呈线性增长[27]。研究表明，达到该信道容量域的最优传输方案是非线性的污纸编码（Dirty Paper Coding，DPC）[28]，然而其实现具有较高的复杂度。相对地，线性预编码方案能够以较低的复杂度逼近DPC的性能[29-32]。例如，在总的接收天线数不超过发射数据流数的情况下，在其他用户信道的零空间上传输的块对角化预编码方案能够有效消除多用户干扰。对于总的接收天线数大于发射数据流数的情况，文献[31]提出了几种最大化下行MIMO BC模型加权和速率的迭代算法。同时，其他的设计准则，如最大化信号泄露噪声比、最优用户调度等[32]也被提出。

对于利用发射端统计CSI传输的下行MIMO BC模型，研究其传输能力的极限是一个十分重要的问题。对于一种特殊的More Capable信道，即每个用户的信号能量有序的情况，文献[33]在总结之前工作的基础上，推导出其遍历信道容量域。对于SISO BC模型，文献[34]获得了其遍历信道容量域的一个可达内界，文献[35]将该结果推广至多输入单输出（Multiple-Input Single-Output，MISO）BC模型中，其中，文献[35]假设信道衰落系数是各向同性，证明此时遍历信道容量域退化为SISO BC下的容量域。同时，文献[36]讨论了单输入多输出（Single-Input Multiple-Output，SIMO）BC模型和MISO BC模型的中断可达速率域。一些特殊MISO BC模型中低复杂度的线性预编码设计方案也被提出[37,38]。对于一般性的MIMO BC模型，文献[39]提出了利用统计CSI进行干扰消除的DPC设计，将其定义为线性指配操作。在线性指配操作定义的基础上，文献[40]首先提出了利用数值算法搜索最大化线性指配容量的系统性传输方案。然后，推导出线性指配容量紧致的上界，进而推导出线性指配矩阵的闭式设计，提出了低复杂度的传输方案，同时还定量分析出得到的线性指配矩阵设计对干扰的消除作用。

### 1.2.4 大规模 MIMO 传输技术

基于移动互联网的爆炸式发展趋势，4G网络已经难以高效地应对未来千倍业务流量的增长。在无线频谱资源日趋紧张的情况下，5G系统需要在无线传输技术方面进行技术革新，显著提升系统的频谱效率和能量效率，实现移动通信技术的可持续发展。连续广域覆盖和热点高容量场景是5G系统的两个基本技术场景。针对连续广域覆盖场景，5G系统要求为用户提供无缝的（包括小区边缘、高速移动等恶劣环境）、速率达100Mbit/s以上的高速业务体验。受限于站址和频谱资源，在基站配置大规模天线阵列[41]（64副天线甚至更多，如图1.7所示），最大限度地提高通信系统的容量、频谱利用率和覆盖范围，是满足上述要求的关键。针对热点高容量场景，5G系统要求提供高达1Gbit/s的用户体验速率、几十Gbit/s的峰值速率和几十Tbit $\cdot$ $s^{-1}/km^2$的流量密度。为满足这些要求，需要结合大规模天线阵列、超密集组网、全频谱接入和新型多址接入等技术，进一步提升频谱效率和流量密度。因此，可以深度挖掘并利用空间维度资源的大规模MIMO传输技术已经成为当前5G系统中的核心技术。

图 1.7　大规模天线阵列试验平台

与传统的MIMO传输技术相比，大规模MIMO传输技术存在以下具有挑战性的关键技术问题。

## 1. 大规模MIMO信道的建模及系统容量分析

信道建模是移动通信系统设计的基础。在大规模MIMO无线通信环境中，特别是当基站配置大规模阵列天线时，MIMO信道的空间分辨率将得到显著增强，从而使大规模MIMO信道出现新的特性，特别是针对高频段大规模MIMO的信道。大规模MIMO信道建模主要分为两类：统计信道建模和物理信道建模。统计信道建模具有相对简单的数学结构，通常用于大规模MIMO系统性能的理论分析研究。物理信道建模则相对复杂，但是信道特性也更接近真实的物理信道，可用于评估实际信道环境中大规模MIMO系统的性能。

基于大规模MIMO信道模型，可进行大规模MIMO系统容量分析，为实际的传输方案设计提供指导。利用信道维度随天线数量大幅增长的特性，可以采用大维随机矩阵理论来推导大规模MIMO系统容量的近似闭式估计表达式，这在很多场景下能够获得与真实容量几乎一致的结果。较为常用的大维随机矩阵分析方法包括高斯方法[42]、replica 方法[43]、Bai-Silverstein方法[44]以及基于概率自由理论的分析方法[45]等。

## 2. 大规模MIMO信道信息的获取

传输系统的优化设计需充分考虑发射端和接收端所能获得的信道信息。在大规模MIMO无线通信系统中，由于收发天线数量的显著增加，用于获取信道信息的导频信号资源将会大幅增加。特别是针对频分双工（Frequency Division Duplex，FDD）大规模MIMO系统，下行信道估计所需要的导频信号长度与基站的天线数量成正比。因此，能否利用大规模MIMO信道模型的特性，最大限度地降低获取信道信息的资源开销，是实现大规模MIMO系统高效无线传输的先决条件。

随着基站配置的天线数量的增加，大规模MIMO系统基站的角度分辨率会显著提升，其角度域信道呈现稀疏特性。因此，利用大规模MIMO系统角度域的稀疏特性，从低维接收信号中恢复用户大维信道，从而降低导频资源开销，是大规模MIMO信道获取领域的研究热点，典型的方法包括高斯模型假设下基于贝叶斯学习的大规模MIMO信道估计[46]、基于压缩感知和贝叶斯推断方法的信道统计参数和信道值估计[47]、FDD大规模MIMO中基于空间公共稀疏性的自适应信道估计[48]以及基于低维投影的大规模MIMO信道子空间估计[49]等。

### 3. 大规模MIMO鲁棒传输问题

利用大规模信道的特性，可以将大规模MIMO传输问题转化为在同一时频资源上的空分多址多链路MIMO传输问题。在此基础上，需要进一步设计多用户MIMO预编码方案以对抗多用户干扰。传统的多用户MIMO预编码方案包括非线性预编码和线性预编码。非线性预编码的复杂度通常较高，因此在实际的大规模MIMO传输中较少被采用。实际系统中采用的典型线性预编码方案包括匹配滤波器预编码、迫零预编码和最小均方误差预编码等。然而，这些预编码方案要求基站精确地知道用户的CSI信息，在高速移动等CSI快速变化场景中的性能将会急剧下降。

非理想CSI场景下的大规模MIMO鲁棒传输理论及方法是当前学术界研究的热点。一类典型的工作是利用变化相对缓慢的统计CSI来进行预编码传输设计，包括联合空分复用[50]和波束分多址传输[51]，基本思路是将具有相似发射空间相关矩阵的用户分为同一组，利用大规模MIMO信道的稀疏性降低用户信道维度，再在组内利用降维后的等效信道进行多用户预编码，消除组内用户间的干扰。另一类典型的工作是综合考虑信道估计误差、信道老化、信道物理模型等因素，设计基于后验统计模型的鲁棒预编码传输方案[52]。针对高速移动场景中CSI快速变化的情况，还可以先利用Prony等模型对信道进行预测[53]，再基于预测的CSI设计鲁棒预编码传输方案，最终实现高速移动等非理想CSI场景下的大规模MIMO鲁棒传输。

### 4. 大规模MIMO组网理论

为提高无线通信系统的资源利用率，改善系统覆盖性能，显著降低单位比特能耗，分布式协作网络得到了工业界的广泛关注。在分布式协作网络中，处于不同地理位置的节点（基站、远程天线阵列单元或无线中继站）在同一时频资源上协作完成与多个移动通信终端的通信，形成分布式/去蜂窝大规模MIMO网络架构。分布式大规模MIMO网络协作能克服传统MIMO蜂窝系统架构的局限性，在显著提高频谱效率和功率效率的同时改善小区边缘的传输性能，大幅提升大规模MIMO网络（特别是高频段网络）的覆盖性能。

# 1.3 MIMO 传输技术的发展趋势

综上所述，自4G时代开始，利用空间维度资源来提升系统频谱效率和功率效率的MIMO传输技术已经成为现代移动通信系统的核心技术。面对“万物互联”的后5G时代，MIMO传输技术需要进行深入革新，以适应未来移动数据流量和物联网设备连接数量可能出现的井喷式增长。MIMO传输技术的发展趋势包括毫米波MIMO通信、低轨卫星MIMO通信和MIMO巨址无线通信，本节对它们进行简要介绍。

## 1.3.1 毫米波 MIMO 通信

带宽是提升无线通信系统容量的直接手段。与传统的蜂窝和无线局域网微波移动系统相比，高频段移动通信的可用频谱更多。毫无疑问，传统6GHz以下频段仍将是移动通信的核心频段，尤其是3GHz以下频段仍然会是大区域覆盖和无缝覆盖的核心频段。随着高频段芯片技术的快速发展和6GHz以下频段资源逐步枯竭，具有大量未被开发使用的带宽的高频段已成为未来移动通信必须开拓的新“疆界”，尤其是以毫米波为核心的高频段将是未来移动通信系统所用频率的关键组成部分。

毫米波通信非常依赖MIMO波束赋形技术来弥补高频段的强衰落。毫米波MIMO移动通信系统在覆盖性能、超大带宽、有效性和可靠性方面都有许多新的特性值得研究。首先，需要根据典型场景的实测数据提取毫米波MIMO无线通信信道的特征参数，建立准确的MIMO信道模型。随后，在此基础上分析与之对应的信道容量理论极限，据此研究适用于超大带宽的毫米波MIMO无线传输理论与关键技术，同时发展与之相适应的环境综合感知与动态资源分配理论及方法。最后，在实际系统中验证所提出的传输方案的正确性和有效性。

## 1.3.2 低轨卫星 MIMO 通信

空天地海一体化将会是后5G时代移动通信网络的重要特征。不受地理环境、气候环境影响并具备全天候服务能力的卫星可以作为传统蜂窝基站的重要补充，共同支持“万物互联”。特别地，轨道高度低于2000km的低轨卫星通信能大幅增强全球的无线接入和大数据传输的能力，目前已开始引起学术界和工业界的广泛关注。与传统的静止轨道卫星相比，低轨卫星对能耗和传输时延的要求都低得多。最近，许多低轨卫星系统如Space X和One Web都已经开始部署。

与地面的蜂窝系统不同，由于相对较长的传输时延和低轨卫星的高移动性，人们很难在低轨卫星通信中获取精确的瞬时CSI。对于时分双工（Time Division Duplex，TDD）系统，信道的相干时间通常要小于传输时延，使得通过上行信道获取瞬时CSI用于下行传输的方案无法有效工作。对于FDD系统，由于低轨卫星的高移动性导致的信道快速变化，用户端反馈瞬时CSI会需要很大的训练资源和反馈资源开销。更重要的是，较长的反馈时延可能导致反馈回来的CSI已经过时了。因此，地面蜂窝系统中利用瞬时CSI的MIMO传输设计可能很难直接应用于低轨卫星MIMO通信。另外，卫星的有效载荷限制也使得复杂度成为MIMO传输方案设计中很重要的因素。

### 1.3.3 MIMO 巨址无线通信

未来的“万物互联”，将会使得每个传输媒质上的用户连接数显著增加。在此背景之下，传统的多址接入技术将很难再高效地支持未来巨连接系统的业务承载。因此，近几年学术界开始关注新的海量用户接入技术，提出了MIMO巨址无线通信的概念[54]。MIMO巨址无线通信中每个传输媒质上的用户数将比现有系统高出好几个数量级。例如在5G标准的第二阶段，海量机器类通信场景要求每平方千米内必须支持不少于100万个用户，后5G时代的系统用户连接数将会进一步增加。对于MIMO巨址无线通信，一个基本的概念是“**支持1024个用户以10bit/s的速率进行通信，比支持10个用户以1Mbit/s的速率进行通信要困难得多**”。其主要原因是MIMO巨址无线通信技术与传统的多址通信相比，具有许多截然不同的特点[54]，包括海量用户数、用户接入随机性、小包传输以及CSI获取等。

随着“万物互联”的迅猛发展，MIMO传输技术亟待与未来的巨连接场景紧密结合，形成MIMO巨址无线传输的概念，最大限度地利用空间无线资源，支持未来无线通信系统中的海量设备连接数。目前，MIMO巨址无线通信的理论体系尚不完善，对传输理论极限、高效传输方案以及功率效率等许多方面仍然缺乏全面的认识，尚存许多关键问题亟待解决。首先，需要探索MIMO巨址无线通信的理论极限，分析多天线技术给MIMO巨址无线通信系统带来的性能影响。其次，需要针对实际的大规模MIMO无线传输环境，设计逼近理论极限的低复杂度传输方案。最后，研究小包信息比特约束条件下MIMO巨址无线通信功率效率的理论极限，系统地分析用户活跃度不确定性对功率效率的影响，同时在空、时、频三维联合设计高效的传输方案来逼近所推导的功率效率理论极限。

## 1.4 本章小结

宽带移动通信技术一直是全球信息技术和产业化竞争的焦点。新一代宽带移动通信系统要求能够提供的峰值速率和小区边缘速率分别高达几十Gbit/s和100Mbit/s，支持的业务从语音扩展到图像、视频等全方位多媒体业务，数据传输速率可以根据这些业务所需的速率不同进行动态调整。因此，最大限度地提高频谱利用率，在有限的频谱资源上实现高速率和大容量的数据传输，是宽带移动通信研究的关键。

采用多天线发射和多天线接收的MIMO传输技术能充分利用空间资源，在不占用更多频谱资源和增加天线发射功率的情况下，通过由多副天线构成的多路通道成倍地提高系统传输的频谱效率和功率效率，是现代移动通信系统中的核心技术。为了突破频谱资源日益紧缺的瓶颈，利用MIMO传输技术深入挖掘空间维度资源，提高宽带移动通信系统的频谱利用率和功率效率，已成为重要的战略研究方向。

本章概述了移动通信系统以及MIMO传输技术的特点与发展历程，后续章节将围绕MIMO传输理论与关键技术展开更加深入的阐述。

## 参考文献

[1] LIU S, WU J, KOHC H. et al. A 25 Gb/s(km$^2$) urban wireless networkbeyond IMT-Advanced[J]. IEEE Commun. Mag., 2011, 49(2): 122-129.

[2] HOYDIS J, KOBAYASHI M, DEBBAH M. Green small-cell networks[J]. IEEE Veh.Technol. Mag., 2011, 6(1): 37-43.

[3] INTERNATIONAL TELECOMMUNICATION UNION. IMT vision — framework and overall objectives of the future development of IMT for 2020 and beyond[R]. (2015-09)[2021-08-19].

[4] IMT-2020（5G）推进组. 5G愿景与需求白皮书[R]. (2014-05)[2021-09].

[5] ANDREW J G, BUZZI S, CHOI W, et al. What will 5G be[J]. IEEE J. Sel. Areas Commun., 2014, 32(6): 1065-1082.

[6] ROHDE & SCHWARZ. Millimeter-wave beamforming: Antenna array design choices &characterization[R]. (2016-10-28)[2021-08-19].

[7] PUGLIELLI A, TOWNLEY A, LACAILLE G, et al. Design of energy- and cost-efficient massive MIMO array[J]. Proceedings of IEEE, 2016, 104(3): 586-606.

[8] KAYE A R, GEORGE D A. Transmission of multiplexed PAM signals over multiple channel and diversity systems[J].IEEE Trans. Commun. Tech., 1970, 18(10): 520-526.

[9] WINTER J H. On the capacity of radio communication systems with diversity in a Rayleigh fading environment[J]. IEEE J. Sel. Areas Commun., 1987, 5(5): 871-878.

[10] SALZ J. Digital transmission over-cross-coupled linear channels[J]. AT&T Tech. J., 1985, 64(6):1147-1159.

[11] ROY R H, OTTERSTEN B. Spatial division multiple access wireless communication systems: US 5515378[P]. (1993-05-07)[2021-08-19].

[12] PAULRAJ A J, KAILATH T. Increasing capacity in wireless broadcast systems using distributed transmission/directional reception (DTDR): US 5345599[P]. (1992-02-21) [2021-08-19].

[13] RALEIGH G, CIOFFI M J. Spatio-temporal coding for wireless communication[J]., IEEE Trans. Commun., 1998, 46(3): 357-366.

[14] FOSCHINI G J. Layered space-time architecture for wireless communication in a fading environment when using multiple antennas[J]. Labs Syst. Tech. J., 1996, 1(2): 41-59.

[15] TELATA I E. Capacity of multi-antenna Gaussian channels[J]. Eur. Trans. Commun., 1999, 10(11): 585-595.

[16] GOLDEN G D, FOSCHINI G J, VALENZUEL A R, et al. Detection algorithm and initial laboratory results using V-BLAST space-time communication architecture[J]. Electron. Lett., 1999, 35(1): 14-16.

[17] JIN S, MCKAY M R, GAO X, et al. MIMO mutichannel beamforming: SER and outage using new eigenvalue distributions of complex wishart matrices[J]. IEEE Trans. Commun., 2008, 56(3): 424-434.

[18] TAROKH V, SESHADRI N, CALDERBANK A R. Space-time codes for high data rate wireless communication: Performance criterion and code construction[J]. IEEE Trans. Inform. Theory, 2003, 44(3): 744-765.

[19] COVER T M. Elements of information theory[M]. 2rd. New York: Wiley, 2006.

[20] GOLDSMITH A, JAFAR S A, JINDAL N, et al. Capacity limits of MIMO channels[J]. IEEE J. Sel. Areas Commun., 2003, 21(5): 684-702.

[21] KOBAYASHI M, CAIRE G. An iterative water-filling algorithm for maximum weighted sum-rate of Gaussian MIMO-BC[J]. IEEE J. Sel. Areas Commun., 2006, 21(5): 1640-1646.

[22] VISWANATHAN H, VENKATESAN S, HUANG H. Downlink capacity evaluation of cellular networks with known-interference cancellation[J]. IEEE J. Sel. Areas Commun., 2006, 21(5): 802-811.

[23] YU W, RHEE W, BOYD S, et al. Iterative water-filling for Gaussian vector multiple-access channels[J]. IEEE Trans. Inform. Theory, 2004, 50(1): 145-152.

[24] SOYAL A, ULUKUS S. Optimality of beamforming in fading MIMO multiple access channels[J]. IEEE Trans. Commun., 2009, 57(4): 1171-1183.

[25] SOYSAL A, ULUKUS S. Optimum power allocation for single-user MIMO and multi-user MIMO-MAC with partial CSI[J]. IEEE J. Sel. Areas Commun., 2007, 25(7): 1402-1412.

[26] LI X, JIN S, GAO X, et al. Capacity bounds and low complexity transceiverdesign for double-scattering MIMO multiple access channels[J]. IEEE Trans. Signal Process., 2010, 58(5): 2809-2822.

[27] VISHNAWATH S, JINDAL N, GOLDSMITH A. Duality achievable rates and sum capacity of Gaussian MIMO channels[J]. IEEE Trans. Inform. Theory, 2003, 49(10): 2658-2668.

[28] WEINGARTEN H, STEINBERG Y, SHAMAI S.The capacity region of the Gaussian multiple-input multiple-output broadcast channel[J]. IEEE Trans. Inform. Theory, 2006, 52(9): 3936-3964.

[29] UPPAL M, STANKVIC' V, XIONG Z. Code design for MIMO broadcast channels[J]. IEEE Trans. Commun., 2009, 57(4): 986-996.

[30] SADEK M, TARIGHAT A, SAYED A H. A leakage-based precoding scheme for downlink multi-user MIMO channel[J]. IEEE Trans. Wireless Commun., 2007, 6(5): 1711-1721.

[31] SHI S, SCHUBERT M, BOCHE H. Rate optimization for multiuser MIMO systems withlinear processing[J]. IEEE Trans. Signal Process., 2008, 56(8): 4020-4030.

[32] SUN L, MCKAY M R. Eigen-based transceivers for the MIMO broadcast channel with semi-orthogonal user selection[J]. IEEE Trans. Signal Process., 2010, 58(10): 5246-5261.

[33] GAMMAL A E. The capacity region of a class of broadcast channel[J]. IEEE Trans. Inform. Theory, 1979, 25(2): 166-169.

[34] TUNINETTI D, SHAMAI S. Fading Gaussian broadcast channels with state information at the receivers[J]. The DIMACS Series in Discrete Mathematics and Theoretical Computer Science, 2003, 66: 139-150.

[35] JAFAR S A, GOLDSMITH A J. Isotropic fading vector broadcast channels: The scalarupper bound and loss in degrees of freedom[J]. IEEE Trans. Inform. Theory, 2005, 51(3): 848-857.

[36] ZHANG W, KOTAGIRI S P, LANEMAN J N. On downlink transmission without transmitchannel state information and with outage constraints[J]. IEEE Trans. Inform. Theory, 2009, 55(9): 4240-4248.

[37] GHOSH S, RAO B D, ZEIDLER J R. Outage-efficient strategies for multiuser MIMO networks with channel distribution information[J]. IEEE Trans. Signal Process., 2010, 58(10): 6312-6324.

[38] WANG J, JIN S, WONG K K, et al. Statistical eigenmode-based SDMA for two-user downlink[J]. IEEE Trans. Signal Process., 2012, 60(10): 5371-5383.

[39] BENNATAN A, BURSHTEIN D. On the fading-paper achievable region

of the fading MIMO broadcast channel[J]. IEEE Trans. Inform. Theory, 2008, 54(1): 100-115.

[40] WU Y, JIN S, GAO X, et al. Transmit designs for the MIMO broadcast channel with statistical CSI[J]. IEEE Trans. Signal Process., 2014, 62(9): 4451-4466.

[41] MARZETTA T L. Noncooperative cellular wireless with unlimited numbers of base station antennas[J]. IEEE Trans. Wireless Commun., 2010, 9(11): 3590-3600.

[42] COUILLET R, DEBBAH M, SILVERSTEIN J W. A deterministic equivalent for the analysis of correlated MIMO multiple access channels[J]. IEEE Tran. Inform. Theory, 2011, 57(6): 3493-3514.

[43] HACHEM W, KHORUNZHIY O, LOUBATON P, et al. A new approach for mutual information analysis of large dimensional multi-antenna channels[J]. IEEE Trans. Inform. Theory, 2008, 54(9): 3987-4004.

[44] TARICCO G. Asymptotic mutualinformation statistics of separately correlated Rician fading MIMO channels[J]. IEEE Trans. Inform. Theory, 2008, 54(8): 3490-3504.

[45] FAR R R, ORABY T, BRYC W, et al. On slow fading MIMO systems with non-separable correlation[J]. IEEE Trans. Inform. Theory, 2008, 54(2): 544-553.

[46] WEN C K, JIN S, WONG K K, et al. Channel estimation for massive MIMO using Gaussian mixture Bayesian learning[J]. IEEE Trans. Wireless Commun., 2015, 14(3): 1356-1368.

[47] GAO Z, DAI L L, WANG Z C. Spatially common sparsity based adaptive channel estimation and feedback for FDD massive MIMO[J]. IEEE Trans. Signal Process., 2013, 63(11): 6169-6183.

[48] XIE H X, GAO F F, ZHANG S. A unified transmission strategy for TDD/FDD massive MIMO systems with spatial basis expansion model[J]. IEEE Trans. Veh. Technol., 2017, 4(4): 3170-3184.

[49] HAGHIGHATSHOAR S, CAIRE G. Massive MIMO channel subspace estimation from low dimensional projections[J]. IEEE Trans. Signal Process., 2017, 65(2): 303-318.

[50] ADHIKARY A, NAM J, AHN J Y, et al. Joint spatial division and multiplexing — The large scale array regime[J]. IEEE Trans. Inform. Theory, 2013, 59(10): 6441-6463.

[51] SUN C, GAO X Q, JIN S, et al. Beam division multiple access transmission for massive MIMO communications[J]. IEEE Trans. Commun., 2015, 63(6): 2170-2184.

[52] LU A A, GAO X Q, ZHONG W. Robust transmission for massive MIMO downlink with imperfect CSI[J]. IEEE Trans. Commun., 2019, 67(8): 5362-5376.

[53] YIN H, WANG H, LIU Y, et al. Addressing the curse of mobility in massive MIMO with Prony-based angular-delay domain channel predictions[Z/OL]. (2020-05-08) [2021-08-19]. arXiv.org/abs/1912.11330.

[54] WU Y, GAO X, ZHOU S, et al. Massive access for future wireless communication systems[J]. IEEE Wireless Commun., 2020, 27(8): 148-156.

# 第2章
# MIMO传输理论极限

为实现宽带信息服务向移动终端延展，移动通信系统需要支持每秒百兆比特以上的高速数据传输，为此需要增加系统带宽，提高频谱效率、功率效率以及传输质量。MIMO传输技术是提高移动通信频谱效率和功率效率的关键所在，其核心思想是在时频维度之外，利用多副发射天线和接收天线引入空间维度，通过空时频三维联合传输最大限度地提升系统性能。本章主要介绍MIMO传输理论极限的研究成果。

# 2.1 MIMO 信道建模

MIMO信道建模主要分为物理信道建模和统计信道建模两种类型。物理信道建模的数学模型相对复杂，但能更准确地描述真实的MIMO传播信道环境。统计信道建模通常具有相对简洁的数学结构，比较方便用来进行MIMO系统性能的理论分析。

## 2.1.1 MIMO 物理信道建模

考虑一个点到点的单用户MIMO无线通信系统，发射天线数为 $N_\mathrm{t}$ ，接收天线数为 $N_\mathrm{r}$ 。该MIMO无线通信系统的接收信号可以以向量形式描述为

$$\boldsymbol{y}=\boldsymbol{H}\boldsymbol{x}+\boldsymbol{n} \tag{2.1}$$

其中， $\boldsymbol{y}\in\mathbb{C}^{N_\mathrm{r}\times 1}$ ，是接收信号向量； $\boldsymbol{x}\in\mathbb{C}^{N_\mathrm{t}\times 1}$ ，是总功率受限的发射信号向量，

即 $\mathrm{E}\left\{\boldsymbol{x}^{\mathrm{H}}\boldsymbol{x}\right\}=P$；$\boldsymbol{n}\in\mathbb{C}^{N_{\mathrm{r}}\times 1}$，是均值为0、方差为 $\sigma^2$ 的循环对称复高斯噪声向量；$\boldsymbol{H}\in\mathbb{C}^{N_{\mathrm{r}}\times N_{\mathrm{t}}}$，是信道矩阵。

考虑发射端和接收端的天线采用最基本的一维均匀线性阵列（Uninform Linear Array，ULA），并且假设散射体距离发射端和接收端足够远。令 $d_{\mathrm{t}}$ 和 $d_{\mathrm{r}}$ 分别表示发射端和接收端的天线间距。可以依据以下阵列方向向量来描述信道矩阵 $\boldsymbol{H}$：

$$\boldsymbol{a}_{\mathrm{t}}\left(\theta_{\mathrm{t}}\right)=\frac{1}{\sqrt{N_{\mathrm{t}}}}\left[1,\mathrm{e}^{-\mathrm{j}2\pi\theta_{\mathrm{t}}},\cdots,\mathrm{e}^{-\mathrm{j}2\pi\left(N_{\mathrm{t}}-1\right)\theta_{\mathrm{t}}}\right]^{\mathrm{T}} \tag{2.2}$$

$$\boldsymbol{a}_{\mathrm{r}}\left(\theta_{\mathrm{r}}\right)=\frac{1}{\sqrt{N_{\mathrm{t}}}}\left[1,\mathrm{e}^{-\mathrm{j}2\pi\theta_{\mathrm{t}}},\cdots,\mathrm{e}^{-\mathrm{j}2\pi\left(N_{\mathrm{r}}-1\right)\theta_{\mathrm{t}}}\right]^{\mathrm{T}} \tag{2.3}$$

其中

$$\theta_{\mathrm{t}}=\frac{d_{\mathrm{t}}\sin\phi_{\mathrm{t}}}{\lambda},\ \theta_{\mathrm{r}}=\frac{d_{\mathrm{r}}\sin\phi_{\mathrm{r}}}{\lambda} \tag{2.4}$$

其中，$\lambda$ 表示无线电传输波长，$(\phi_{\mathrm{t}},\ \phi_{\mathrm{r}})$ 分别代表散射体在发射端和接收端的角度扩展，向量 $\boldsymbol{a}_{\mathrm{r}}\left(\theta_{\mathrm{r}}\right)$ 表示方向角为 $\theta_{\mathrm{r}}$ 的点源在接收天线阵列的信号响应，向量 $\boldsymbol{a}_{\mathrm{t}}\left(\theta_{\mathrm{t}}\right)$ 表示指向方向角 $\theta_{\mathrm{t}}$ 的波束的权重。

当发射端和接收端天线都采用ULA时，信道$\boldsymbol{H}$可以建模为

$$\boldsymbol{H}=\int_{-\alpha_{\mathrm{r}}}^{\alpha_{\mathrm{r}}}\int_{-\alpha_{\mathrm{t}}}^{\alpha_{\mathrm{t}}}G\left(\theta_{\mathrm{r}},\theta_{\mathrm{t}}\right)\boldsymbol{a}_{\mathrm{r}}\left(\theta_{\mathrm{r}}\right)\boldsymbol{a}_{\mathrm{t}}^{\mathrm{H}}\left(\theta_{\mathrm{t}}\right)\mathrm{d}\theta_{\mathrm{r}}\mathrm{d}\theta_{\mathrm{t}} \tag{2.5}$$

$$\left[\boldsymbol{H}\right]_{pq}=\frac{1}{\sqrt{N_{\mathrm{t}}N_{\mathrm{r}}}}\int_{-\alpha_{\mathrm{r}}}^{\alpha_{\mathrm{r}}}\int_{-\alpha_{\mathrm{t}}}^{\alpha_{\mathrm{t}}}G\left(\theta_{\mathrm{r}},\theta_{\mathrm{t}}\right)\mathrm{e}^{-2\pi\theta_{\mathrm{r}}p}\mathrm{e}^{2\pi\theta_{\mathrm{t}}q}\mathrm{d}\theta_{\mathrm{r}}\mathrm{d}\theta_{\mathrm{t}} \tag{2.6}$$

其中，$G\left(\theta_{\mathrm{r}},\theta_{\mathrm{t}}\right)$ 表示反映物理散射的空间扩展函数，$p$、$q$分别表示矩阵$\boldsymbol{H}$的第$p$行和第$q$列。

考虑式（2.5）的一个特殊情况：

$$G\left(\theta_{\mathrm{r}},\theta_{\mathrm{t}}\right)=\sum_{l=1}^{L}\beta_l\delta\left(\theta_{\mathrm{r}}-\theta_{\mathrm{r},l}\right)\delta\left(\theta_{\mathrm{t}}-\theta_{\mathrm{t},l}\right) \tag{2.7}$$

可以通过数学推导得到一个广泛使用的离散物理信道模型[1]：

$$\boldsymbol{H}=\sum_{l=1}^{L}\beta_l\boldsymbol{a}_{\mathrm{r}}\left(\theta_{\mathrm{r}}\right)\boldsymbol{a}_{\mathrm{t}}^{\mathrm{H}}\left(\theta_{\mathrm{t}}\right)=\boldsymbol{A}_{\mathrm{r}}\left(\theta_{\mathrm{r}}\right)\boldsymbol{D}\boldsymbol{A}_{\mathrm{t}}^{\mathrm{H}}\left(\theta_{\mathrm{t}}\right) \tag{2.8}$$

其中

$$\boldsymbol{A}_{\mathrm{r}}\left(\theta_{\mathrm{r}}\right)=\left[\boldsymbol{a}_{\mathrm{r}}\left(\theta_{\mathrm{r},1}\right),\cdots,\boldsymbol{a}_{\mathrm{r}}\left(\theta_{\mathrm{r},L}\right)\right]\in\mathbb{C}^{N_{\mathrm{r}}\times L} \tag{2.9}$$

$$A_{\mathrm{t}}(\theta_{\mathrm{t}})=\left[a_{\mathrm{t}}(\theta_{\mathrm{t},1}),\cdots,a_{\mathrm{t}}(\theta_{\mathrm{t},L})\right]\in\mathbb{C}^{N_{\mathrm{t}}\times L} \tag{2.10}$$

$$D=\mathrm{diag}\{\beta_1,\cdots,\beta_L\}\in\mathbb{C}^{L\times L} \tag{2.11}$$

模型（2.8）中发射端与接收端通过 $L$ 条路径相互耦合，其中 $\{\theta_{\mathrm{t},l}\}$ 和 $\{\theta_{\mathrm{r},l}\}$ 由式（2.4）确定，分别描述了第 $l$ 条独立路径在发射端和接收端所对应的空间方向角；$\{\beta_l\}$ 对应的是第 $l$ 条路径的增益。MIMO离散物理信道模型如图2.1所示。

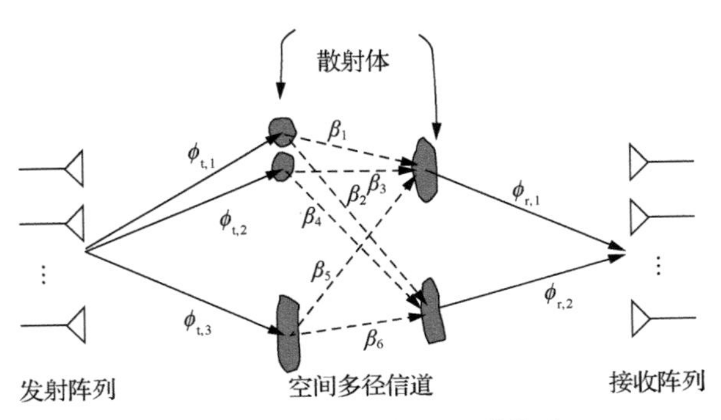


**图 2.1　MIMO 离散物理信道模型**

上述MIMO离散物理信道模型也可以推广到更具一般性的虚拟信道表示形式。定义 $T=(N_{\mathrm{t}}-1)/2$ ，$R=(N_{\mathrm{r}}-1)/2$ 。依据虚拟信道表示，有[1]

$$H=\sum_{r=-R}^{R}\sum_{t=-T}^{T}[H_{\mathrm{V}}]_{rt}\,a_{\mathrm{r}}(\tilde{\theta}_{\mathrm{r},r})\,a_{\mathrm{t}}^{\mathrm{H}}(\tilde{\theta}_{\mathrm{t},t})=\tilde{A}_{\mathrm{r}}H_{\mathrm{V}}\tilde{A}_{\mathrm{t}}^{\mathrm{H}} \tag{2.12}$$

其中，$\{\tilde{\theta}_{\mathrm{t},t}\}$ 和 $\{\tilde{\theta}_{\mathrm{r},r}\}$ 是固定的虚拟空间方向角，可以通过在空间中均匀采样来计算：

$$\tilde{\theta}_{\mathrm{t},t}=\frac{t}{N_{\mathrm{t}}},\quad -T\leqslant t\leqslant T \tag{2.13}$$

$$\tilde{\theta}_{\mathrm{r},r}=\frac{r}{N_{\mathrm{r}}},\quad -R\leqslant r\leqslant R \tag{2.14}$$

将式（2.13）和式（2.14）代入式（2.2）和式（2.3）可知，$\tilde{A}_{\mathrm{r}}$ 和 $\tilde{A}_{\mathrm{t}}$ 化简为离散傅里叶变换（Discrete Fourier Transform，DFT）矩阵。$H_{\mathrm{V}}\in\mathbb{C}^{N_{\mathrm{r}}\times N_{\mathrm{t}}}$ 为虚拟信道表示矩阵，用来刻画信道在虚拟描述下的路径增益。和离散物理信道模型中的 $D$[式（2.11）]不同，一般情况下 $H_{\mathrm{V}}$ 不是对角矩阵。

### 2.1.2 MIMO 统计信道建模

为了描述一般性MIMO信道的空间统计特性，对于模型（2.1）中的信道矩阵$\boldsymbol{H}$，定义所有$N_{\mathrm{r}}N_{\mathrm{t}}$个元素之间的相关矩阵：

$$\boldsymbol{R}_{\boldsymbol{H}} \triangleq \mathrm{E}_{\boldsymbol{H}}\left\{\mathrm{vec}(\boldsymbol{H})\mathrm{vec}(\boldsymbol{H})^{\mathrm{H}}\right\} \in \mathbb{C}^{N_{\mathrm{r}}N_{\mathrm{t}} \times N_{\mathrm{r}}N_{\mathrm{t}}} \tag{2.15}$$

另外，分别定义发射端和接收端单边的信道相关矩阵来刻画发射端和接收端的空间统计特性。因为发射端和接收端并不是完全统计独立的，在刻画单边的空间统计特性时必须考虑另一边的统计特性。定义：

$$\boldsymbol{R}_{\mathrm{r},\boldsymbol{Q}_{\mathrm{t}}} \triangleq \mathrm{E}_{\boldsymbol{H}}\left\{\boldsymbol{H}\boldsymbol{Q}_{\mathrm{t}}\boldsymbol{H}^{\mathrm{H}}\right\},\quad \boldsymbol{R}_{\mathrm{t},\boldsymbol{Q}_{\mathrm{r}}} \triangleq \mathrm{E}_{\boldsymbol{H}}\left\{\boldsymbol{H}^{\mathrm{H}}\boldsymbol{Q}_{\mathrm{r}}\boldsymbol{H}\right\} \tag{2.16}$$

其中，$\boldsymbol{Q}_{\mathrm{t}}$和$\boldsymbol{Q}_{\mathrm{r}}$分别表示发射端和接收端的空间信号协方差矩阵。

假设另一端的信号协方差矩阵在空间上是白色的，即$\boldsymbol{Q}_{\mathrm{t}}=\boldsymbol{I}_{N_{\mathrm{t}}}$，$\boldsymbol{Q}_{\mathrm{r}}=\boldsymbol{I}_{N_{\mathrm{r}}}$，则有

$$\boldsymbol{R}_{\mathrm{r}} \triangleq \mathrm{E}_{\boldsymbol{H}}\left\{\boldsymbol{H}\boldsymbol{H}^{\mathrm{H}}\right\},\quad \boldsymbol{R}_{\mathrm{t}} \triangleq \mathrm{E}_{\boldsymbol{H}}\left\{\boldsymbol{H}^{\mathrm{H}}\boldsymbol{H}\right\} \tag{2.17}$$

式（2.15）中的空间相关矩阵维度非常大，总共需要计算$(N_{\mathrm{r}}N_{\mathrm{t}})^2$个元素。因此，实际操作中会为MIMO系统添加一些限制条件来简化式（2.15）。

对于MIMO信道，信道矩阵$\boldsymbol{H}$可以建模为

$$\boldsymbol{H}=\boldsymbol{U}_{\mathrm{r}}\left(\sum_{k=1}^{K}\tilde{\boldsymbol{\lambda}}_{\mathrm{r},k}\tilde{\boldsymbol{\lambda}}_{\mathrm{t},k}^{\mathrm{T}} \odot \boldsymbol{G}\right)\boldsymbol{U}_{\mathrm{t}}^{\mathrm{H}} \tag{2.18}$$

其中，$\boldsymbol{U}_{\mathrm{r}} \in \mathbb{C}^{N_{\mathrm{r}} \times N_{\mathrm{r}}}$和$\boldsymbol{U}_{\mathrm{t}} \in \mathbb{C}^{N_{\mathrm{t}} \times N_{\mathrm{t}}}$是确定性的酉矩阵，$\boldsymbol{G} \in \mathbb{C}^{N_{\mathrm{r}} \times N_{\mathrm{t}}}$是独立同分布（Independent and Identically Distributed，IID）、零均值、单位方差的随机矩阵，$\boldsymbol{\lambda}_{\mathrm{r},k} \in \mathbb{R}^{N_{\mathrm{r}} \times 1}$和$\boldsymbol{\lambda}_{\mathrm{t},k}^{\mathrm{T}} \in \mathbb{R}^{N_{\mathrm{t}} \times 1}$是确定性向量。在式（2.18）定义的信道模型下，式（2.16）中的$\boldsymbol{R}_{\mathrm{r},\boldsymbol{Q}_{\mathrm{t}}}$和$\boldsymbol{R}_{\mathrm{t},\boldsymbol{Q}_{\mathrm{r}}}$可以写为[2]

$$\boldsymbol{R}_{\mathrm{r},\boldsymbol{Q}_{\mathrm{t}}}=\boldsymbol{U}_{\mathrm{r}}\left(\sum_{k=1}^{K}\boldsymbol{\Lambda}_{\mathrm{r},k}\mathrm{tr}\left(\boldsymbol{\Lambda}_{\mathrm{t},k}\boldsymbol{U}_{\mathrm{t}}^{\mathrm{T}}\boldsymbol{Q}_{\mathrm{t}}\boldsymbol{U}_{\mathrm{t}}^{*}\right)\right)\boldsymbol{U}_{\mathrm{r}}^{\mathrm{H}} \tag{2.19}$$

$$\boldsymbol{R}_{\mathrm{t},\boldsymbol{Q}_{\mathrm{r}}}=\boldsymbol{U}_{\mathrm{t}}\left(\sum_{k=1}^{K}\boldsymbol{\Lambda}_{\mathrm{t},k}\mathrm{tr}\left(\boldsymbol{\Lambda}_{\mathrm{r},k}\boldsymbol{U}_{\mathrm{r}}^{\mathrm{T}}\boldsymbol{Q}_{\mathrm{r}}\boldsymbol{U}_{\mathrm{r}}^{*}\right)\right)\boldsymbol{U}_{\mathrm{t}}^{\mathrm{H}} \tag{2.20}$$

其中，$\boldsymbol{\Lambda}_{\mathrm{r},k}=\mathrm{diag}\left\{\tilde{\boldsymbol{\lambda}}_{\mathrm{r},k}\right\}^2$和$\boldsymbol{\Lambda}_{\mathrm{t},k}=\mathrm{diag}\left\{\tilde{\boldsymbol{\lambda}}_{\mathrm{t},k}\right\}^2$。

式（2.18）所示的信道模型有几种典型的特殊形式，如Kronecker（克罗内克）模型、虚拟信道表示模型和联合相关模型。

### 1. Kronecker模型

Kronecker模型忽略发射端和接收端的联合空间相关性，将MIMO信道描述为两端具有独立相关特性的信道：

$$\boldsymbol{H}_{\text{kron}} = \frac{1}{\theta}\boldsymbol{R}_{\text{r}}^{\frac{1}{2}}\boldsymbol{G}\left(\boldsymbol{R}_{\text{t}}^{\frac{1}{2}}\right)^{\text{H}} \tag{2.21}$$

其中，$\boldsymbol{G}$是元素为IID、零均值、单位方差、标准正态分布的随机矩阵。式（2.21）也可以写成式（2.18）的一个特殊形式：

$$\boldsymbol{H}_{\text{kron}} = \frac{1}{\theta}\boldsymbol{U}_{\text{r}}\left(\tilde{\boldsymbol{\lambda}}_{\text{r},k}\tilde{\boldsymbol{\lambda}}_{\text{t},k}^{\text{T}} \odot \boldsymbol{G}\right)\boldsymbol{U}_{\text{t}}^{\text{H}} \tag{2.22}$$

由式（2.19）和式（2.17）可以得到，对于Kronecker模型：

$$\boldsymbol{R}_{\text{r},\boldsymbol{Q}_{\text{t}}} = c\boldsymbol{R}_{\text{r}} \tag{2.23}$$

其中，$c$是一个非负的固定实常数。式（2.23）表明，在Kronecker模型中，接收端的空间相关性完全不受发射端的影响。

### 2. 虚拟信道表示模型

虚拟信道表示模型可以写为

$$\boldsymbol{H}_{\text{vir}} = \boldsymbol{D}_{\text{r}}\left(\tilde{\boldsymbol{\Omega}}_{\text{vir}} \odot \boldsymbol{G}\right)\boldsymbol{D}_{\text{t}}^{\text{H}} \tag{2.24}$$

其中，$\boldsymbol{G}$是元素为IID、零均值、单位方差、标准正态分布的随机矩阵，$\boldsymbol{D}_{\text{r}} \in \mathbb{C}^{N_{\text{r}} \times N_{\text{r}}}$和$\boldsymbol{D}_{\text{t}} \in \mathbb{C}^{N_{\text{t}} \times N_{\text{t}}}$分别表示与信道无关的DFT矩阵。式（2.24）也是式（2.18）的一个特例，由式（2.19）可知：

$$\boldsymbol{R}_{\text{r},\boldsymbol{Q}_{\text{t}}} = \boldsymbol{D}_{\text{r}}\boldsymbol{\Lambda}_{\text{A},\boldsymbol{Q}_{\text{t}}}^{(\text{virt})}\boldsymbol{D}_{\text{t}}^{\text{H}} \tag{2.25}$$

其中，实对角矩阵$\boldsymbol{\Lambda}_{\text{A},\boldsymbol{Q}_{\text{t}}}^{(\text{virt})}$由发射端的空间统计特性决定。

虚拟信道表示模型限制发射端和接收端相关矩阵的向量基为DFT矩阵。当天线阵列维度趋于无穷时，物理信道建模中的ULA的最优特征向量基趋近于DFT矩阵。因此，DFT矩阵在大规模MIMO场景中是ULA信道相关矩阵比较精确的特征向量基估计。

### 3. 联合相关模型

联合相关模型可以写为

$$\boldsymbol{H}_{\text{JC}} = \boldsymbol{U}_{\text{r}}\left(\tilde{\boldsymbol{\Omega}}_{\text{JC}} \odot \boldsymbol{G}\right)\boldsymbol{U}_{\text{t}}^{\text{H}} \tag{2.26}$$

其中，$\boldsymbol{G}$是元素为IID、零均值、单位方差、标准正态分布的随机矩阵，$\tilde{\boldsymbol{\Omega}}_{\mathrm{JC}}$ 表示由实非负元素组成的满秩矩阵，$\boldsymbol{U}_{\mathrm{r}} \in \mathbb{C}^{N_{\mathrm{r}} \times N_{\mathrm{r}}}$ 和 $\boldsymbol{U}_{\mathrm{t}} \in \mathbb{C}^{N_{\mathrm{t}} \times N_{\mathrm{t}}}$ 分别表示与信道无关的酉矩阵。定义 $\boldsymbol{\Omega}_{\mathrm{JC}} = \widetilde{\boldsymbol{\Omega}}_{\mathrm{JC}} \odot \widetilde{\boldsymbol{\Omega}}_{\mathrm{JC}}$，根据式（2.25），可得矩阵 $\boldsymbol{\Omega}_{\mathrm{JC}}$ 中的元素：

$$\left[\boldsymbol{\Omega}_{\mathrm{JC}}\right]_{mn} = \omega_{mn} = \mathrm{E}_{\boldsymbol{H}_{\mathrm{JC}}}\left\{\boldsymbol{u}_{\mathrm{r},m}^{\mathrm{H}} \boldsymbol{H}_{\mathrm{JC}} \boldsymbol{u}_{\mathrm{t},n}^{*}\right\} \tag{2.27}$$

其中，耦合矩阵 $\boldsymbol{\Omega}_{\mathrm{JC}}$ 中的元素 $\left[\boldsymbol{\Omega}_{\mathrm{JC}}\right]_{mn}$ 表示从接收端的第 $m$ 个特征向量到发射端的第 $n$ 个特征向量的平均耦合能量。

通过联合相关模型[式（2.26）]来描述MIMO信道的空间统计特性需要依赖3个关键量：式（2.19）中接收端的特征矩阵 $\boldsymbol{U}_{\mathrm{r}}$，式（2.20）中发射端的特征矩阵 $\boldsymbol{U}_{\mathrm{t}}$，以及发射端特征模式和接收端特征模式的平均耦合能量 $\boldsymbol{\Omega}_{\mathrm{JC}}$。耦合矩阵 $\boldsymbol{\Omega}_{\mathrm{JC}}$ 将发射端和接收端的空间相关特性联系在一起。

令 $g_{mn} = [\boldsymbol{G}]_{mn}$，有

$$\begin{aligned} \operatorname{vec}\left(\boldsymbol{H}_{\mathrm{JC}}\right) &= \sum_{m=1}^{N_{\mathrm{r}}} \sum_{n=1}^{N_{\mathrm{t}}} \operatorname{vec}\left(\sqrt{\omega_{mn}} g_{mn} \boldsymbol{u}_{\mathrm{r},m} \boldsymbol{u}_{\mathrm{t},n}^{\mathrm{H}}\right) \\ &= \sum_{m=1}^{N_{\mathrm{r}}} \sum_{n=1}^{N_{\mathrm{t}}} \sqrt{\omega_{mn}} g_{mn}\left(\boldsymbol{u}_{\mathrm{t},n} \otimes \boldsymbol{u}_{\mathrm{r},m}\right) \end{aligned} \tag{2.28}$$

由式（2.15）和式（2.28）可以计算得到信道 $\boldsymbol{H}_{\mathrm{JC}}$ 的全相关矩阵：

$$\begin{aligned} \boldsymbol{R}_{\boldsymbol{H},\mathrm{JC}} &= \sum_{m=1}^{N_{\mathrm{r}}} \sum_{n=1}^{N_{\mathrm{t}}} \sqrt{\omega_{mn}}\left(\boldsymbol{u}_{\mathrm{t},n} \otimes \boldsymbol{u}_{\mathrm{r},m}\right)\left(\boldsymbol{u}_{\mathrm{t},n} \otimes \boldsymbol{u}_{\mathrm{r},m}\right)^{\mathrm{H}} \\ &= \sum_{m=1}^{N_{\mathrm{r}}} \sum_{n=1}^{N_{\mathrm{t}}} \sqrt{\omega_{mn}}\left(\boldsymbol{u}_{\mathrm{t},n} \boldsymbol{u}_{\mathrm{t},n}^{\mathrm{H}}\right) \otimes\left(\boldsymbol{u}_{\mathrm{r},m} \boldsymbol{u}_{\mathrm{r},m}^{\mathrm{H}}\right) \end{aligned} \tag{2.29}$$

式（2.29）是全相关矩阵 $\boldsymbol{R}_{\boldsymbol{H},\mathrm{JC}}$ 的特征分解，$\boldsymbol{u}_{\mathrm{t},n} \otimes \boldsymbol{u}_{\mathrm{r},m}$ 和 $\omega_{mn}$ 分别为对应的特征向量和特征值。

对于式（2.17）中的单侧相关矩阵 $\boldsymbol{R}_{\mathrm{r}}$ 和 $\boldsymbol{R}_{\mathrm{t}}$，其特征值 $\lambda_{\mathrm{r},m}$ 和 $\lambda_{\mathrm{t},n}$ 与式（2.27）中 $\omega_{mn}$ 的关系如下：

$$\lambda_{\mathrm{r},m} = \sum_{n=1}^{N_{\mathrm{t}}} \omega_{mn}, \quad \lambda_{\mathrm{t},n} = \sum_{m=1}^{N_{\mathrm{r}}} \omega_{mn} \tag{2.30}$$

耦合矩阵 $\boldsymbol{\Omega}_{\mathrm{JC}}$ 中元素的结构对信道的空间特性具有重要影响，它们直接决定了信道中可以支持几路数据流进行空分复用、在发射端和接收端能获得的空间分集增益，以及波束赋形的增益有多大。图2.2展示了耦合矩阵 $\boldsymbol{\Omega}_{\mathrm{JC}}$ 的一些典型结构及其对应的物理传输环境。

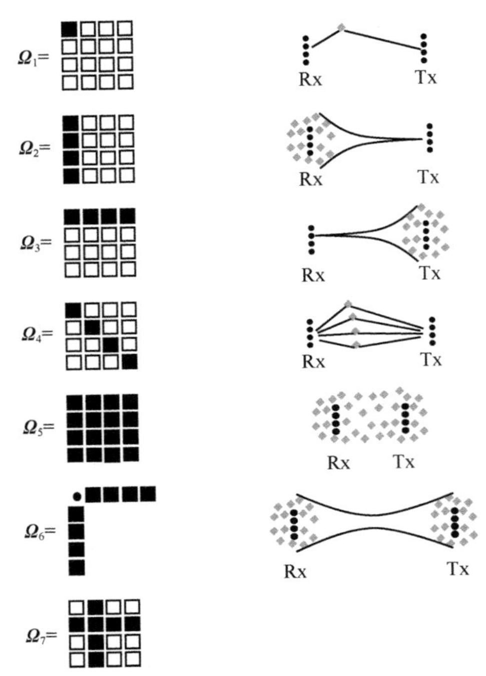


图 2.2 耦合矩阵 $\boldsymbol{\Omega}_{\mathrm{JC}}$ 的一些典型结构及其对应的物理传输环境

图2.2中的 $\boldsymbol{\Omega}_1$ 只有一个非零元素。这表明信道只存在一个可分辨径，虽然从 $\boldsymbol{\Omega}_1$ 无法判断该径是直达径还是由于单个散射体造成的，但是可以知道此时信道无法支持空分复用或者分集。另外，对于只存在一个可分辨径的信道，可以利用波束赋形来提升传输的功率效率。图2.2中的 $\boldsymbol{\Omega}_2$ 表示只有一列全非零元素的信道耦合矩阵。$\boldsymbol{\Omega}_2$ 所对应的信道仍然无法支持空分复用，而从接收端的角度来看，发射端有 $N_{\mathrm{t}}$ 个独立的传输路径，可以实现 $N_{\mathrm{t}}$ 级的空间分集度。$\boldsymbol{\Omega}_2$ 所对应的物理信道是一个接收端局部富含散射体的环境。在发射端的信道呈现秩为1的特性有两种可能：一种是接收端的散射簇与接收端和发射端之间的距离相比小得多，使得发射端天线阵列的多径响应大致都相同；另一种是接收端的散射簇和发射端天线阵列之间不存在直达径，所有从发射端天线阵列扩展出来的多径都通过相同的散射体到达接收端。同样，发射端的单一特征模式特性使得发射端能够支持 $N_{\mathrm{t}}$ 倍的发射波束赋形增益。$\boldsymbol{\Omega}_3$ 所对应的信道与 $\boldsymbol{\Omega}_2$ 相似，只是发射端和接收端的特性互换了。以上3种信道都无法支持空分复用。

图2.2中的 $\boldsymbol{\Omega}_4$ 是一个对角矩阵，表明每个发射特征模式都严格对应一个接收特征模式。这种对应在物理上可能是直达径、单散射体或散射簇。$\boldsymbol{\Omega}_4$ 所对应

的信道中只存在 $\min(N_r, N_t)$ 条独立多径，也是信道能获得的最大空间分集增益。同时，在 $\boldsymbol{\Omega}_4$ 所对应的每个发射特征模式上传输一个独立的数据流，每个数据流可以到达相互正交的接收特征模式上，实现 $\min(N_r, N_t)$ 个信道并行传输的效果，从而获得空间复用的效果。图2.2中的 $\boldsymbol{\Omega}_5$ 表示一个具有全非零元素的耦合矩阵，表明发射端的每个发射特征模式都和接收端的每一个接收特征模式相关联。$\boldsymbol{\Omega}_5$ 所对应的发射端和接收端都拥有富散射体的信道，可以支持满分集 $N_r N_t$ 和满复用 $\min(N_r, N_t)$ 的增益。耦合矩阵 $\boldsymbol{\Omega}_6$ 即Kronecker模型[式（2.21）]，对应实际物理信道中发射端散射体簇和接收端散射体簇相距很远的情形。图2.2中的 $\boldsymbol{\Omega}_7$ 是一个特殊结构，用于说明不能利用收发两端各自分离的信息来刻画式（2.25）中的联合相关模型。

## 2.2 单用户 MIMO 信道容量

单用户MIMO信道容量的研究主要包括发射端完全已知瞬时CSI、发射端完全未知CSI和发射端仅知统计CSI这3种情况。

### 2.2.1 发射端完全已知瞬时 CSI

考虑一个点到点的单用户MIMO无线通信系统，设其发射天线数为 $N_t$，接收天线数为 $N_r$。该MIMO无线通信系统的接收信号可以以向量形式描述为

$$\boldsymbol{y} = \boldsymbol{H}\boldsymbol{x} + \boldsymbol{n} \tag{2.31}$$

其中，$\boldsymbol{y} \in \mathbb{C}^{N_r \times 1}$ 是接收信号向量；$\boldsymbol{x} \in \mathbb{C}^{N_t \times 1}$ 是总功率受限的发射信号向量，$\mathrm{E}\{\boldsymbol{x}\boldsymbol{x}^{\mathrm{H}}\} = P$；$\boldsymbol{n} \in \mathbb{C}^{N_r \times 1}$ 是零均值、方差为 $\sigma^2$ 的循环对称复高斯噪声向量，$\mathrm{E}\{\boldsymbol{n}\boldsymbol{n}^{\mathrm{H}}\} = P$；$\boldsymbol{H} \in \mathbb{C}^{N_r \times N_t}$ 是信道矩阵。

假设发射端与接收端都完全已知信道$\boldsymbol{H}$的状态信息，此时理论上可以证明，最大化互信息量 $\boldsymbol{I}(\boldsymbol{y};\boldsymbol{x})$ 的发射信号$\boldsymbol{x}$服从高斯分布，对应的信道容量[3]可以表示为

$$C = \max_{\boldsymbol{Q} \geqslant 0,\ \mathrm{tr}(\boldsymbol{Q}) \leqslant P} C(\boldsymbol{Q}) \tag{2.32}$$

其中

$$C(\boldsymbol{Q})=\log_2 \det\left(\boldsymbol{I}_{N_t}+\frac{1}{\sigma^2}\boldsymbol{HQH}^{\mathrm{H}}\right) \tag{2.33}$$

其中，$\boldsymbol{Q}$是均值为0的高斯向量$\boldsymbol{x}$的协方差矩阵，$\mathrm{E}\left[\boldsymbol{xx}^{\mathrm{H}}\right]=\boldsymbol{Q}$。令$\boldsymbol{Q}$的特征分解为$\boldsymbol{Q}=\boldsymbol{U}_{\boldsymbol{Q}}\boldsymbol{\Lambda}_{\boldsymbol{Q}}\boldsymbol{U}_{\boldsymbol{Q}}^{\mathrm{H}}$，其中：$\boldsymbol{U}_{\boldsymbol{Q}}\in\mathbb{C}^{N_t\times N_t}$，是酉矩阵；$\boldsymbol{\Lambda}_{\boldsymbol{Q}}=\mathrm{diag}\left\{\lambda_{\boldsymbol{Q},1},\cdots,\lambda_{\boldsymbol{Q},N_t}\right\}$，是对角矩阵。令特征分解$\boldsymbol{H}^{\mathrm{H}}\boldsymbol{H}=\boldsymbol{U}_{\boldsymbol{H}}\boldsymbol{\Lambda}_{\boldsymbol{H}}\boldsymbol{U}_{\boldsymbol{H}}^{\mathrm{H}}$。其中，$\boldsymbol{U}_{\boldsymbol{H}}^{\mathrm{H}}\in\mathbb{C}^{N_t\times N_t}$，是酉矩阵；$\boldsymbol{\Lambda}_{\boldsymbol{H}}=\mathrm{diag}\left\{\lambda_{\boldsymbol{H},1},\cdots,\lambda_{\boldsymbol{H},m},0,\cdots,0\right\}$，是对角矩阵，$m=\min\left(N_t,N_r\right)$。理论上可以证明，最优的$\boldsymbol{U}_{\boldsymbol{Q}}$和$\boldsymbol{\Lambda}_{\boldsymbol{Q}}$取值为

$$\begin{aligned}&\boldsymbol{U}_{\boldsymbol{Q}}=\boldsymbol{U}_{\boldsymbol{H}}^{\mathrm{H}}\\&\lambda_{\boldsymbol{Q},i}=\max\left(\mu-\lambda_{\boldsymbol{H},i}^{-1},0\right),\quad i=1,2,\cdots,N_t\end{aligned} \tag{2.34}$$

式（2.34）中$\lambda_{\boldsymbol{Q},i}$的取值即为高斯输入信号下达到MIMO信道容量的经典注水功率分配策略。式（2.34）表明，通过MIMO空分复用技术，多天线可以在空间上支持$m$个流并行传输，提高系统传输速率。

### 2.2.2 发射端完全未知 CSI

如果发射端完全不知道信道$\boldsymbol{H}$的状态，接收端完全已知$\boldsymbol{H}$的状态信息，向量$\boldsymbol{x}$的元素由$N_t$个统计独立且等功率分布的高斯随机变量组成，则系统的遍历信道容量可以表示为[4]

$$C=\mathrm{E}\left\{\log_2\det\left(\boldsymbol{I}_{N_t}+\frac{P}{N_t\sigma^2}\boldsymbol{HH}^{\mathrm{H}}\right)\right\} \tag{2.35}$$

当$\boldsymbol{H}$服从IID的瑞利衰落时，可以得到式（2.35）的一个上界[5]：

$$C\leqslant m\log_2\frac{P}{N_t\sigma^2}+\log_2\left(N_t!\right)+\log_2\left\{L_m^{n-m}\left(-\frac{N_t}{P/\sigma^2}\right)\right\} \tag{2.36}$$

其中，$n=\max\left(N_t,N_r\right)$。

在高SNR区间，式（2.36）可以进一步化简为

$$C\leqslant m\log_2\frac{P}{N_t\sigma^2}+\log_2\frac{n!}{(n-m)!} \tag{2.37}$$

式（2.37）表示当传输功率增大时，系统的信道容量会随发射天线数和接收天线数的最小值线性增长，从理论上揭示出采用多天线技术带来的空分复用增益。

图2.3展示了信道容量随SNR变化的曲线。其中，准确值即式（2.37）左侧的$C$，上界即式（2.37）的右侧。从图中可以看到，真实的信道容量与理论上界非常接近，在高SNR区间都是随发射天线数和接收天线数的最小值呈线性增长。

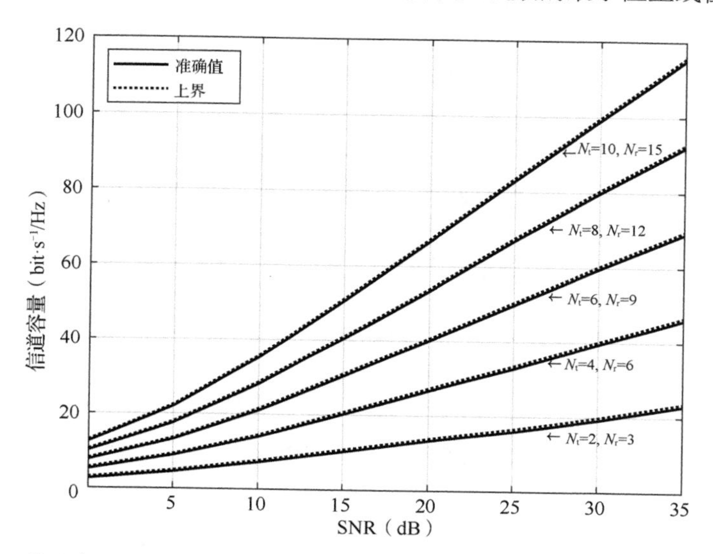


图 2.3　单用户 MIMO 信道服从 IID 的瑞利衰落时，其信道容量随 SNR 变化的曲线

## 2.2.3　发射端仅知统计 CSI

如果发射端仅知道信道$\boldsymbol{H}$的统计信息，接收端完全已知$\boldsymbol{H}$的状态信息，则对应的遍历信道容量可以表示为[4]

$$C=\max_{\boldsymbol{Q}\geqslant 0,\ \mathrm{tr}(\boldsymbol{Q})\leqslant P} C_{\mathrm{s}}(\boldsymbol{Q}) \tag{2.38}$$

其中

$$C_{\mathrm{s}}(\boldsymbol{Q})=\mathrm{E}\left\{\log_2 \det\left(\boldsymbol{I}_{N_{\mathrm{r}}}+\frac{1}{\sigma^2}\boldsymbol{H}\boldsymbol{Q}\boldsymbol{H}^{\mathrm{H}}\right)\right\} \tag{2.39}$$

其中，$\boldsymbol{Q}$是均值为0的高斯向量$\boldsymbol{x}$的协方差矩阵，$\mathrm{E}\left\{\boldsymbol{x}\boldsymbol{x}^{\mathrm{H}}\right\}=\boldsymbol{Q}$。令$\boldsymbol{Q}$的特征分解为$\boldsymbol{Q}=\boldsymbol{U}_{\boldsymbol{Q}}\boldsymbol{\Lambda}_{\boldsymbol{Q}}\boldsymbol{U}_{\boldsymbol{Q}}^{\mathrm{H}}$，其中：$\boldsymbol{U}_{\boldsymbol{Q}}\in\mathbb{C}^{N_{\mathrm{t}}\times N_{\mathrm{t}}}$，是酉矩阵；$\boldsymbol{\Lambda}_{\boldsymbol{Q}}=\mathrm{diag}\left\{\lambda_{\boldsymbol{Q},1},\cdots,\lambda_{\boldsymbol{Q},N_{\mathrm{t}}}\right\}$，是对角矩阵。

### 1．$\boldsymbol{H}$为Kronecker模型

当$\boldsymbol{H}$被建模为2.1.2小节中的Kronecker模型形式时，有

$$\boldsymbol{H}=\boldsymbol{R}_{\mathrm{r}}^{\frac{1}{2}}\boldsymbol{G}\left(\boldsymbol{R}_{\mathrm{t}}^{\frac{1}{2}}\right)^{\mathrm{H}} \tag{2.40}$$

令 $\boldsymbol{R}_{\mathrm{r}}$ 和 $\boldsymbol{R}_{\mathrm{t}}$ 的特征值分解分别为 $\boldsymbol{R}_{\mathrm{r}}=\boldsymbol{U}_{\mathrm{r}}\boldsymbol{\Lambda}_{\mathrm{r}}\boldsymbol{U}_{\mathrm{r}}^{\mathrm{H}}$ 和 $\boldsymbol{R}_{\mathrm{t}}=\boldsymbol{U}_{\mathrm{t}}\boldsymbol{\Lambda}_{\mathrm{t}}\boldsymbol{U}_{\mathrm{t}}^{\mathrm{H}}$ 。其中 $\boldsymbol{\Lambda}_{\mathrm{r}}=\mathrm{diag}\left(\omega_{\mathrm{r},1},\omega_{\mathrm{r},2},\cdots,\omega_{\mathrm{r},N_{\mathrm{r}}}\right)$，且对角元素 $\omega_{\mathrm{r},1}\geqslant\cdots\geqslant\omega_{\mathrm{r},N_{\mathrm{r}}}$ ，$\boldsymbol{\Lambda}_{\mathrm{t}}=\mathrm{diag}\left(\omega_{\mathrm{t},1},\omega_{\mathrm{t},2},\cdots,\omega_{\mathrm{t},N_{\mathrm{t}}}\right)$，且对角元素 $\omega_{\mathrm{t},1}\geqslant\cdots\geqslant\omega_{\mathrm{t},N_{\mathrm{t}}}$ 。假设发射端仅知道信道的统计相关矩阵 $\boldsymbol{R}_{\mathrm{r}}$ 和 $\boldsymbol{R}_{\mathrm{t}}$，文献[6]证明，此时式（2.38）中的最优协方差矩阵$\boldsymbol{Q}$的特征方向与发射相关阵的特征方向一致，即 $\boldsymbol{U}_{\boldsymbol{Q}}=\boldsymbol{U}_{\mathrm{t}}$ 。因此，式（2.38）可以重写为

$$C=\max_{\boldsymbol{\Lambda}_{\boldsymbol{Q}}\geqslant 0,\ \mathrm{tr}\left(\boldsymbol{\Lambda}_{\boldsymbol{Q}}\right)\leqslant P}\mathrm{E}\left\{\log_2\det\left(\boldsymbol{I}_{N_{\mathrm{r}}}+\frac{1}{\sigma^2}\boldsymbol{G}\boldsymbol{\Lambda}_{\mathrm{t}}\boldsymbol{\Lambda}_{\boldsymbol{Q}}\boldsymbol{G}^{\mathrm{H}}\boldsymbol{\Lambda}_{\mathrm{r}}\right)\right\} \tag{2.41}$$

此时，式（2.38）的优化问题退化为最大化式（2.41）中遍历信道容量的最优功率分配矩阵 $\boldsymbol{\Lambda}_{\boldsymbol{Q}}$ 的问题。

通常情况下，式（2.41）中求期望的闭式表达式很难得到，因此功率分配的解析解也很难得到。文献[7,8]提出了一些数值优化算法来求解最优功率分配矩阵 $\boldsymbol{\Lambda}_{\boldsymbol{Q}}$ 。然而这些算法需要大量的蒙特卡洛运算，且物理意义不明显。为了获得简单、有效的闭式功率分配方式，可以先推导出式（2.41）中遍历信道容量的一个上界，然后通过最大化所得的上界来实现功率分配的快速求解，求解方法如下。

对于正定矩阵，函数 $\log_2\det(\cdot)$ 是凹函数。根据Jensen（詹森）不等式，可得式（2.41）的一个上界：

$$\begin{aligned}C&\leqslant\max_{\boldsymbol{\Lambda}_{\boldsymbol{Q}}\geqslant 0,\ \mathrm{tr}\left(\boldsymbol{\Lambda}_{\boldsymbol{Q}}\right)\leqslant P}C_{\mathrm{u}1}\\&=\max_{\boldsymbol{\Lambda}_{\boldsymbol{Q}}\geqslant 0,\ \mathrm{tr}\left(\boldsymbol{\Lambda}_{\boldsymbol{Q}}\right)\leqslant P}\log_2\det\left(\boldsymbol{I}_{N_{\mathrm{r}}}+\frac{1}{\sigma^2}\boldsymbol{\Lambda}_{\mathrm{t}}\boldsymbol{\Lambda}_{\boldsymbol{Q}}\mathrm{E}\left\{\boldsymbol{G}^{\mathrm{H}}\boldsymbol{\Lambda}_{\mathrm{r}}\boldsymbol{G}\right\}\right)\\&=\max_{\boldsymbol{\Lambda}_{\boldsymbol{Q}}\geqslant 0,\ \mathrm{tr}\left(\boldsymbol{\Lambda}_{\boldsymbol{Q}}\right)\leqslant P}\log_2\det\left(\boldsymbol{I}_{N_{\mathrm{r}}}+\frac{\mathrm{tr}\left(\boldsymbol{\Lambda}_{\mathrm{r}}\right)}{\sigma^2}\boldsymbol{\Lambda}_{\mathrm{t}}\boldsymbol{\Lambda}_{\boldsymbol{Q}}\right)\end{aligned} \tag{2.42}$$

最大化 $C_{\mathrm{u}1}$，得到如下功率分配：

$$\lambda_{\boldsymbol{Q},i}=\left(\mu-\frac{\sigma^2}{\mathrm{tr}\left(\boldsymbol{\Lambda}_{\mathrm{r}}\right)\omega_{\mathrm{t},i}}\right)^{+} \tag{2.43}$$

其中，$\mu$ 的选择满足 $\sum_{i=1}^{N_{\mathrm{t}}}\lambda_{\boldsymbol{Q},i}=P$ 。

式（2.43）中的功率分配结构类似于完全已知信道信息的情况下式（2.34）

中的闭式注水功率分配，物理意义清晰，计算方法简捷。然而，因为上界 $C_{\mathrm{u1}}$ 较松，由此得到的功率分配方法存在性能损失。

利用函数 $\log_2(\bullet)$ 是凹函数的特性，根据Jensen不等式，可以推导一个关于遍历信道容量 $C$ 的更紧致的上界：

$$\begin{aligned} C &\leqslant \max_{\boldsymbol{\Lambda}_Q \geqslant 0,\ \mathrm{tr}(\boldsymbol{\Lambda}_Q) \leqslant P} C_{\mathrm{u}2} \\ &= \max_{\boldsymbol{\Lambda}_Q \geqslant 0,\ \mathrm{tr}(\boldsymbol{\Lambda}_Q) \leqslant P} \log_2 \mathrm{E}\left\{\det\left(\boldsymbol{I}_{N_\mathrm{r}} + \frac{1}{\sigma^2}\boldsymbol{G}\boldsymbol{\Lambda}_\mathrm{t}\boldsymbol{\Lambda}_Q\boldsymbol{G}^\mathrm{H}\boldsymbol{\Lambda}_\mathrm{r}\right)\right\} \end{aligned} \tag{2.44}$$

其中，$\mathrm{E}\{\det(\bullet)\}$ 可以通过以下行列式的展开式计算：

$$\det\left(\boldsymbol{I}_{N_\mathrm{t}} + \boldsymbol{A}\right) = \sum_{k=0}^{n}\sum_{\hat{\alpha}_k}\det(\boldsymbol{A})_{\hat{\alpha}_k}^{\hat{\alpha}_k} \tag{2.45}$$

其中，$\det(\boldsymbol{A})_{\hat{\alpha}_k}^{\hat{\beta}_k}$ 表示选择矩阵$\boldsymbol{A}$的 $\hat{\beta}_k = \{\beta_1,\cdots,\beta_k\}$ 行和 $\hat{\alpha}_k = \{\alpha_1,\cdots,\alpha_k\}$ 列构成的行列式。若矩阵 $\boldsymbol{A} = \prod_{i=1}^{n}\boldsymbol{A}_i \in \mathbb{C}^{k\times k}$，则有

$$\det(\boldsymbol{A}) = \sum_{\hat{\alpha}_k^1}\sum_{\hat{\alpha}_k^2}\cdots\sum_{\hat{\alpha}_k^{n-1}}\det(\boldsymbol{A}_1)_{\hat{\alpha}_k^1}^{\{1,2,\cdots,k\}}\det(\boldsymbol{A}_2)_{\hat{\alpha}_k^2}^{\{1,2,\cdots,k\}}\cdots\det(\boldsymbol{A}_n)_{\hat{\alpha}_k^{n-1}}^{\{1,2,\cdots,k\}} \tag{2.46}$$

进一步地，对于对角矩阵，若 $\hat{\alpha}_i \neq \hat{\alpha}_j$，则 $\det(\boldsymbol{A})_{\hat{\alpha}_i}^{\hat{\alpha}_j} = 0$。

矩阵 $\boldsymbol{\Lambda}_\mathrm{t}$、$\boldsymbol{\Lambda}_Q$、$\boldsymbol{\Lambda}_\mathrm{r}$ 都是对角矩阵。利用式（2.45）和式（2.46），$C_{\mathrm{u}2}$ 可以写为

$$C_{\mathrm{u}2} = \log_2\left\{\sum_{k=0}^{r}\frac{1}{\sigma^{2k}}\sum_{\hat{\alpha}_k}\sum_{\hat{\beta}_k}\det(\boldsymbol{\Lambda}_\mathrm{t}\boldsymbol{\Lambda}_Q)_{\hat{\beta}_k}^{\hat{\beta}_k}\det(\boldsymbol{\Lambda}_\mathrm{r})_{\hat{\alpha}_k}^{\hat{\alpha}_k}\mathrm{E}\left\{\det\left((\boldsymbol{G})_{\hat{\beta}_k}^{\hat{\alpha}_k}(\boldsymbol{G}^\mathrm{H})_{\hat{\alpha}_k}^{\hat{\beta}_k}\right)\right\}\right\} \tag{2.47}$$

其中，$(\boldsymbol{A})_{\hat{\beta}_k}^{\hat{\alpha}_k}$ 表示选择矩阵$\boldsymbol{A}$的 $\hat{\beta}_k = \{\beta_1,\cdots,\beta_k\}$ 行和 $\hat{\alpha}_k = \{\alpha_1,\cdots,\alpha_k\}$ 列构成的矩阵。其中，$\boldsymbol{G} \sim \mathrm{CN}\left(0, \boldsymbol{I}_{N_\mathrm{r}} \otimes \boldsymbol{I}_{N_\mathrm{t}}\right)$。根据行列式基本性质，有

$$\mathrm{E}\left\{\det\left((\boldsymbol{G})_{\hat{\beta}_k}^{\hat{\alpha}_k}(\boldsymbol{G}^\mathrm{H})_{\hat{\alpha}_k}^{\hat{\beta}_k}\right)\right\} = k! \tag{2.48}$$

将式（2.48）代入式（2.47），有

$$C_{\mathrm{u}2} = \log_2\left\{\sum_{k=0}^{r}\frac{k!}{\sigma^{2k}}\sum_{\hat{\alpha}_k}\sum_{\hat{\beta}_k}\det(\boldsymbol{\Lambda}_\mathrm{t}\boldsymbol{\Lambda}_Q)_{\hat{\beta}_k}^{\hat{\beta}_k}\det(\boldsymbol{\Lambda}_\mathrm{r})_{\hat{\alpha}_k}^{\hat{\alpha}_k}\right\} \tag{2.49}$$

对于两发多收（Two-Input Multiple-Output，TIMO）系统，考虑通过最大化 $C_{\mathrm{u}2}$ 对功率分配矩阵进行优化。这时，最大化 $C_{\mathrm{u}2}$ 等价于：

$$\max_{\substack{\lambda_{Q,1},\lambda_{Q,2}\geqslant 0\\ \lambda_{Q,1}+\lambda_{Q,2}\leqslant P}} 1+\frac{N_{\mathrm{r}}}{\sigma^2}\left(\omega_{\mathrm{t},1}\lambda_{Q,1}+\omega_{\mathrm{t},2}\lambda_{Q,2}\right)+\frac{\omega_{\mathrm{t},1}\omega_{\mathrm{t},2}\lambda_{Q,1}\lambda_{Q,2}}{\sigma^4}\left(N_{\mathrm{r}}^2-\sum_{i=1}^{N_{\mathrm{r}}}\omega_{\mathrm{r},i}^2\right) \tag{2.50}$$

式（2.50）等价于：

$$\min_{\substack{\lambda_{Q,1},\lambda_{Q,2}\geqslant 0\\ \lambda_{Q,1}+\lambda_{Q,2}\leqslant P}} -1-\frac{N_{\mathrm{r}}}{\sigma^2}\left(\omega_{\mathrm{t},1}\lambda_{Q,1}+\omega_{\mathrm{t},2}\lambda_{Q,2}\right)-\frac{\omega_{\mathrm{t},1}\omega_{\mathrm{t},2}\lambda_{Q,1}\lambda_{Q,2}}{\sigma^4}\left(N_{\mathrm{r}}^2-\sum_{i=1}^{N_{\mathrm{r}}}\omega_{\mathrm{r},i}^2\right) \tag{2.51}$$

利用拉格朗日乘数法，可以得到式（2.50）的解为

$$\lambda_{Q,j}=\mu-\frac{N_{\mathrm{r}}\sigma^2}{N_{\mathrm{r}}^2-\sum_{i=1}^{N_{\mathrm{r}}}\omega_{\mathrm{r},i}^2}\frac{1}{\omega_{\mathrm{t},j}},\quad j=1,2 \tag{2.52}$$

其中，$\mu$ 的选择满足功率约束 $\lambda_{Q,1}+\lambda_{Q,2}=P$。可以看到，式（2.52）中的功率分配是式（2.43）中功率分配的一个修正。

对于一般的MIMO系统，直接优化 $C$ 或者 $C_{\mathrm{u}2}$ 都十分困难。式（2.52）提示可以用以下方法进行功率分配：

$$\lambda_{Q,j}=\mu-\frac{N_{\mathrm{r}}\sigma^2}{N_{\mathrm{r}}^2-\sum_{i=1}^{N_{\mathrm{r}}}\omega_{\mathrm{r},i}^2}\frac{1}{\omega_{\mathrm{t},j}},\quad j=1,2,\cdots,N_{\mathrm{t}} \tag{2.53}$$

其中，$\mu$ 的选择满足功率约束 $\sum_{j=1}^{N_{\mathrm{t}}}\lambda_{Q,j}=P$。文献[9]中的仿真证明了式（2.53）中的功率分配方式接近最优性能。

### 2. *H*为莱斯平坦衰落信道模型

当$\boldsymbol{H}$建模为不相关的莱斯平坦衰落信道时，有

$$\boldsymbol{H}=a\boldsymbol{G}+b\bar{\boldsymbol{H}} \tag{2.54}$$

其中，$a=\sqrt{1/(1+K)}$，$b=\sqrt{K/(1+K)}$，莱斯因子 $K$ 代表直达径和散射径功率之比；$\bar{\boldsymbol{H}}$ 是一个确定的矩阵，代表直达径分量，归一化为 $\mathrm{tr}\left(\bar{\boldsymbol{H}}\bar{\boldsymbol{H}}^{\mathrm{H}}\right)=N_{\mathrm{r}}N_{\mathrm{t}}$；$\boldsymbol{G}\sim\mathrm{CN}\left(0,\boldsymbol{I}_{N_{\mathrm{r}}}\otimes\boldsymbol{I}_{N_{\mathrm{t}}}\right)$。$\bar{\boldsymbol{H}}$ 的奇异值分解为 $\bar{\boldsymbol{H}}=\boldsymbol{U}\boldsymbol{D}\boldsymbol{V}^{\mathrm{H}}$，其中：$\boldsymbol{U}\in\mathbb{C}^{N_{\mathrm{r}}\times N_{\mathrm{r}}}$ 和 $\boldsymbol{V}\in\mathbb{C}^{N_{\mathrm{t}}\times N_{\mathrm{t}}}$ 均为酉矩阵；$\boldsymbol{D}\in\mathbb{C}^{N_{\mathrm{r}}\times N_{\mathrm{t}}}$，且满足 $[\boldsymbol{D}]_{ij}=0$（$i\neq j$）。$\boldsymbol{D}$中的非0元素可以表示为 $d_1\geqslant d_2\geqslant\cdots\geqslant d_R$。信道矩阵$\boldsymbol{H}$可以写为

$$\boldsymbol{H}=a\boldsymbol{G}+b\boldsymbol{U}\boldsymbol{D}\boldsymbol{V}^{\mathrm{H}} \tag{2.55}$$

假设发射端已知莱斯因子 $K$ 和矩阵 $\bar{\boldsymbol{H}}$。文献[10]已证明：最优协方差矩阵

满足 $\boldsymbol{Q}=\boldsymbol{V}\boldsymbol{\Lambda}_{\boldsymbol{Q}}\boldsymbol{V}^{\mathrm{H}}$ 。由此，式（2.38）中的遍历信道容量可以写为

$$C=\max_{\boldsymbol{\Lambda}_{\boldsymbol{Q}}\geqslant 0,\ \mathrm{tr}(\boldsymbol{\Lambda}_{\boldsymbol{Q}})\leqslant P}\mathrm{E}\left\{\log_2\det\left(\boldsymbol{I}_{N_{\mathrm{t}}}+\frac{1}{\sigma^2}(a\boldsymbol{G}+b\boldsymbol{D})\boldsymbol{\Lambda}_{\boldsymbol{Q}}(a\boldsymbol{G}+b\boldsymbol{D})^{\mathrm{H}}\right)\right\} \tag{2.56}$$

最大化 $C$ 需要计算可以达到容量的功率分配矩阵 $\boldsymbol{\Lambda}_{\boldsymbol{Q}}$ 。

与$\boldsymbol{H}$为Kronecker模型的情形类似，运用Jensen不等式， $\mathrm{E}\{\log_2\det\boldsymbol{A}\}\leqslant\log_2\det\mathrm{E}\{\boldsymbol{A}\}$ ，可得

$$\begin{aligned}C&\leqslant\max_{\boldsymbol{\Lambda}_{\boldsymbol{Q}}\geqslant 0,\ \mathrm{tr}(\boldsymbol{\Lambda}_{\boldsymbol{Q}})\leqslant P}C_{\mathrm{u1}}\\&=\max_{\boldsymbol{\Lambda}_{\boldsymbol{Q}}\geqslant 0,\ \mathrm{tr}(\boldsymbol{\Lambda}_{\boldsymbol{Q}})\leqslant P}\log_2\det\left(\boldsymbol{I}_{N_{\mathrm{t}}}+\frac{1}{\sigma^2}\boldsymbol{\Lambda}_{\boldsymbol{Q}}\mathrm{E}\left\{(a\boldsymbol{G}+b\boldsymbol{D})^{\mathrm{H}}(a\boldsymbol{G}+b\boldsymbol{D})\right\}\right)\\&=\max_{\boldsymbol{\Lambda}_{\boldsymbol{Q}}\geqslant 0,\ \mathrm{tr}(\boldsymbol{\Lambda}_{\boldsymbol{Q}})\leqslant P}\log_2\det\left(\boldsymbol{I}_{N_{\mathrm{t}}}+\frac{1}{\sigma^2}\boldsymbol{\Lambda}_{\boldsymbol{Q}}\left(a^2N_{\mathrm{r}}\boldsymbol{I}_{N_{\mathrm{t}}}+b^2\boldsymbol{D}^{\mathrm{H}}\boldsymbol{D}\right)\right)\end{aligned} \tag{2.57}$$

最大化 $C_{\mathrm{u1}}$ 时，可以用以下方法进行功率分配：

$$\lambda_{Q,i}=\left(\mu-\sigma^2\frac{1+K}{N_{\mathrm{r}}+Kd_i^2}\right)^{+},\ i=1,\cdots,N_{\mathrm{t}} \tag{2.58}$$

其中， $\mu$ 的选择满足约束 $\sum_{i=1}^{N_{\mathrm{t}}}\lambda_{Q,i}=P$ 。

上界 $C_{\mathrm{u1}}$ 较松，由其得到的功率分配方式存在性能损失，将采用一个更紧的上界。对式（2.56）运用Jensen不等式， $\mathrm{E}\{\log_2\det\boldsymbol{A}\}\leqslant\log_2\mathrm{E}\{\det\boldsymbol{A}\}$ ，得到：

$$\begin{aligned}C&\leqslant\max_{\boldsymbol{\Lambda}_{\boldsymbol{Q}}\geqslant 0,\ \mathrm{tr}(\boldsymbol{\Lambda}_{\boldsymbol{Q}})\leqslant P}C_{\mathrm{u2}}\\&=\max_{\boldsymbol{\Lambda}_{\boldsymbol{Q}}\geqslant 0,\ \mathrm{tr}(\boldsymbol{\Lambda}_{\boldsymbol{Q}})\leqslant P}\left\{\log_2\mathrm{E}\left\{\det\left(\boldsymbol{I}_{N_{\mathrm{t}}}+\frac{1}{\sigma^2}(a\boldsymbol{G}+b\boldsymbol{D})\boldsymbol{\Lambda}_{\boldsymbol{Q}}(a\boldsymbol{G}+b\boldsymbol{D})^{\mathrm{H}}\right)\right\}\right\}\end{aligned} \tag{2.59}$$

其中，矩阵 $\boldsymbol{\Lambda}_{\boldsymbol{Q}}$ 是对角矩阵。利用式（2.44）和式（2.45），式（2.59）中的 $C_{\mathrm{u2}}$ 可以写为

$$C_{\mathrm{u2}}=\log_2\left\{\sum_{k=0}^{r}\frac{1}{\sigma^{2k}}\sum_{\hat{\alpha}_k}\det\left(\boldsymbol{\Lambda}_{\boldsymbol{Q}}\right)_{\hat{\alpha}_k}^{\hat{\alpha}_k}\mathrm{E}\left\{\det\left(\left(a\boldsymbol{G}+b\boldsymbol{D}\right)^{\mathrm{H}}\left(a\boldsymbol{G}+b\boldsymbol{D}\right)_{\hat{\alpha}_k}^{\hat{\alpha}_k}\right)\right\}\right\} \tag{2.60}$$

定义

$$\tilde{\boldsymbol{W}}=(a\boldsymbol{G}+b\boldsymbol{D})^{\mathrm{H}}(a\boldsymbol{G}+b\boldsymbol{D}) \tag{2.61}$$

可得

$$\tilde{\boldsymbol{W}}_{\hat{\alpha}_k}^{\hat{\alpha}_k}=\left(\left(a\boldsymbol{G}+b\boldsymbol{D}\right)^{\mathrm{H}}\right)_{M}^{\hat{\alpha}_k}\left(a\boldsymbol{G}+b\boldsymbol{D}\right)_{\hat{\alpha}_k}^{M} \tag{2.62}$$

其中，$M=\{1,2,\cdots,N\}$。根据$(a\boldsymbol{G}+b\boldsymbol{D})^{\mathrm{H}}\sim\mathrm{CN}\left(b\boldsymbol{D}^{\mathrm{H}},a^2\boldsymbol{I}_{N_{\mathrm{r}}}\otimes\boldsymbol{I}_{N_{\mathrm{t}}}\right)$可得

$$\left(\left(a\boldsymbol{G}+b\boldsymbol{D}\right)^{\mathrm{H}}\right)_M^{\hat{\alpha}_k}\sim\mathrm{CN}\left(\left(b\boldsymbol{D}^{\mathrm{H}}\right)_M^{\hat{\alpha}_k},a^2\boldsymbol{I}_{N_{\mathrm{r}}}\otimes\boldsymbol{I}_{N_{\mathrm{t}}}\right) \tag{2.63}$$

因此，$\tilde{\boldsymbol{W}}_{\hat{\alpha}_k}^{\hat{\alpha}_k}$服从非中心复威沙特（Wishart）分布：

$$\tilde{\boldsymbol{W}}_{\hat{\alpha}_k}^{\hat{\alpha}_k}\sim\mathrm{W}_k\left(N_{\mathrm{r}},a^2\boldsymbol{I}_k,\tilde{\boldsymbol{\Theta}}(\hat{\alpha}_k)\right) \tag{2.64}$$

其中

$$\tilde{\boldsymbol{\Theta}}(\hat{\alpha}_k)=K\left(\boldsymbol{D}_{\{1,\cdots,n\}}^{\hat{\alpha}_k}\right)^{\mathrm{H}}\boldsymbol{D}_{\{1,\cdots,n\}}^{\hat{\alpha}_k}=K\left(\boldsymbol{D}^{\mathrm{H}}\boldsymbol{D}\right)_{\hat{\alpha}_k}^{\hat{\alpha}_k}$$

根据非中心复威沙特分布的矩阵的性质可得

$$\mathrm{E}\left\{\det\left(\tilde{\boldsymbol{W}}\right)_{\hat{\alpha}_k}^{\hat{\alpha}_k}\right\}=a^{2k}\frac{\left(n-L(\hat{\alpha}_k)\right)!}{(n-k)!}\frac{\varDelta_3\left(\tilde{\boldsymbol{\Theta}}(\hat{\alpha}_k)\right)}{V\left(\tilde{\theta}(\hat{\alpha}_k)_1,\cdots,\tilde{\theta}(\hat{\alpha}_k)_{L(\hat{\alpha}_k)}\right)}(-1)^{\frac{L(\hat{\alpha}_k)L(\hat{\alpha}_k-1)}{2}} \tag{2.65}$$

其中，$L(\hat{\alpha}_k)$为$\tilde{\boldsymbol{\Theta}}(\hat{\alpha}_k)$的秩，$\tilde{\theta}(\hat{\alpha}_k)_1,\tilde{\theta}(\hat{\alpha}_k)_2,\cdots,\tilde{\theta}(\hat{\alpha}_k)_{L(\hat{\alpha}_k)}$为$\tilde{\boldsymbol{\Theta}}(\hat{\alpha}_k)$的非0特征值，$\varDelta_3\left(\tilde{\boldsymbol{\Theta}}(\hat{\alpha}_k)\right)=\det\left(\tilde{\boldsymbol{\Theta}}_1(\hat{\alpha}_k)\right)$。矩阵$\tilde{\boldsymbol{\Theta}}_1(\hat{\alpha}_k)$中的第$p$行、第$q$列元素满足

$$\left[\tilde{\boldsymbol{\Theta}}_1(\hat{\alpha}_k)\right]_{pq}=\left(n-L(\hat{\alpha}_k)+q+\tilde{\theta}_p(\hat{\alpha}_k)\right)\tilde{\theta}_p^{q-1}(\hat{\alpha}_k) \tag{2.66a}$$

$$V\left(\tilde{\theta}(\hat{\alpha}_k)_1,\cdots,\tilde{\theta}(\hat{\alpha}_k)_{L(\hat{\alpha}_k)}\right)=\prod_{i<j}\left(\tilde{\theta}(\hat{\alpha}_k)_i-\tilde{\theta}(\hat{\alpha}_k)_j\right) \tag{2.66b}$$

将式（2.65）代入式（2.60）可得

$$C_{\mathrm{u}2}=\log_2\left\{\sum_{k=0}^{r}\frac{1}{\sigma^{2k}}\sum_{\hat{\alpha}_k}\det\left(\boldsymbol{\varLambda}_Q\right)_{\hat{\alpha}_k}^{\hat{\alpha}_k}a^{2k}\frac{\left(n-L(\hat{\alpha}_k)\right)!}{(n-k)!}\frac{\varDelta_3\left(\tilde{\boldsymbol{\Theta}}(\hat{\alpha}_k)\right)}{V\left(\tilde{\theta}(\hat{\alpha}_k)_1,\cdots,\tilde{\theta}(\hat{\alpha}_k)_{L(\hat{\alpha}_k)}\right)}(-1)^{\frac{L(\hat{\alpha}_k)L(\hat{\alpha}_k-1)}{2}}\right\} \tag{2.67}$$

接下来，通过最大化$C_{\mathrm{u}2}$来对功率分配矩阵进行优化。最大化$C_{\mathrm{u}2}$等价于最大化式（2.68）：

$$\max_{\boldsymbol{\varLambda}_Q\geqslant 0,\ \mathrm{tr}(\boldsymbol{\varLambda}_Q)\leqslant P}1+\sum_{k=1}^{r}\frac{a^{2k}}{\sigma^{2k}}\sum_{\hat{\alpha}_k}\det\left(\boldsymbol{\varLambda}_Q\right)_{\hat{\alpha}_k}^{\hat{\alpha}_k}\frac{\left(n-L(\hat{\alpha}_k)\right)!}{(n-k)!}\frac{\varDelta_3\left(\tilde{\boldsymbol{\Theta}}(\hat{\alpha}_k)\right)}{V\left(\tilde{\theta}(\hat{\alpha}_k)_1,\cdots,\tilde{\theta}(\hat{\alpha}_k)_{L(\hat{\alpha}_k)}\right)}(-1)^{\frac{L(\hat{\alpha}_k)L(\hat{\alpha}_k-1)}{2}} \tag{2.68}$$

对于TIMO系统，$N_{\mathrm{t}}=2$，式（2.68）退化为

$$\begin{aligned}\max_{\substack{\lambda_{Q,1},\lambda_{Q,2}\geqslant 0\\ \lambda_{Q,1}+\lambda_{Q,2}\leqslant P}}\ & 1+\frac{\lambda_{Q,1}}{\sigma^2}\left(N_{\mathrm{r}}a^2+b^2d_1^2\right)+\frac{\lambda_{Q,2}}{\sigma^2}\left(N_{\mathrm{r}}a^2+b^2d_2^2\right)\\ & +\frac{\lambda_{Q,1}\lambda_{Q,2}}{\sigma^4}\left[\left(n^2-n\right)a^4+\left(n-1\right)a^2b^2\left(d_1^2+d_2^2\right)+b^4d_1^2d_2^2\right]\end{aligned} \tag{2.69}$$

而式（2.69）等价于

$$\begin{aligned}\min_{\substack{\lambda_{Q,1},\lambda_{Q,2}\geqslant 0\\ \lambda_{Q,1}+\lambda_{Q,2}\leqslant P}}\ & -1-\frac{\lambda_{Q,1}}{\sigma^2}\left(N_{\mathrm{r}}a^2+b^2d_1^2\right)-\frac{\lambda_{Q,2}}{\sigma^2}\left(N_{\mathrm{r}}a^2+b^2d_2^2\right)\\ & -\frac{\lambda_{Q,1}\lambda_{Q,2}}{\sigma^4}\left[\left(n^2-n\right)a^4+\left(n-1\right)a^2b^2\left(d_1^2+d_2^2\right)+b^4d_1^2d_2^2\right]\end{aligned} \tag{2.70}$$

利用拉格朗日乘数法，可以得到式（2.70）的解为

$$\lambda_{Q,j}=\left(\mu-\frac{\sigma^2\left(1+K\right)}{\dfrac{N_{\mathrm{r}}\left(N_{\mathrm{r}}-1\right)\left(2K+1\right)}{K\left(2N_{\mathrm{r}}-d_j^2\right)+Kd_j^2}}\right)^+,\ j=1,2 \tag{2.71}$$

其中，$\mu$ 的选择满足功率约束 $\lambda_{Q,1}+\lambda_{Q,2}=P$。

可以看出，式（2.71）的功率分配方法是式（2.58）的一个修正，即将式（2.58）中的 $N_{\mathrm{r}}$ 乘以了一个修正因子 $\dfrac{\left(N_{\mathrm{r}}-1\right)\left(2K+1\right)}{K\left(2N_{\mathrm{r}}-d_j^2\right)+Kd_j^2}$。

对于一般的MIMO系统，最大化 $C_{\mathrm{u}2}$ 与直接优化 $C$ 一样困难。然而，受式（2.71）的启发，我们提出如下功率分配方法：

$$\lambda_{Q,j}=\left(\mu-\frac{\sigma^2\left(1+K\right)}{\dfrac{N_{\mathrm{r}}\left(N_{\mathrm{r}}-1\right)\left(N_{\mathrm{t}}K+1\right)}{K\left(N_{\mathrm{t}}N_{\mathrm{r}}-d_j^2\right)+Kd_j^2}}\right)^+,\ j=1,2,\cdots,N_{\mathrm{t}} \tag{2.72}$$

其中，$\mu$ 的选择满足功率约束 $\sum_{j=1}^{N_{\mathrm{t}}}\lambda_{Q,j}=P$。文献[9]中的仿真证明，式（2.72）中的功率分配方式接近最优性能。

# | 2.3 上行 MIMO MAC 容量 |

对上行MIMO MAC容量的研究主要包括发射端完全已知所有用户瞬时CSI和仅知所有用户的统计CSI两种情况。

## 2.3.1 发射端完全已知所有用户的瞬时 CSI

对于上行MIMO MAC，令 $\boldsymbol{x}_k \in \mathbb{C}^{N_t \times 1}$ 表示用户 $k$ 的传输信号， $\boldsymbol{y} \in \mathbb{C}^{N_r \times 1}$ 和 $\boldsymbol{n} \sim \mathrm{CN}\left(0, \boldsymbol{I}_{N_r}\right)$ 分别表示接收信号和噪声信号，则接收信号$\boldsymbol{y}$可以表示为

$$\begin{aligned} \boldsymbol{y} &= \sum_{k=1}^{K} \boldsymbol{H}_k^{\mathrm{H}} \boldsymbol{x}_k + \boldsymbol{n} \\ &= \left[\boldsymbol{H}_1^{\mathrm{H}}, \cdots, \boldsymbol{H}_K^{\mathrm{H}}\right] \begin{bmatrix} \boldsymbol{x}_1 \\ \vdots \\ \boldsymbol{x}_K \end{bmatrix} + \boldsymbol{n} \\ &= \boldsymbol{H}\boldsymbol{x} + \boldsymbol{n} \end{aligned} \tag{2.73}$$

用户 $k$ 传输信号的协方差矩阵 $\boldsymbol{Q}_k = \mathrm{E}\left\{\boldsymbol{x}_k \boldsymbol{x}_k^{\mathrm{H}}\right\}$。对于上行MIMO MAC，每个用户满足独立功率约束 $P_k$，即 $\mathrm{tr}\left(\boldsymbol{Q}_k\right) \leqslant P_k$（$k = 1, \cdots, K$）。

对于加性高斯噪声MIMO MAC模型，可以证明用户信号 $\boldsymbol{x}_k$ 满足高斯分布时达到其容量域[11]。对于任意的功率集合 $P = \left(P_1, \cdots, P_K\right)$，高斯MIMO MAC模型的容量域可以写为

$$C_{\mathrm{MAC}}\left(P; \boldsymbol{H}\right) = \bigcup_{\left\{\boldsymbol{Q}_i \geqslant 0, \mathrm{tr}\left(\boldsymbol{Q}_i\right) \leqslant P_i\right\}} \left\{ \begin{array}{l} \left(R_1, \cdots, R_K\right): \\ \sum\limits_{i \in S} R_i \leqslant \log_2 \det\left(\boldsymbol{I}_{N_r} + \sum\limits_{i \in S} \boldsymbol{H}_i^{\mathrm{H}} \boldsymbol{Q}_i \boldsymbol{H}_i\right) \forall S \subseteq \{1, \cdots, K\} \end{array} \right\} \tag{2.74}$$

式（2.74）中的容量域是由所有满足功率约束的协方差矩阵构成的多面体速率域集合，其中多面体的顶点可以通过连续译码获得，即用户按照顺序解码并将其从接收信号中减去。对于一个两用户的系统，每组协方差矩阵对应一个五边形，其中拐点速率为

$$R_1 = \log_2 \det\left(\boldsymbol{I}_{N_r} + \boldsymbol{H}_1^{\mathrm{H}} \boldsymbol{Q}_1 \boldsymbol{H}_1\right) \tag{2.75}$$

$$\begin{aligned} R_2 &= \log_2 \det\left(\boldsymbol{I}_{N_r} + \boldsymbol{H}_1^{\mathrm{H}} \boldsymbol{Q}_1 \boldsymbol{H}_1 + \boldsymbol{H}_2^{\mathrm{H}} \boldsymbol{Q}_2 \boldsymbol{H}_2\right) - R_1 \\ &= \log_2 \det\left(\boldsymbol{I}_{N_r} + \left(\boldsymbol{I} + \boldsymbol{H}_1^{\mathrm{H}} \boldsymbol{Q}_1 \boldsymbol{H}_1\right)^{-1} \boldsymbol{H}_2^{\mathrm{H}} \boldsymbol{Q}_2 \boldsymbol{H}_2\right) \end{aligned} \tag{2.76}$$

速率 $R_2$ 表示在用户1的干扰下先解码用户2，然后将用户2的信号从接收信号中减去，得到速率 $R_1$。

当发射天线数 $N_t = 1$ 时，两用户上行MIMO MAC的容量域如图2.4所示。当 $N_t = 1$ 时，每个用户的协方差矩阵退化为标量，其值等于传输功率。当 $N_t > 1$ 时，两用户上行MIMO MAC的容量域是所有协方差矩阵的集合，如图2.5所示。图2.5中每一个多边形，对应一组用户的协方差矩阵。整个容量域是由所有多边形构成的一个集合。

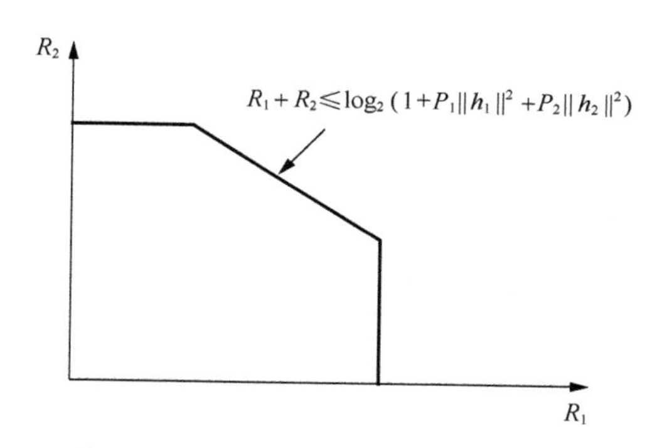


**图 2.4　单天线场景下，两用户上行 MIMO MAC 的容量域**

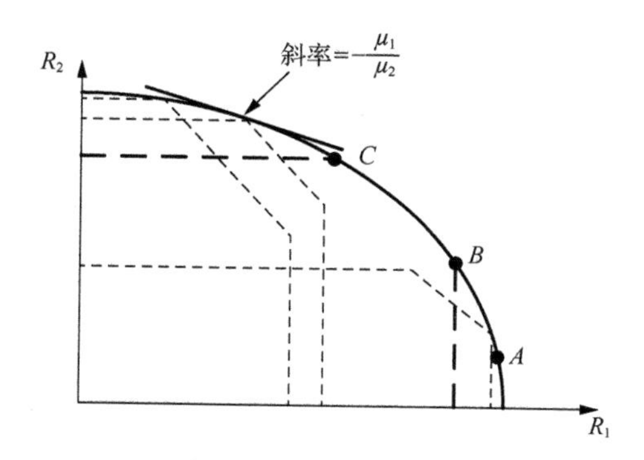


**图 2.5　多天线场景下，两用户上行 MIMO MAC 的容量域**

最后，讨论如何求解最优协方差矩阵 $(\boldsymbol{Q}_1, \cdots, \boldsymbol{Q}_K)$。由于MAC的容量域是凸集，根据凸优化理论可知，容量域的边界可以通过优化加权和速率

$\mu_1 R_1 + \cdots + \mu_K R_K$ 获得，其中 $\sum_{i=1}^{K} \mu_i = 1$。对于任意一组给定的权重 $(\mu_1, \cdots, \mu_K)$，优化加权和速率等价于寻找图2.5中由权重比例所定义的切线。进一步地，以上优化问题等价为

$$\max_{\boldsymbol{Q}_1, \cdots, \boldsymbol{Q}_K} \mu_K \log_2 \det\left(\boldsymbol{I}_{N_r} + \sum_{k=1}^{K} \boldsymbol{H}_k^{\mathrm{H}} \boldsymbol{Q}_k \boldsymbol{H}_k\right) + \sum_{i=1}^{K-1} (\mu_i - \mu_{i+1}) \log_2 \det\left(\boldsymbol{I}_{N_r} + \sum_{k=1}^{i} \boldsymbol{H}_k^{\mathrm{H}} \boldsymbol{Q}_k \boldsymbol{H}_k\right) \tag{2.77}$$

该优化问题可以通过迭代注水的方法求解[12]。

### 2.3.2 发射端仅知所有用户的统计 CSI

针对式（2.73）所示的MIMO MAC模型，考虑如下信道衰落模型：

$$\boldsymbol{H}_k = \boldsymbol{G}_k \left(\boldsymbol{R}_k^{\frac{1}{2}}\right)^{\mathrm{H}} \tag{2.78}$$

其中，$\boldsymbol{G} \sim \mathrm{CN}\left(0, \boldsymbol{I}_{N_r} \otimes \boldsymbol{I}_{N_t}\right)$。当发射端只知道用户信道 $\boldsymbol{H}_k$ 的统计信息时，优化MIMO MAC模型的各态历经和速率：

$$C_{\mathrm{sum}} = \max_{\substack{\boldsymbol{Q}_1, \cdots, \boldsymbol{Q}_K, \boldsymbol{Q}_k \geqslant 0 \\ \mathrm{tr}(\boldsymbol{Q}_k) \leqslant P_k}} \mathrm{E}\left\{\log_2 \det\left(\boldsymbol{I}_{N_r} + \sum_{k=1}^{K} \boldsymbol{H}_k^{\mathrm{H}} \boldsymbol{Q}_k \boldsymbol{H}_k\right)\right\} \tag{2.79}$$

令 $\boldsymbol{R}_{\mathrm{t},k} = \boldsymbol{U}_{\mathrm{t},k} \boldsymbol{\Lambda}_{\mathrm{t},k} \boldsymbol{U}_{\mathrm{t},k}^{\mathrm{H}}$。对于式（2.78）所示的信道模型和式（2.79）所示的优化问题，文献[13]证明最优的用户协方差矩阵 $\boldsymbol{Q}_k$ 满足形式 $\boldsymbol{Q}_k = \boldsymbol{U}_{\mathrm{t},k} \boldsymbol{\Lambda}_{\boldsymbol{Q}_k} \boldsymbol{U}_{\mathrm{t},k}^{\mathrm{H}}$。据此，式（2.79）所示的优化问题可以写为

$$\begin{aligned} C_{\mathrm{sum}} &= \max_{\substack{\boldsymbol{Q}_1, \cdots, \boldsymbol{Q}_K, \boldsymbol{Q}_k \geqslant 0 \\ \mathrm{tr}(\boldsymbol{Q}_k) \leqslant P_k}} \mathrm{E}\left\{\log_2 \det\left(\boldsymbol{I}_{N_r} + \sum_{k=1}^{K} \boldsymbol{G}_k^{\mathrm{H}} \boldsymbol{\Lambda}_{\boldsymbol{Q}_k} \boldsymbol{\Lambda}_{\mathrm{T},k} \boldsymbol{G}_k\right)\right\} \\ &= \max_{\sum_{i=1}^{N_t} \lambda_{ki}^{\boldsymbol{Q}} \leqslant P_k, \lambda_{ki}^{\boldsymbol{Q}} \geqslant 0} \mathrm{E}\left\{\log_2 \det\left(\boldsymbol{I}_{N_r} + \sum_{k=1}^{K} \sum_{i=1}^{N_t} \lambda_{ki}^{\boldsymbol{Q}} \lambda_{ki}^{\boldsymbol{R}} \boldsymbol{g}_{ki} \boldsymbol{g}_{ki}^{\mathrm{H}}\right)\right\} \end{aligned} \tag{2.80}$$

其中，$\lambda_{ki}^{\boldsymbol{Q}}$ 和 $\lambda_{ki}^{\boldsymbol{R}}$ 分别表示矩阵 $\boldsymbol{\Lambda}_{\boldsymbol{Q}_k}$ 和 $\boldsymbol{\Lambda}_{\mathrm{t},k}$ 的第 $i$ 个对角元素，$\boldsymbol{g}_{ki}$ 表示矩阵 $\boldsymbol{G}_k$ 的第$i$列。式（2.80）所示的优化问题可以通过经典的统计优化方法求解。

对于存在直达径的信道衰落模型：

$$\boldsymbol{H}_k = \bar{\boldsymbol{H}}_k + \boldsymbol{G}_k \tag{2.81}$$

令 $\bar{\boldsymbol{H}}_k = \bar{\boldsymbol{U}}_k \bar{\boldsymbol{\Lambda}}_k \bar{\boldsymbol{V}}_k^{\mathrm{H}}$。文献[14]证明：针对式（2.81），最大化式（2.79）中的和速率的用户协方差矩阵满足形式 $\boldsymbol{Q}_k = \bar{\boldsymbol{V}}_k \boldsymbol{\Lambda}_{\boldsymbol{Q}_k} \boldsymbol{V}_k^{\mathrm{H}}$。据此，式（2.79）所示的优化问题可以写为

$$\begin{aligned} C_{\mathrm{sum}} &= \max_{\substack{\boldsymbol{Q}_1,\cdots,\boldsymbol{Q}_K,\boldsymbol{Q}_k \geqslant 0 \\ \mathrm{tr}(\boldsymbol{Q}_k) \leqslant P_k}} \mathrm{E}\left\{\log_2 \det\left(\boldsymbol{I}_{N_{\mathrm{r}}} + \sum_{k=1}^{K}\left(\bar{\boldsymbol{H}}_k + \boldsymbol{G}_k\right)^{\mathrm{H}} \boldsymbol{Q}_k \left(\bar{\boldsymbol{H}}_k + \boldsymbol{G}_k\right)^{\mathrm{H}}\right)\right\} \\ &= \max_{\substack{\boldsymbol{Q}_1,\cdots,\boldsymbol{Q}_K,\boldsymbol{Q}_k \geqslant 0 \\ \mathrm{tr}(\boldsymbol{Q}_k) \leqslant P_k}} \mathrm{E}\left\{\log_2 \det\left(\boldsymbol{I}_{N_{\mathrm{r}}} + \sum_{k=1}^{K}\left(\bar{\boldsymbol{\Lambda}}_{kk} + \boldsymbol{G}_k\right)^{\mathrm{H}} \boldsymbol{Q}_k \left(\bar{\boldsymbol{\Lambda}}_{kk} + \boldsymbol{G}_k\right)^{\mathrm{H}}\right)\right\} \\ &= \max_{\sum_{i=1}^{N_{\mathrm{t}}} \lambda_{ki}^{\boldsymbol{Q}} \leqslant P_k, \lambda_{ki}^{\boldsymbol{Q}} \geqslant 0} \mathrm{E}\left\{\log_2 \det\left(\boldsymbol{I}_{N_{\mathrm{r}}} + \sum_{k=1}^{K}\sum_{i=1}^{N_{\mathrm{t}}} \lambda_{ki}^{\boldsymbol{Q}} \boldsymbol{z}_{ki} \boldsymbol{z}_{ki}^{\mathrm{H}}\right)\right\} \end{aligned} \quad (2.82)$$

其中，$\boldsymbol{z}_{ki}$ 表示矩阵 $\bar{\boldsymbol{\Lambda}}_{kk} + \boldsymbol{G}_k$ 的第$i$列。类似地，式（2.82）所示的优化问题可以通过经典的统计优化方法求解。

对于更加一般性的信道衰落模型，其数学推导比较复杂，通常需要借助大维随机矩阵理论进行渐近分析，感兴趣的读者可参考文献[15]。

## 2.4 下行 MIMO BC 容量

与上行MIMO MAC模型类似，对下行MIMO BC容量的研究也主要包括发射端完全已知所有用户的瞬时CSI和发射端仅知所有用户的统计CSI两种情况。

### 2.4.1 发射端完全已知所有用户的瞬时 CSI

对于下行MIMO BC，令 $\boldsymbol{x} \in \mathbb{C}^{N_{\mathrm{t}} \times 1}$ 和 $\boldsymbol{y}_k \in \mathbb{C}^{N_{\mathrm{r}} \times 1}$ 表示发射信号和用户 $k$ 的接收信号，并将接收机 $k$ 上的噪声表示为 $\boldsymbol{n}_k \sim \mathrm{CN}\left(0, \boldsymbol{I}_{N_{\mathrm{r}}}\right)$，则用户 $k$ 的接收信号可以表示为

$$\boldsymbol{y}_k = \boldsymbol{H}_k \boldsymbol{x} + \boldsymbol{n}_k \quad (2.83)$$

另外，传输信号的协方差矩阵 $\boldsymbol{Q}_x = \mathrm{E}\left\{\boldsymbol{x}\boldsymbol{x}^{\mathrm{H}}\right\}$，发射机服从平均功率限制 $\mathrm{tr}\left(\boldsymbol{Q}_x\right) \leqslant P$，且假设发射端和接收端都完全已知信道 $\boldsymbol{H}_k$。

对于MIMO BC模型[式（2.83）]，文献[16]证明DPC能够达到其信道容量域。其编解码的具体过程如下。

（1）发射机为用户1选择一个码字 $\boldsymbol{x}_1$。

（2）在完全掌握 $\boldsymbol{x}_1$ 的因果知识的情况下，发射机为用户2选择一个码字 $\boldsymbol{x}_2$，使得用户2在其接收端能够完全消除码字 $\boldsymbol{x}_1$ 的干扰效果。

（3）类似地，发射机为用户3选择一个码字 $\boldsymbol{x}_3$，使得用户3在其接收端能够完全消除码字 $\boldsymbol{x}_1+\boldsymbol{x}_2$ 的干扰效果。

（4）重复以上过程直到用户 $K$。

令 $(\pi(1),\cdots,\pi(K))$ 代表序列 $(1,\cdots,K)$ 的一个任意排列，每个码字的协方差矩阵 $\boldsymbol{Q}_k=\mathrm{E}\{\boldsymbol{x}_k\boldsymbol{x}_k^{\mathrm{H}}\}$。如果用户按照 $\pi(1),\pi(2),\cdots,\pi(K)$ 的顺序解码，则用户 $\pi(k)$ 的速率可以表示为

$$\begin{aligned}R_{\pi(k)}=&\log_2\det\left(\boldsymbol{I}_{N_\mathrm{r}}+\boldsymbol{H}_{\pi(k)}\left(\sum_{j\geqslant k}\boldsymbol{Q}_{\pi(j)}\right)\boldsymbol{H}_{\pi(k)}^{\mathrm{H}}\right)\\&-\log_2\det\left(\boldsymbol{I}_{N_\mathrm{r}}+\boldsymbol{H}_{\pi(k)}\left(\sum_{j>k}\boldsymbol{Q}_{\pi(j)}\right)\boldsymbol{H}_{\pi(k)}^{\mathrm{H}}\right)\end{aligned}\tag{2.84}$$

MIMO BC的容量域是对于所有满足总功率约束的协方差矩阵：

$$\sum_{k=1}^{K}\mathrm{tr}(\boldsymbol{Q}_k)=\mathrm{tr}\left(\sum_{k=1}^{K}\boldsymbol{Q}_k\right)\leqslant P\tag{2.85}$$

和所有由排列 $(\pi(1),\cdots,\pi(K))$ 所组成的并集的凸包：

$$C_{\mathrm{DPC}}(P,\boldsymbol{H})=\mathrm{Co}\left(\bigcup_{\pi,\boldsymbol{Q}_i}R(\pi,\boldsymbol{Q}_i)\right)\tag{2.86}$$

其中，$R(\pi,\boldsymbol{Q}_i)$ 由式（2.84）给出。图2.6给出了 $N_\mathrm{t}=2$ 和 $N_\mathrm{r}=1$ 时的两用户MIMO BC容量域。

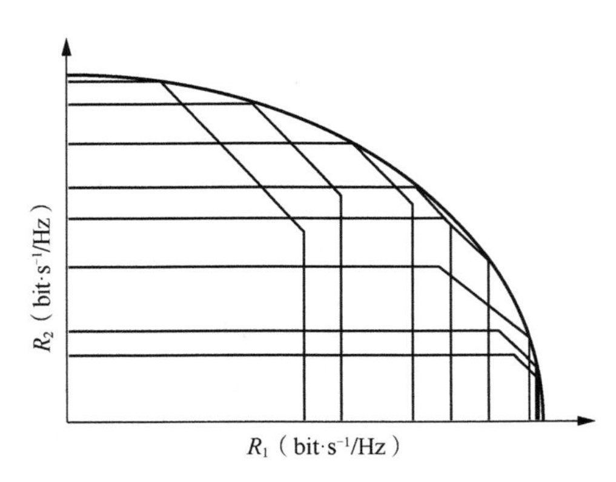


**图 2.6　$N_\mathrm{t}$=2 和 $N_\mathrm{r}$=1 时的两用户 MIMO BC 容量域**

对于一般的MIMO BC，式（2.86）中的速率表达式既不是协方差矩阵 $\boldsymbol{Q}_i$ 的凸函数，也不是它的凹函数。因此，直接求解一般性MIMO BC的容量域非常困难。文献[17]证明，下行MIMO BC与上行MIMO MAC之间存在对偶性，即MIMO BC的容量域（见图2.7左侧）与MIMO MAC的容量域（见图2.7右侧）等效。

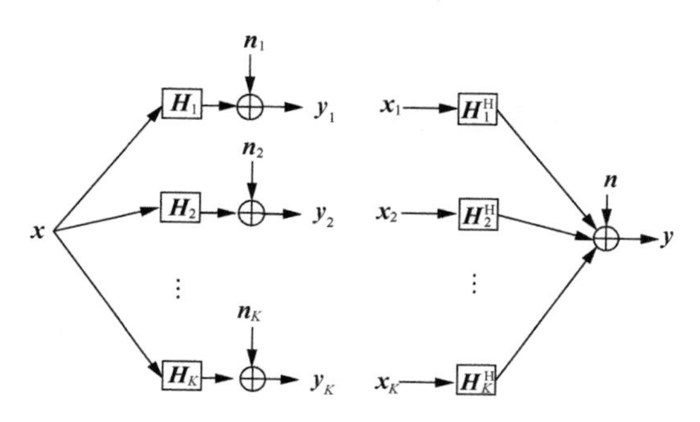


图 2.7　MIMO BC 和 MIMO MAC 的对偶性

因此，MIMO BC的和速率优化问题可以转化为等效MIMO MAC的和速率优化问题：

$$\begin{aligned} C_{\mathrm{BC}}\left(\boldsymbol{H}_1,\cdots,\boldsymbol{H}_K,P\right) &= C_{\mathrm{MAC}}\left(\boldsymbol{H}_1^{\mathrm{H}},\cdots,\boldsymbol{H}_K^{\mathrm{H}},P\right) \\ &= \max_{\boldsymbol{Q}_i \geqslant 0,\operatorname{tr}(\boldsymbol{Q}_i)\leqslant P_i} \log_2 \det\left(\boldsymbol{I}_{N_{\mathrm{r}}} + \sum_{k=1}^{K} \boldsymbol{H}_k^{\mathrm{H}} \boldsymbol{Q}_k \boldsymbol{H}_k\right) \end{aligned} \tag{2.87}$$

式（2.87）所示的优化问题可以进一步转换为

$$\begin{aligned} & C_{\mathrm{BC}}\left(\boldsymbol{H}_1,\cdots,\boldsymbol{H}_K,P\right) \\ & = \log_2 \det\left(\boldsymbol{I}_{N_{\mathrm{r}}} + \sum_{i\neq k}^{K} \boldsymbol{H}_i^{\mathrm{H}} \boldsymbol{Q}_i \boldsymbol{H}_i + \boldsymbol{H}_k^{\mathrm{H}} \boldsymbol{Q}_k \boldsymbol{H}_k\right) \\ & = \log_2 \det\left(\boldsymbol{I}_{N_{\mathrm{r}}} + \sum_{i=1}^{K} \boldsymbol{H}_i^{\mathrm{H}} \boldsymbol{Q}_i \boldsymbol{H}_i\right) \\ & \quad + \log_2 \det\left(\boldsymbol{I}_{N_{\mathrm{r}}} + \left(\boldsymbol{I}_{N_{\mathrm{r}}} + \sum_{i\neq k}^{K} \boldsymbol{H}_i^{\mathrm{H}} \boldsymbol{Q}_i \boldsymbol{H}_i\right)^{-\frac{1}{2}} \boldsymbol{H}_k^{\mathrm{H}} \boldsymbol{Q}_k \boldsymbol{H}_k \left(\boldsymbol{I}_{N_{\mathrm{r}}} + \sum_{i\neq k}^{K} \boldsymbol{H}_i^{\mathrm{H}} \boldsymbol{Q}_i \boldsymbol{H}_i\right)^{-\frac{1}{2}}\right) \end{aligned} \tag{2.88}$$

式（2.88）是关于协方差矩阵 $\boldsymbol{Q}_i$ 的凹函数。考虑利用块坐标下降算法迭代求解，即每次迭代时固定所有 $\boldsymbol{Q}_i$（$i \neq k$），只对一个协方差矩阵 $\boldsymbol{Q}_k$ 进行优化，有

$$\boldsymbol{Q}_k^{n+1} = \arg \max_{\boldsymbol{Q}_k \geqslant 0,\operatorname{tr}(\boldsymbol{Q}_k)\leqslant P_k} \log_2 \det\left(\boldsymbol{I}_{N_{\mathrm{r}}} + \boldsymbol{A}_k^{\mathrm{H}} \boldsymbol{Q}_i \boldsymbol{A}_k\right) \tag{2.89}$$

其中

$$A_k = H_k \left( I_{N_r} + \sum_{i \neq k}^{K} H_i^{H} Q_i H_i \right)^{-\frac{1}{2}} \quad (2.90)$$

式（2.89）中 $Q_i$ 的最优结构可以由式（2.33）给出。

### 2.4.2 发射端仅知所有用户的统计 CSI

对于式（2.83）中的MIMO BC模型，考虑如下通信场景：发射机仅知道每个用户信道 $H_k$ 的统计信息，而每个用户完全已知自己的 $H_k$ 信息。假设发射机按照 $k=1,\cdots,K$ 的顺序生成每个用户的传输数据，则在设计第 $k$ 个用户的传输数据时，发射机知道前 $k-1$ 个用户的传输数据。由此，可以将式（2.83）重新写为

$$y_k = H_k\left(x_k + s_k\right) + H_k \sum_{t=k+1}^{K} x_t + n_k \quad (2.91)$$

其中，$s_k = \sum_{t=1}^{k-1} x_t$。当发射机只已知统计CSI时，$(y_k, H_k)$ 的组合构成信道的输出。MIMO BC模型[式（2.83）]中的信道转移概率 $\Pr[y_k, H_k \mid x_k, s_k]$ 是传输信号 $x_k$、信道矩阵 $H_k$ 和干扰 $s_k$ 的联合函数。式（2.91）属于一般性的带边信息的信道模型，其中第 $k$ 个用户的信道容量定义为

$$C_k = \sup_{\Pr[u_k|s_k], f_k(\cdot)} \left\{ I\left(u_k; y_k, H_k\right) - I\left(u_k; s_k\right) \right\} \quad (2.92)$$

其中，$u_k$ 是条件分布为 $\Pr[u_k|s_k]$ 的辅助随机向量，$f_k(\cdot)$ 是构成信号 $x_k = f_k(u_k, s_k)$ 的确定性函数，满足 $\mathrm{E}\left\{ f_k(u_k, s_k) f_k(u_k, s_k)^{H} \right\} = Q_k$。注意到，对于任意一组特定的 $\Pr[u_k|s_k]$ 和 $f_k(\cdot)$，式（2.92）变成一个可达速率。

统计CSI假设下的MIMO BC容量域仍然未知。然而，如果将函数 $f_k(\cdot)$ 设定为 $f_k(u_k, s_k) = u_k - F_k s_k$，式中 $F_k$ 表示 $N_t \times N_t$ 维的固定线性指配矩阵，文献[18]证明了式（2.92）中的最大速率在 $x_k$ 和 $s_k$ 是联合高斯分布时获得，并将此定义为线性指配容量。文献[18]进一步证明了最优的线性指配可达速率域在传输向量 $x_k$ 与干扰向量 $s_k$ 相互独立时获得。由此，传输信号$x$的协方差矩阵可表示为：$Q_x = \mathrm{E}\left\{ x x^{H} \right\} = \sum_{k=1}^{K} Q_k$。发射机满足平均功率约束，有 $\mathrm{tr}\left(Q_x\right) \leqslant P$。基于此，根据文献[18]中的结果，第$k$个用户的线性指配速率可写为

$$R_k = \log_2 \det\left(\boldsymbol{Q}_{\boldsymbol{u}_k|\boldsymbol{s}_k}\right) - \mathrm{E}\left\{\log_2 \det\left(\boldsymbol{Q}_{\boldsymbol{u}_k|\boldsymbol{y}_k,\boldsymbol{H}_k}\left(\boldsymbol{H}_k\right)\right)\right\} \tag{2.93}$$

其中

$$\boldsymbol{Q}_{\boldsymbol{u}_k|\boldsymbol{s}_k} = \boldsymbol{Q}_k \tag{2.94}$$

$$\boldsymbol{Q}_{\boldsymbol{u}_k|\boldsymbol{y}_k,\boldsymbol{H}_k}\left(\boldsymbol{H}_k\right) = \boldsymbol{C}_k - \boldsymbol{A}_k\boldsymbol{H}_k^{\mathrm{H}}\left(\boldsymbol{H}_k\boldsymbol{B}_k\boldsymbol{H}_k^{\mathrm{H}} + \boldsymbol{Q}_{Z,k}(\boldsymbol{H}_k)\right)^{-1}\boldsymbol{H}_k\boldsymbol{A}_k^{\mathrm{H}} \tag{2.95}$$

其中，$\boldsymbol{A}_k = \boldsymbol{F}_k\boldsymbol{Q}_{S,k} + \boldsymbol{Q}_k$，$\boldsymbol{B}_k = \boldsymbol{Q}_{S,k} + \boldsymbol{Q}_k$，$\boldsymbol{C}_k = \boldsymbol{F}_k\boldsymbol{Q}_{S,k}\boldsymbol{F}_k^{\mathrm{H}} + \boldsymbol{Q}_k$，$\boldsymbol{Q}_{S,k} = \sum_{t=1}^{k-1}\boldsymbol{Q}_t$，$\boldsymbol{Q}_{Z,k}(\boldsymbol{H}_k) = \boldsymbol{H}_k\left(\sum_{t=k+1}^{K}\boldsymbol{Q}_t\right)\boldsymbol{H}_k^{\mathrm{H}} + \boldsymbol{I}_{N_r}$。

采用2.4.1小节中类似DPC的编解码过程，模型（2.91）的线性指配最大加权和速率可表示为

$$R_{\mathrm{sum}}^{\mathrm{w}} = \sum_{k=1}^{K}\mu_k R_k \tag{2.96}$$

其中，$R_k$ 可通过式（2.93）得到；$\mu_k$ 表示非负权重，$\sum_{k=1}^{K}\mu_k = K$。可以利用块坐标下降算法迭代搜索使 $R_{\mathrm{sum}}^{\mathrm{w}}$ 最大化的 $\boldsymbol{F}_k$ 和 $\boldsymbol{Q}_x$。

进一步地，可以设计一个利用二阶统计量的低复杂度传输方案。文献[18]推导了式（2.93）中线性指配速率的一个上界：

$$\begin{aligned} R_k \leqslant R_{\mathrm{upp},k} = &\log_2\det(\boldsymbol{Q}_k) - \log_2\det(\boldsymbol{C}_k) - \left[\log_2\det\left(\boldsymbol{R}_{g,k}\left(\boldsymbol{D}_k + \sum_{t=k+1}^{K}\boldsymbol{Q}_t\right) + \boldsymbol{I}_{N_t}\right)\right. \\ &\left.-\log_2\det\left(\boldsymbol{R}_{g,k}\left(\boldsymbol{B}_k + \sum_{t=k+1}^{K}\boldsymbol{Q}_t\right) + \boldsymbol{I}_{N_t}\right)\right] \end{aligned} \tag{2.97}$$

其中，$\boldsymbol{D}_k = \boldsymbol{B}_k - \boldsymbol{A}_k^{\mathrm{H}}\boldsymbol{C}_k^{-1}\boldsymbol{A}_k$ 和 $\boldsymbol{R}_{g,k} = \mathrm{E}\left\{\boldsymbol{H}_k^{\mathrm{H}}\boldsymbol{H}_k\right\} \succ 0$ 表示信道 $\boldsymbol{H}_k$ 的二阶统计量。

最大化式（2.97）中的上界，可以给出线性指配矩阵的一个闭式结构[19]：

$$\boldsymbol{F}_k = \boldsymbol{Q}_k\left(\boldsymbol{Q}_k + \sum_{t=k+1}^{K}\boldsymbol{Q}_t + \boldsymbol{R}_{g,k}^{-1}\right)^{-1},\quad k = 1,2,\cdots,K \tag{2.98}$$

注意到，式（2.98）显示线性指配矩阵 $\boldsymbol{F}_k$ 可以利用CSI的二阶统计量进行简单、便捷的设计，而且式（2.98）中矩阵的结构与利用瞬时CSI的DPC结构相似。同时，式（2.98）中前 $k-1$ 个用户的协方差矩阵对于设计线性指配矩阵 $\boldsymbol{F}_k$ 没有影响。

将式（2.98）代入式（2.97），可以得到第$k$个用户的速率上界：

$$R_k \leqslant \tilde{R}_{\mathrm{upp},k} = \log_2 \det\left(\boldsymbol{R}_{g,k}\sum_{t=1}^{K}\boldsymbol{Q}_t + \boldsymbol{N}_0\boldsymbol{I}_{N_\mathrm{t}}\right) - \log_2 \det\left(\boldsymbol{R}_{g,k}\sum_{t=k+1}^{K}\boldsymbol{Q}_t + \boldsymbol{I}_{N_\mathrm{t}}\right) \quad (2.99)$$

式（2.99）中 $\tilde{R}_{\mathrm{upp},k}$ 的结构与利用瞬时CSI的DPC传输速率结构相似。其中，式（2.99）中前 $k-1$ 个用户的干扰影响不存在。因此，可以采用瞬时CSI传输MIMO BC模型中成熟的迭代算法来求解协方差矩阵 $\boldsymbol{Q}_k$ 。

图2.8展示了两用户 $2\times2$ BC的和速率性能。从图2.8中可以看到，在整个SNR区域内，直接优化线性指配和速率的块坐标下降算法获得的和速率性能均高于其他设计。同时，最大化上界[式（2.97）]所获得的性能曲线（图中标记为低复杂度算法）与块坐标下降算法的性能曲线几乎是一致的，但是复杂度却不相同。直接最大化线性指配和速率需要在每次迭代中对多个随机矩阵的样本进行数值平均，其中还包括矩阵的求逆运算。因此，最大化上界[式（2.97）]的运算复杂度将会显著降低。另外，该低复杂度算法设计在整个SNR区域内都获得了比单用户系统更高的和速率，体现出多用户的空间增益。最后，无预编码系统在整个SNR区域中都存在严重的性能损失，并且在高SNR区域中会出现和速率的平底效应。由此说明，合理的预编码设计在实际的传输中是非常必要的。

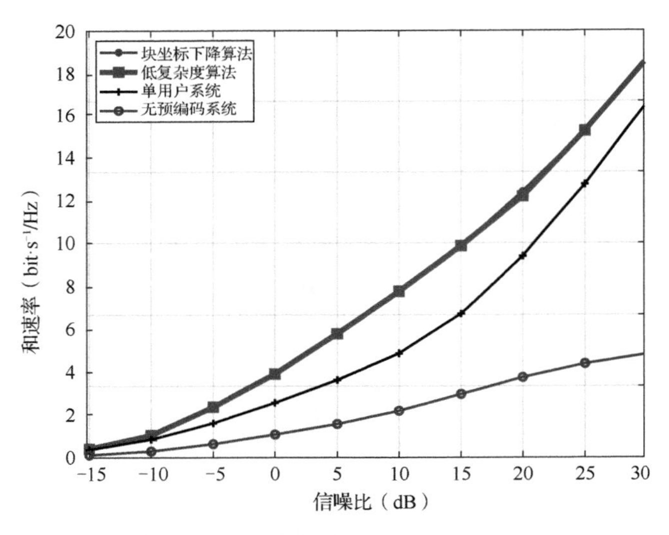


**图 2.8　两用户 $2\times2$ BC 的和速率性能**

在实际场景中，衰落信道有时会包含LoS。为检验LoS对所得上界准确度的影响，图2.9展示了在不同莱斯因子和不同SNR水平下优化式（2.97）所示上界的低复杂度算法获得的和速率性能。同时，图中还绘制了利用瞬时信道信息的迭代注水算法获得的和速率（图中简称为瞬时信道信息下的和速率）作为参照。从图2.9中可以观察到，和速率随着莱斯因子的增加而提高，并接近瞬时信道信息下的和速率。这是因为当莱斯因子增加时，所有用户的信道都趋于确定，此时优化式（2.97）所示上界的设计将逐渐逼近中最优的DPC设计。

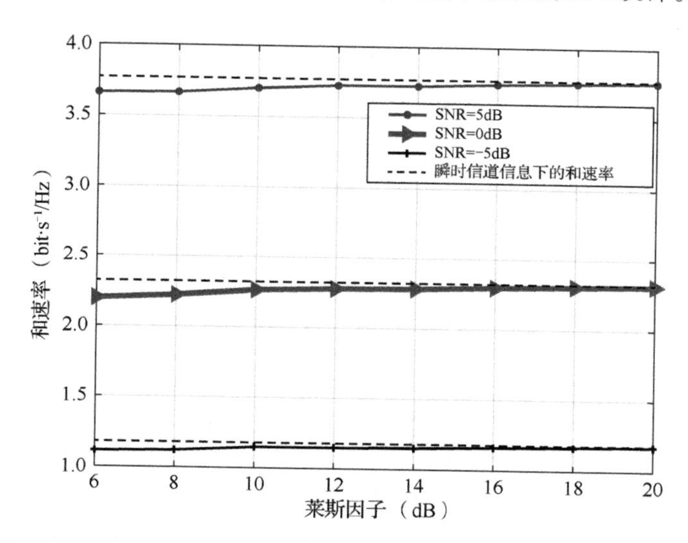


**图 2.9　不同莱斯因子和不同 SNR 水平下优化式（2.97）所示上界的低复杂度算法获得的和速率性能**

## 2.5　本章小结

MIMO传输技术是实现高频谱效率和高功率效率的宽带无线通信关键技术之一。本章主要讨论了几种经典MIMO模型中的传输理论极限。首先，介绍了MIMO系统的基本信道建模方式；然后，在瞬时CSI和统计CSI假设下，分别针对单用户MIMO模型、上行MIMO MAC模型、下行MIMO BC模型介绍了其传输信道容量极限的研究结果，并讨论了单用户和多用户的预编码技术来逼近以上的信道容量极限。

# 参考文献

[1] SAYEED A M. Deconstructing multiantenna fading channels[J]. IEEE Signal Process., 2002, 50(10): 2563-2579.

[2] WEICHSELBERGER W, HERDIN M, ÖZCELIK H, et al. A stochastic MIMO channel model with joint correlation of both ends [J]. IEEE Trans. Wireless Commun., 2006, 5(1): 90-99.

[3] TELATA I E. Capacity of multi-antenna Gaussian channels[J]. Eur. Trans. Commun., 1999, 10(11): 585-595.

[4] VISOTSKY E, MADHOW U. Space-time transmit precoding with imperfect feedback[J]. IEEE Trans. Inform. Theory, 2001, 47(6): 2632-2639.

[5] SHIN H, LEE J H. Capacity of multiple-antenna fading channels: Spatial fading correlation, double scattering, and keyhole[J]. IEEE Trans. Inform. Theory, 2003, 49(10): 2636-2647.

[6] JORSWIECK E, BOCHE H. Channel capacity and capacity-range of beamforming in MIMO wireless systems under correlated fading with covariance feedback[J]. IEEE Trans. Wireless Commun., 2004, 3(5): 1543-1553.

[7] HANLEN L W, GRANT A J. Optimal transmit covariance for MIMO channels with statistical transmitter side information [C] // IEEE Int. Symp. Inf. Theory (ISIT). NJ: IEEE, 2005.

[8] TULINO A, LOZANO A, VERDÚ S. Capacity-achieving input covariance for single-user multi-antenna channels[J]. IEEE Trans. Wireless Commun., 2006, 5(3): 662-671.

[9] LI X, JIN S, GAO X, et al. Near optimal power allocation for MIMO channels with mean or covariance feedback[J]. IEEE Trans. Commun., 2009, 58(1): 289-300.

[10] VENKATESAN S, SIMON S H, VALENZUELA R A. Capacity of a Gaussian MIMO channel with nonzero mean [C] // IEEE Veh. Technol. Conf. (VTC). NJ: IEEE, 2003.

[11] GOLDSMITH A, JAFAR S A, JINDAL N, et al. Capacity limits of MIMO

channels[J]. IEEE J. Sel. Areas Commun., 2003, 21(5): 684-702.

[12] YU W, RHEE W, BOYD S, et al. Iterative water-filling for Gaussian vector multiple-access channels[J]. IEEE Trans. Inform. Theory, 2004, 50(1): 145-152.

[13] SOYAL A, ULUKUS S. Optimality of beamforming in fading MIMO multiple access channels[J]. IEEE Trans. Commun., 2009, 57(4): 1171-1183.

[14] VENKATESAN S, SIMON S H, VALENZUELA R A. Capacity of a Gaussian MIMO channel with nonzero mean[J]. Proc. IEEE Veh. Technol. Conf., 2003, 3: 1767-1771.

[15] WEN C K, PAN G, WONG K K, et al. A deterministic equivalent for the analysis of non-Gaussian correlated MIMO multiple access channels[J]. IEEE Trans. Inform. Theory, 2013, 59(1): 329-352.

[16] WEINGARTEN H, STEINBERG Y, SHAMAI S. The capacity region of the Gaussian multiple-input multiple-output broadcast channel[J]. IEEE Trans. Inform. Theory, 2006, 52(9): 3936-3964.

[17] VISHNAWATH S, JINDAL N, GOLDSMITH A. Duality achievable rates and sum capacity of Gaussian MIMO channels[J]. IEEE Trans. Inform. Theory, 2003, 49(10): 2658-2668.

[18] BENNATAN A, BURSHTEIN D. On the fading-paper achievable region of the fading MIMO broadcast channel[J]. IEEE Trans. Inform. Theory, 2008, 54(1): 100-115.

[19] WU Y, JIN S, GAO X, et al. Transmit designs for the MIMO broadcast channel with statistical CSI[J]. IEEE Trans. Signal Process., 2014, 62(9): 4451-4466.

# 第 3 章
# 离散调制信号基础理论

信息理论与估计理论的基础性联系是一个经典问题，最早可以追溯到1959年被提出的$q$-熵的导数与广义费希尔（Fisher）信息之间的基本关系。这个关系被称为德·布鲁因（De Bruijn）等式。对于标量高斯信道，还存在另一个描述最小均方误差（Minimum Mean Square Error，MMSE）与Fisher信息之间关系的布朗（Brown）等式。此外，邓肯（Duncan）定理将互信息表示为因果滤波器的误差函数。

本章介绍一些较新的离散调制信号基础理论，包括高斯信道下互信息与MMSE的关系、MIMO高斯信道下互信息的梯度等。本书后续章节介绍的离散调制信号MIMO传输方法设计需要依赖这些基础性理论结果。

## | 3.1 高斯信道下互信息与 MMSE 的关系 |

本节主要推导标量高斯信道和连续时间高斯信道下互信息与MMSE之间的函数关系。

### 3.1.1 标量高斯信道模型

考虑一个标量高斯信道：

$$Y=\sqrt{h}X+Z \tag{3.1}$$

其中，$X$ 和 $Y$ 分别表示一个标量高斯信道的输入和输出，$h$ 表示信道能量，$Z$ 表示与 $X$ 独立的零均值、单位方差复高斯噪声变量。

对于式（3.1），$X$ 和 $Y$ 之间的互信息可以表示为

$$I(X;Y)=\mathrm{E}\left\{\ln\frac{p_{Y|X;h}(Y|X;h)}{p_{Y;h}(Y;h)}\right\} \tag{3.2}$$

其中

$$p_{Y|X;h}(Y|X;h)=\frac{1}{\sqrt{\pi}}\exp\left(-|y-hx|^2\right) \tag{3.3}$$

$$p_{Y;h}\left(Y;h\right)=\mathrm{E}\left\{p_{Y|X,h}\left(Y\middle|X;h\right)\right\} \tag{3.4}$$

式（3.2）表明互信息 $I\left(X;Y\right)$ 是信道增益 $h$ 的函数，为方便后续推导，可以将 $I\left(X;Y\right)$ 简化表示为 $I\left(h\right)$。为简化符号表述，式（3.2）采用自然对数[单位为奈特（nats）]作为信息基本度量。

对于式（3.1），在已知 $Y$ 和 $h$ 下对 $X$ 的最优MMSE估计可以表示为

$$\hat{X}\left(Y;h\right)=\mathrm{E}\left\{X\middle|Y;h\right\} \tag{3.5}$$

根据式（3.5），可以定义MMSE估计误差函数为

$$\mathrm{MMSE}\left(X\middle|\sqrt{h}X+Z\right)=\mathrm{MMSE}\left(h\right)=\mathrm{E}\left\{\left|X-\hat{X}\left(Y;h\right)\right|^{2}\right\} \tag{3.6}$$

对于上面定义的标量高斯信道模型[式（3.1）]，有定理3.1[1]。

**定理**3.1　对于服从任意分布 $P_X$ 的输入信号 $X$ 满足 $\mathrm{E}\left\{\left|X\right|^{2}\right\}<\infty$，有如下互信息函数与MMSE函数等式：

$$\frac{\mathrm{d}}{\mathrm{d}h}I\left(X;\sqrt{h}X+Z\right)=\mathrm{MMSE}\left(h\right) \tag{3.7}$$

**证明**　证明定理3.1的关键是引理3.1[2]。

**引理**3.1　当 $\delta\to 0$ 时，考虑以下高斯信道：

$$A=\sqrt{\delta}B+C \tag{3.8}$$

其中，$\mathrm{E}\left\{\left|B\right|^{2}\right\}<\infty$，且 $C$ 是与 $B$ 独立的标准复高斯随机变量。因此，高斯信道模型[式（3.8）]的互信息可以表示为

$$I\left(Y;Z\right)=\delta\mathrm{E}\left\{\left|Z-\mathrm{E}\left\{\left|Z\right|^{2}\right\}\right|^{2}\right\}+o\left(\delta\right) \tag{3.9}$$

引理3.1本质上是定理3.1在信道增益趋近于0时的一个特例。利用以下推导方法，可以将引理3.1推广至任意信道增益场景。

对于固定的 $h>0$ 和 $\sigma>0$，如图3.1所示，考虑一个级联的两高斯信道：

$$Y_1=X+\sigma_1 Z_1 \tag{3.10}$$

$$Y_2=Y_1+\sigma_2 Z_2 \tag{3.11}$$

其中，$X$ 是输入，$Z_1$ 和 $Z_2$ 是独立的标准高斯复随机变量。令 $\sigma_1$ 和 $\sigma_2$ 满足：

$$\sigma_1^2=\frac{1}{h+\delta} \tag{3.12}$$

$$\sigma_1^2+\sigma_2^2=\frac{1}{h} \tag{3.13}$$

因此，式（3.10）的等效信道增益是$h+\delta$，而式（3.11）的等效信道增益是$h$，如图3.1所示。

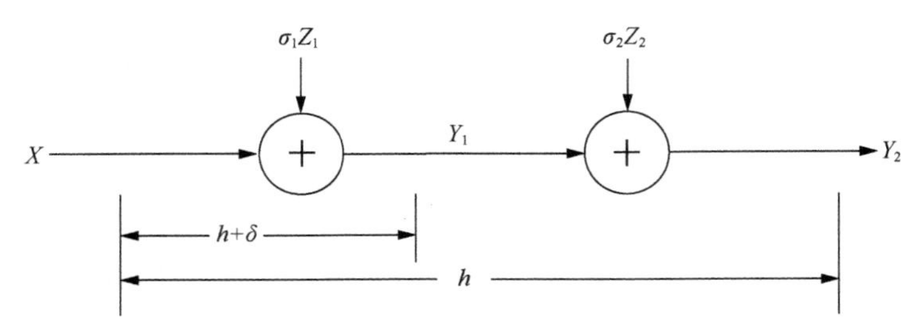


图 3.1　级联的两高斯信道示例

在上述定义下，定理3.1可以等价为：当$\delta\to 0$时，有

$$\begin{aligned}I(X;Y_1)-I(X;Y_2)&=I(h+\delta)-I(h)\\&=\delta\mathrm{MMSE}(h)+o(\delta)\end{aligned} \tag{3.14}$$

从图3.1可知，$X\to Y_1\to Y_2$构成了一个马尔可夫链，根据互信息链式法则可得

$$\begin{aligned}I(X;Y_1)-I(X;Y_2)&=I(X;Y_1,Y_2)-I(X;Y_2)\\&=I(X;Y_1|Y_2)\end{aligned} \tag{3.15}$$

由式（3.10）和式（3.11）可得：

$$\begin{aligned}(h+\delta)Y_1&=h(Y_2-\sigma_2Z_2)+\delta(X+\sigma_1Z_1)\\&=hY_2+\delta X+\sqrt{\delta}Z\end{aligned} \tag{3.16}$$

其中，定义

$$Z=\frac{1}{\sqrt{\delta}}(\delta\sigma_1Z_1-h\sigma_2Z_2) \tag{3.17}$$

根据$Z_1$和$Z_2$的定义，可以知道$X$与$Z$相互独立。另外，可得：

$$\mathrm{E}\left\{Z(\sigma_1Z_1+\sigma_2Z_2)\right\}=\frac{1}{\sqrt{\delta}}\left(\delta\sigma_1^2-h\sigma_2^2\right)=0 \tag{3.18}$$

因此，高斯变量$Z$与$\sigma_1Z_1+\sigma_2Z_2$之间相互独立。根据式（3.10）和式（3.11）可知，$Z$和变量$Y_2$之间也是相互独立的。根据式（3.16）可得

$$\begin{aligned} I\left(X;Y_1\middle|Y_2=y_2\right) &= I\left(X;hY_2+\delta X+\sqrt{\delta}Z\middle|Y_2=y_2\right) \\ &= I\left(X;\sqrt{\delta}X+Z\middle|Y_2=y_2\right) \end{aligned} \tag{3.19}$$

因此，对于给定的条件 $Y_2=y_2$，式（3.16）等效于一个输入信号服从分布 $P_{X|Y_2=y}$ 并且信道增益为 $\sqrt{\delta}$ 的高斯信道。根据引理3.1中的结论可得

$$I\left(X;Y_1\middle|Y_2=y_2\right)=\delta\mathrm{E}\left\{\left|X-\mathrm{E}\left\{X\middle|Y_2=y_2\right\}\right|^2\middle|Y_2=y_2\right\}+o(\delta) \tag{3.20}$$

对式（3.20）两边求期望，可得

$$I\left(X;Y_1\middle|Y_2\right)=\delta\mathrm{E}\left\{\left|X-\mathrm{E}\left\{X\middle|Y_2=y_2\right\}\right|^2\right\}+o(\delta) \tag{3.21}$$

根据式（3.14）、式（3.15）和式（3.22）：

$$\mathrm{E}\left\{\left|X-\mathrm{E}\left\{X\middle|Y_2=y_2\right\}\right|^2\right\}=\mathrm{MMSE}(h) \tag{3.22}$$

定理3.1得证。

定理3.1揭示了香农互信息和高斯信道的最优MMSE估计之间的一个基本关系。当输入信号 $X$ 服从高斯分布时，式（3.7）左边的互信息可以表示为

$$I\left(X;\sqrt{h}X+Z\right)=\ln(1+h) \tag{3.23}$$

此外，高斯输入信号 $X$ 下的条件均值估计为

$$\hat{X}(Y;h)=\frac{\sqrt{h}}{1+h}Y \tag{3.24}$$

将式（3.24）代入式（3.6）可得

$$\mathrm{MMSE}(h)=\frac{1}{1+h} \tag{3.25}$$

由式（3.23）和式（3.25）可以很容易地观察到定理3.1所描述的互信息函数与MMSE函数的关系。

定理3.1的另一个重要特例就是最简单的离散调制信号：$X$ 等概率取 $\pm 1$ 的二进制相移键控（Binary Phase Shift Keying，BPSK）调制。对于BPSK调制，条件均值估计可以写为

$$\hat{X}(Y;h)=\tanh\left(\sqrt{h}Y\right) \tag{3.26}$$

将式（3.26）代入式（3.6），可得MMSE函数：

$$\mathrm{MMSE}(h)=1-\int_{-\infty}^{+\infty}\frac{\mathrm{e}^{-|y|^2}}{\sqrt{\pi}}\tanh\left(h-\sqrt{h}y\right)\mathrm{d}y \tag{3.27}$$

另外，BPSK调制下的互信息可以写为[3]

$$I(h)=h-\int_{-\infty}^{+\infty}\frac{\mathrm{e}^{-|y|^2}}{\sqrt{\pi}}\ln\cosh\left(h-\sqrt{h}y\right)\mathrm{d}y \tag{3.28}$$

根据式（3.27）和式（3.28），有

$$\begin{aligned}\frac{\mathrm{d}}{\mathrm{d}h}I(h)-\mathrm{MMSE}(h)&=1-\int_{-\infty}^{+\infty}\frac{1}{\sqrt{\pi}}\mathrm{e}^{-|y|^2}\left(1-\frac{y}{\sqrt{h}}\right)\tanh\left(h-\sqrt{h}y\right)\mathrm{d}y\\&=1-\frac{1}{\sqrt{h}}\int_{-\infty}^{+\infty}\frac{1}{\sqrt{\pi}}\mathrm{e}^{-\left|z-\sqrt{h}\right|^2}z\tanh\left(\sqrt{h}z\right)\mathrm{d}z\\&=1-\frac{1}{\sqrt{h}}I_1\end{aligned} \tag{3.29}$$

其中，第2个等式中的$z$是$\sqrt{h}-y$的替代。式（3.29）中的积分等效于一个均值为$\sqrt{h}$、方差为1的复高斯随机变量$z$对于函数$z\tanh\left(\sqrt{h}z\right)$求期望。根据复高斯随机变量概率分布的对称特性，式（3.29）中的积分$I_1$可以进一步表示为

$$\begin{aligned}I_1&=\frac{1}{2}\int_{-\infty}^{+\infty}\left[\mathrm{e}^{-\left|z-\sqrt{h}\right|^2}+\mathrm{e}^{-\left|z+\sqrt{h}\right|^2}\right]\frac{z\tanh\left(\sqrt{h}z\right)}{\sqrt{\pi}}\mathrm{d}z\\&=\frac{1}{2}\int_{-\infty}^{+\infty}\left[\mathrm{e}^{-\left|z-\sqrt{h}\right|^2}+\mathrm{e}^{-\left|z+\sqrt{h}\right|^2}\right]\frac{z}{\sqrt{\pi}}\mathrm{d}z\\&=\sqrt{h}\end{aligned} \tag{3.30}$$

将式（3.30）代入式（3.29），对于BPSK离散调制信号，有

$$\frac{\mathrm{d}}{\mathrm{d}h}I(h)=\mathrm{MMSE}(h) \tag{3.31}$$

图3.2展示了标量高斯信道模型[式（3.1）]中高斯输入信号和BSPK输入信号下互信息函数和MMSE函数随信道增益变化的曲线。从图中可以看出，实际离散调制信号的互信息函数和MMSE函数，都与理想高斯信号有较大差异。

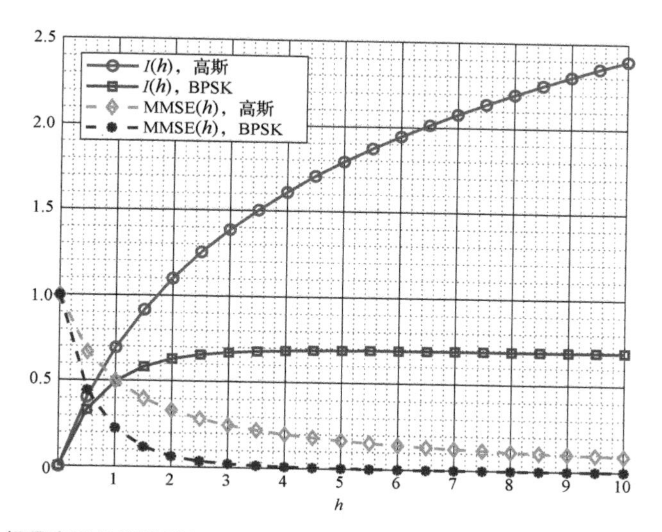


图 3.2　标量高斯信道模型中高斯输入信号和 BSPK 输入信号下互信息函数和 MMSE 函数随信道增益变化的曲线

## 3.1.2　连续时间高斯信道模型

本书3.1.1小节中对标量时间高斯信道模型的分析也可以拓展到对更复杂的连续时间高斯信道模型的分析中。考虑如下连续时间高斯信道模型：

$$R_t = \sqrt{h} X_t + Z_t,\ t \in [0,T] \tag{3.32}$$

其中，$\{X_t\}$ 表示输入随机过程，$\{Z_t\}$ 表示具有单位能量的平坦双边功率谱密度高斯白噪声。直接分析该模型有一定困难，因此可以利用标准维纳随机过程 $\{W_t\}$ 将式（3.32）转换为一个等效的数学模型：

$$\mathrm{d}Y_t = \sqrt{h} X_t \mathrm{d}t + \mathrm{d}W_t,\ t \in [0,T] \tag{3.33}$$

其中，$\{W_t\}$ 是一个连续高斯随机过程，满足：

$$\mathrm{E}\{W_t W_s\} = \min(t,s),\ \forall t,s \tag{3.34}$$

对于式（3.34），我们需要关心3个关键函数：根据最优滤波器得到的因果MMSE，根据最优平滑得到的非因果MMSE，以及输入和输出随机过程之间的互信息。令 $\mu_X$ 表示 $\{X_t\}$ 的概率测度，其取值范围在 $[0,T]$ 。当Radon-Nikodym导数：

$$\Phi = \frac{\mathrm{d}\mu_{XY}}{\mathrm{d}\mu_X \mathrm{d}\mu_Y} \tag{3.35}$$

确定存在时，输入与输出之间的互信息可以定义为

$$I\left(X_0^T;Y_0^T\right)=\int \ln\Phi \mathrm{d}\mu_{XY} \tag{3.36}$$

对于任意 $t\in[0,T]$，因果MMSE函数和非因果MMSE函数可以分别定义为

$$\mathrm{CMMSE}(t,h)=\mathrm{E}\left\{\left|X_t-\mathrm{E}\left\{X_t\left|Y_0^t;h\right.\right\}\right|^2\right\} \tag{3.37}$$

$$\mathrm{MMSE}(t,h)=\mathrm{E}\left\{\left|X_t-\mathrm{E}\left\{X_t\left|Y_0^T;h\right.\right\}\right|^2\right\} \tag{3.38}$$

对于时间求平均的互信息速率可以定义为

$$I(h)=\frac{1}{T}I\left(X_0^T;Y_0^T\right) \tag{3.39}$$

同样，平均因果MMSE函数和平均非因果MMSE函数分别可以被定义为

$$\mathrm{CMMSE}(h)=\frac{1}{T}\int_0^T \mathrm{CMMSE}(t,h)\mathrm{d}t \tag{3.40}$$

$$\mathrm{MMSE}(h)=\frac{1}{T}\int_0^T \mathrm{MMSE}(t,h)\mathrm{d}t \tag{3.41}$$

类似于引理3.1，首先证明引理3.2。

**引理3.2** 当 $\delta\to 0$ 时，对于如下高斯信道：

$$\mathrm{d}Y_t=\sqrt{\delta}Z_t\mathrm{d}t+\mathrm{d}W_t,\quad t\in[0,T] \tag{3.42}$$

其中，$\{Z_t\}$ 是一个随机过程，满足：

$$\int_0^T \mathrm{E}\left\{\left|Z_t\right|^2\right\}\mathrm{d}t<\infty \tag{3.43}$$

$\{W_t\}$ 是一个独立于 $\{Z_t\}$ 的标准维纳随机过程，则有如下等式：

$$\lim_{\delta\to 0}\frac{1}{\delta}I\left(Z_0^T;Y_0^T\right)=\int_0^T \mathrm{E}\left\{\left|Z_t-\mathrm{E}\left\{Z_t\right\}\right|^2\right\}\mathrm{d}t \tag{3.44}$$

**证明** 根据定义[式（3.35）和式（3.36）]，互信息是对Radon-Nikodym导数的对数求期望。根据链式法则，有

$$\Phi=\frac{\mathrm{d}\mu_{YZ}}{\mathrm{d}\mu_Y\mathrm{d}\mu_Z}=\frac{\mathrm{d}\mu_{YZ}}{\mathrm{d}\mu_{WZ}}\left(\frac{\mathrm{d}\mu_Y}{\mathrm{d}\mu_W}\right)^{-1} \tag{3.45}$$

首先假设 $\{Z_t\}$ 是一个有界的均匀分段随机过程，即 $[0,T]$ 中存在一个有限子区间 $0=t_0<t_1<\cdots<t_n=T$ 和一个有限常数 $M$，满足：

$$Z_t(\omega)=Z_{t_i}(\omega),\quad t\in[t_i,t_{i+1}),\quad i=0,\cdots,n-1 \tag{3.46}$$

$$Z_t(\omega)<M,\quad \forall t\in[0,T]$$

令 $\boldsymbol{Z}=\left[Z_{t_0},\cdots,Z_{t_n}\right]$、$\boldsymbol{Y}=\left[Y_{t_0},\cdots,Y_{t_n}\right]$ 和 $\boldsymbol{W}=\left[W_{t_0},\cdots,W_{t_n}\right]$ 为随机过程样本，则有

$$p_{Y|Z}(\boldsymbol{y}|\boldsymbol{z})=\prod_{i=0}^{n-1}\frac{1}{\sqrt{\pi(t_{i+1}-t_i)}}\exp\left[-\frac{\left|y_{i+1}-y_i-\sqrt{\delta}z_i(t_{i+1}-t_i)\right|^2}{(t_{i+1}-t_i)}\right] \tag{3.47}$$

同时

$$\frac{p_{YZ}(\boldsymbol{b},\boldsymbol{z})}{p_{WZ}(\boldsymbol{b},\boldsymbol{z})}=\frac{p_{Y|Z}(\boldsymbol{b}|\boldsymbol{z})}{p_W(\boldsymbol{b})}=\exp\left[\sqrt{\delta}\sum_{i=0}^{n-1}z_i(b_{i+1}-b_i)-\delta\sum_{i=0}^{n-1}|z_i|^2(t_{i+1}-t_i)\right] \tag{3.48}$$

其中，$\boldsymbol{b}=[b_0,\cdots,b_n]$，$0=b_0<b_1<\cdots<b_n=T$。

根据式（3.48），Radon-Nikodym导数可以写为

$$\frac{\mathrm{d}\mu_{YZ}}{\mathrm{d}\mu_{WZ}}=\exp\left(\sqrt{\delta}\int_0^T Z_t\mathrm{d}W_t-\delta\int_0^T|Z_t|^2\,\mathrm{d}t\right) \tag{3.49}$$

其中，$\mu_{YZ}\ll\mu_{WZ}$。

对于一般性的有限能量随机过程 $\{Z_t\}$，存在一组在 $L^2(\mathrm{d}t\mathrm{d}P)$ 收敛到 $\{Z_t\}$ 的有界均匀分段随机过程。式（3.49）中一组随机过程的Radon-Nikodym导数同样收敛。绝对连续性的存在保证式（3.49）对所有随机过程序列 $\{Z_t\}$ 都成立。

式（3.49）中的导数可以重新写为

$$\frac{\mathrm{d}\mu_{YZ}}{\mathrm{d}\mu_{WZ}}=1+\sqrt{\delta}\int_0^T Z_t\mathrm{d}W_t+\delta\left[\left|\int_0^T Z_t\mathrm{d}W_t\right|^2-\int_0^T|Z_t|^2\,\mathrm{d}t\right]+o(\delta) \tag{3.50}$$

由于随机过程 $\{W_t\}$ 和 $\{Z_t\}$ 之间的独立性，测度 $\mu_{WZ}=\mu_W\mu_Z$。因此，对于测度 $\mu_Z$ 的积分，可得

$$\frac{\mathrm{d}\mu_{YZ}}{\mathrm{d}\mu_{WZ}}=1+\sqrt{\delta}\int_0^T Z_t\mathrm{d}W_t+\delta\left[\mathrm{E}_{\mu_Z}\left\{\left|\int_0^T Z_t\mathrm{d}W_t\right|^2\right\}-\int_0^T\mathrm{E}\left\{|Z_t|^2\right\}\mathrm{d}t\right]+o(\delta) \tag{3.51}$$

根据式（3.50）、式（3.51）和式（3.49）中的链式法则，Radon-Nikodym导数 $\varPhi$ 存在并且可以写为

$$\begin{aligned}\varPhi=&1+\sqrt{\delta}\int_0^T Z_t\mathrm{d}t-\mathrm{E}\{Z_t\}\mathrm{d}W_t+\delta\left[\left|\int_0^T Z_t\mathrm{d}W_t\right|^2-\int_0^T|Z_t|^2\mathrm{d}t-2\int_0^T\mathrm{E}\{Z_t\}\mathrm{d}W_t\int_0^T Z_t\right.\\&\left.-\mathrm{E}\{Z_t\}\mathrm{d}W_t-\mathrm{E}_{\mu_Z}\left\{\left|\int_0^T Z_t\mathrm{d}W_t\right|^2\right\}+\int_0^T\mathrm{E}\left\{|Z_t|^2\right\}\mathrm{d}t\right]+o(\delta)\end{aligned} \tag{3.52}$$

进一步化简可得

$$\Phi=1+\sqrt{\delta}\int_0^T Z_t\mathrm{d}t-\mathrm{E}\{Z_t\}\mathrm{d}W_t+\delta\left[\left|\int_0^T Z_t-\mathrm{E}\{Z_t\}\mathrm{d}W_t\right|^2-\mathrm{E}_{\mu_Z}\left\{\left|\int_0^T Z_t-\mathrm{E}\{Z_t\}\mathrm{d}W_t\right|^2\right\}\right.$$
$$\left.-\int_0^T|Z_t|^2-\int_0^T\mathrm{E}\left\{|Z_t|^2\right\}\mathrm{d}t\right]+o(\delta) \tag{3.53}$$

式（3.36）中的互信息是关于测度 $\mu_{YZ}$ 的期望，可以写为

$$I\left(X_0^T;Y_0^T\right)=\int\ln\Phi'\mathrm{d}\mu_{YZ} \tag{3.54}$$

其中，将式（3.53）中的 $\mathrm{d}W_t$ 换成 $\mathrm{d}Y_t=\sqrt{\delta}Z_t+\mathrm{d}W_t$，可以得到 $\Phi'$：

$$\Phi'=1+\sqrt{\delta}\int_0^T Z_t\mathrm{d}t-\mathrm{E}\{Z_t\}\mathrm{d}Y_t+\delta\left[\left|\int_0^T Z_t-\mathrm{E}\{Z_t\}\mathrm{d}Y_t\right|^2-\mathrm{E}_{\mu_Z}\left\{\left|\int_0^T Z_t-\mathrm{E}\{Z_t\}\mathrm{d}Y_t\right|^2\right\}\right.$$
$$\left.-\int_0^T|Z_t|^2-\int_0^T\mathrm{E}\left\{|Z_t|^2\right\}\mathrm{d}t\right]+o(\delta) \tag{3.55}$$

进一步有

$$\Phi'=1+\sqrt{\delta}\int_0^T Z_t\mathrm{d}t-\mathrm{E}\{Z_t\}\mathrm{d}W_t+\delta\left[\left|\int_0^T Z_t-\mathrm{E}\{Z_t\}\mathrm{d}W_t\right|^2-\mathrm{E}_{\mu_Z}\left\{\left|\int_0^T Z_t-\mathrm{E}\{Z_t\}\mathrm{d}W_t\right|^2\right\}\right.$$
$$\left.+\int_0^T\left|Z_t-\mathrm{E}\{Z_t\}\right|^2\mathrm{d}t+\int_0^T\mathrm{E}\left\{\left|Z_t-\mathrm{E}\{Z_t\}\right|^2\right\}\mathrm{d}t\right]+o(\delta) \tag{3.56}$$

式（3.56）可以进一步化简为

$$\Phi'=1+\sqrt{\delta}\int_0^T\tilde{Z}_t\mathrm{d}W_t+\delta\left[\left|\int_0^T\tilde{Z}_t\mathrm{d}W_t\right|^2-\mathrm{E}_{\mu_Z}\left\{\left|\int_0^T\tilde{Z}_t\mathrm{d}W_t\right|^2\right\}+\int_0^T\left|\tilde{Z}_t\right|^2\mathrm{d}t+\int_0^T\mathrm{E}\left\{\left|\tilde{Z}_t\right|^2\right\}\mathrm{d}t\right]$$
$$+o(\delta) \tag{3.57}$$

其中，$\tilde{Z}_t=Z_t-\mathrm{E}\{Z_t\}$。因此，有

$$\mathrm{E}\{\ln\Phi'\}=\sqrt{\delta}\int_0^T\tilde{Z}_t\mathrm{d}W_t+\delta\left[-\mathrm{E}_{\mu_Z}\left\{\left|\int_0^T\tilde{Z}_t\mathrm{d}W_t\right|^2\right\}+\int_0^T\left|\tilde{Z}_t\right|^2\mathrm{d}t+\int_0^T\mathrm{E}\left\{\left|\tilde{Z}_t\right|^2\right\}\mathrm{d}t\right]+o(\delta) \tag{3.58}$$

因此，有互信息：

$$\begin{aligned}\mathrm{E}\{\ln\Phi'\}&=\delta\left[2\int_0^T\mathrm{E}\left\{\left|\tilde{Z}_t\right|^2\right\}\mathrm{d}t-\mathrm{E}_{\mu_Z}\left\{\left|\int_0^T\tilde{Z}_t\mathrm{d}W_t\right|^2\right\}\right]+o(\delta)\\&=\delta\left[2\int_0^T\mathrm{E}\left\{\left|\tilde{Z}_t\right|^2\right\}\mathrm{d}t-\int_0^T\mathrm{E}\left\{\left|\tilde{Z}_t\right|^2\right\}\mathrm{d}t\right]+o(\delta)\\&=\int_0^T\mathrm{E}\left\{\left|\tilde{Z}_t\right|^2\right\}\mathrm{d}t+o(\delta)\end{aligned} \tag{3.59}$$

至此，引理3.2得证。

基于以上定义和结论，有定理3.2[1]。

**定理**3.2　对于每个输入随机过程$\{X_t\}$和高斯信道[式（3.33）]，若满足：

$$\int_0^T \mathrm{E}\left\{\left|X_t\right|^2\right\}\mathrm{d}t < \infty \tag{3.60}$$

则输入输出互信息速率和平均非因果MMSE函数满足如下关系：

$$\frac{\mathrm{d}}{\mathrm{d}h}I(h) = \mathrm{MMSE}(h) \tag{3.61}$$

**证明**　定理3.2的证明思路与定理3.1类似。考虑一个存在独立噪声的级联高斯信道：

$$\begin{aligned}\mathrm{d}Y_{1t} &= X_t\mathrm{d}t + \sigma_1\mathrm{d}W_{1t}\\ \mathrm{d}Y_{2t} &= \mathrm{d}Y_{1t} + \sigma_2\mathrm{d}W_{2t}\end{aligned} \tag{3.62}$$

其中，$\{W_{1t}\}$和$\{W_{2t}\}$是独立于$X_t$的标准维纳随机过程，$\sigma_1$和$\sigma_2$满足式（3.12）和式（3.13）。通过与式（3.14）～式（3.16）类似的推导，可得

$$(h+\delta)\mathrm{d}Y_{1t} = h\mathrm{d}Y_{2t} + \delta X_t\mathrm{d}t + \sqrt{\delta}\mathrm{d}W_t \tag{3.63}$$

其中，$\{W_t\}$是一个独立于$\{X_t\}$和$\{Y_{2t}\}$的标准维纳随机过程。根据引理3.2，可得高斯信道[式（3.42）]的条件互信息：

$$I\left(X_0^T;Y_{1,0}^T\left|Y_{2,0}^T\right.\right) = \delta\int_0^T \mathrm{E}\left\{\left|X_t - \mathrm{E}\left\{X_t\left|Y_{2,0}^T\right.\right\}\right|^2\right\}\mathrm{d}t + o(\delta) \tag{3.64}$$

因为$\{X_t\}\to\{Y_{1t}\}\to\{Y_{2t}\}$构成马尔可夫链，式（3.42）中的等号左侧可以进一步表示为

$$\begin{aligned}I\left(X_0^T;Y_{1,0}^T\left|Y_{2,0}^T\right.\right) &= I\left(X_0^T;Y_{1,0}^T\right) - I\left(X_0^T;Y_{2,0}^T\right)\\ &= T\left[I(h+\delta) - I(h)\right]\end{aligned} \tag{3.65}$$

根据式（3.43）和非因果MMSE函数的定义[式（3.41）]，式（3.42）可以写为

$$I(h+\delta) - I(h) = \frac{\delta}{T}\int_0^T \mathrm{MMSE}(t,h)\,\mathrm{d}t + o(\delta) \tag{3.66}$$

至此，定理3.2得证。

对于非因果MMSE函数，文献[4]给出了定理3.3。

**定理**3.3　对于任意有限能量的输入随机过程$\{X_t\}$和高斯信道[式(3.33)]，满足：

$$\frac{\mathrm{d}}{\mathrm{d}h}I(h)=h\mathrm{CMMSE}(h) \tag{3.67}$$

定理3.2和定理3.3表明，互信息、因果MMSE函数和非因果MMSE函数之间存在特定的联系。特别地，利用互信息作为一个桥梁，可以知道因果MMSE函数等于非因果MMSE函数关于所有 $h$ 取值的平均。

$$\mathrm{CMMSE}(h)=\frac{1}{h}\int_0^h \mathrm{MMSE}(\gamma)\,\mathrm{d}\gamma \tag{3.68}$$

需要指出的是，在 $T\to\infty$ 时，式（3.61）、式（3.67）、式（3.68）仍然成立。此时需将式（3.39）～式（3.41）中的时间平均替换成 $T\to\infty$ 时的极限。这与稳态随机过程输入密切相关。

# | 3.2 MIMO 高斯信道下互信息的梯度 |

本小节推导MIMO高斯信道模型下互信息与MMSE之间的函数关系。

## 3.2.1 互信息关于信道的梯度

考虑一个向量复高斯信道模型：

$$\boldsymbol{y}=\boldsymbol{HGx}+\boldsymbol{n} \tag{3.69}$$

其中，$\boldsymbol{x}\in\mathbb{C}^{N_\mathrm{t}\times 1}$，表示发射信号；$\boldsymbol{H}\in\mathbb{C}^{N_\mathrm{r}\times N_\mathrm{t}}$，表示信道矩阵；$\boldsymbol{y}\in\mathbb{C}^{N_\mathrm{r}\times 1}$表示接收信号；$\boldsymbol{n}\in\mathbb{C}^{N_\mathrm{r}\times 1}$，表示独立于 $\boldsymbol{x}$ 的零均值复高斯噪声向量；$\boldsymbol{G}\in\mathbb{C}^{N_\mathrm{t}\times N_\mathrm{t}}$，表示预编码矩阵。对于该模型[式（3.69）]，定义输入信号和噪声的协方差矩阵：

$$\boldsymbol{Q}_x=\mathrm{E}\left\{\left(\boldsymbol{x}-\mathrm{E}\{\boldsymbol{x}\}\right)\left(\boldsymbol{x}-\mathrm{E}\{\boldsymbol{x}\}\right)^{\mathrm{H}}\right\} \tag{3.70}$$

和

$$\boldsymbol{Q}_n=\mathrm{E}\left\{\left(\boldsymbol{n}-\mathrm{E}\{\boldsymbol{n}\}\right)\left(\boldsymbol{n}-\mathrm{E}\{\boldsymbol{n}\}\right)^{\mathrm{H}}\right\} \tag{3.71}$$

对于式（3.69），输出信号 $\boldsymbol{y}$ 关于输入信号 $\boldsymbol{x}$ 的条件概率可以写为

$$p_{\boldsymbol{y}|\boldsymbol{x}}(\boldsymbol{y}|\boldsymbol{x})=\frac{1}{\det(\pi\boldsymbol{Q}_n)}\exp\left[-(\boldsymbol{y}-\boldsymbol{HGx})^{\mathrm{H}}\boldsymbol{Q}_n^{-1}(\boldsymbol{y}-\boldsymbol{HGx})\right] \tag{3.72}$$

与3.1.1小节中的标量高斯信道模型类似，对于给定的输出信号 $\boldsymbol{y}$ 、信道矩阵 $\boldsymbol{H}$ 和预编码矩阵 $\boldsymbol{G}$ ，输入信号 $\boldsymbol{x}$ 的最优MMSE估计为

$$\hat{\boldsymbol{x}}(\boldsymbol{y}) = \mathrm{E}\{\boldsymbol{x}|\boldsymbol{y}\} \tag{3.73}$$

对于向量MMSE估计，可以定义以下MMSE矩阵：

$$\boldsymbol{E} = \mathrm{E}\left\{(\boldsymbol{x} - \mathrm{E}\{\boldsymbol{x}|\boldsymbol{y}\})(\boldsymbol{x} - \mathrm{E}\{\boldsymbol{x}|\boldsymbol{y}\})^{\mathrm{H}}\right\} \tag{3.74}$$

考虑式（3.69）的一个简化情况 $\boldsymbol{G} = \boldsymbol{I}_{N_t}$ ，定理3.4给出了互信息关于信道矩阵 $\boldsymbol{H}$ 梯度的一个基本等式[5]。

**定理**3.4　考虑向量复高斯信道模型[式（3.69）]，当 $\boldsymbol{G} = \boldsymbol{I}_{N_t}$ 和 $\boldsymbol{Q}_{\boldsymbol{n}} = \boldsymbol{I}_{N_t}$ ，对于任意确定信道矩阵 $\boldsymbol{H}$ 和任意概率分布的输入信号 $\boldsymbol{x}$ ，互信息和MMSE矩阵 $\boldsymbol{E}$ 满足：

$$\nabla_{\boldsymbol{H}} I(\boldsymbol{x}; \boldsymbol{H}\boldsymbol{x} + \boldsymbol{n}) = \boldsymbol{H}\boldsymbol{E} \tag{3.75}$$

**证明**　对于零均值、单位方差的复高斯噪声向量，输出信号 $\boldsymbol{y}$ 关于输入信号 $\boldsymbol{x}$ 的条件概率可以写为

$$p_{y|x}(\boldsymbol{y}|\boldsymbol{x}) = \frac{1}{\pi^{N_r}} \exp\left(-\|\boldsymbol{y} - \boldsymbol{H}\boldsymbol{G}\boldsymbol{x}\|^2\right) \tag{3.76}$$

非条件概率密度 $p_y(\boldsymbol{y}) = \mathrm{E}_x\left\{p_{y|x}(\boldsymbol{y}|\boldsymbol{x})\right\}$ ，则式（3.75）中的互信息可以写为

$$\begin{aligned} \boldsymbol{I}(\boldsymbol{x}; \boldsymbol{y}) &= \mathrm{E}\left\{\ln \frac{p_{y|x}(\boldsymbol{y})}{p_y(\boldsymbol{y})}\right\} \\ &= -N_r \ln(\pi \mathrm{e}) - \mathrm{E}\{\ln p_y(\boldsymbol{y})\} \\ &= -N_r \ln(\pi \mathrm{e}) - \int p_y(\boldsymbol{y}) \ln p_y(\boldsymbol{y}) \mathrm{d}\boldsymbol{y} \end{aligned} \tag{3.77}$$

根据式（3.77），互信息关于信道的梯度可以写为

$$\begin{aligned} \frac{\partial I}{\partial \boldsymbol{H}^*} &= -\int (1 + \ln p_y(\boldsymbol{y})) \frac{\partial p_y(\boldsymbol{y})}{\partial \boldsymbol{H}^*} \mathrm{d}\boldsymbol{y} \\ &= -\int (1 + \ln p_y(\boldsymbol{y})) \mathrm{E}_x\left\{\frac{\partial p_{y|x}(\boldsymbol{y})}{\partial \boldsymbol{H}^*}\right\} \mathrm{d}\boldsymbol{y} \end{aligned} \tag{3.78}$$

式（3.78）中的条件概率关于信道的梯度可以写为

$$\begin{aligned} \frac{\partial p_{y|x}(\boldsymbol{y})}{\partial \boldsymbol{H}^*} &= -p_{y|x}(\boldsymbol{y}) \frac{\partial}{\partial \boldsymbol{H}^*} (\boldsymbol{y} - \boldsymbol{H}\boldsymbol{x})^{\mathrm{H}} (\boldsymbol{y} - \boldsymbol{H}\boldsymbol{x}) \\ &= p_{y|x}(\boldsymbol{y})(\boldsymbol{y} - \boldsymbol{H}\boldsymbol{x})\boldsymbol{x}^{\mathrm{H}} \\ &= -\nabla_{\boldsymbol{y}} p_{y|x}(\boldsymbol{y}) \boldsymbol{x}^{\mathrm{H}} \end{aligned} \tag{3.79}$$

因此，有

$$\begin{aligned}\frac{\partial I}{\partial \boldsymbol{H}^*}&=\int\left(1+\ln p_y(\boldsymbol{y})\right)\mathrm{E}_x\left\{\nabla_y p_{y|x}(\boldsymbol{y})\boldsymbol{x}^{\mathrm{H}}\right\}\mathrm{d}\boldsymbol{y}\\&=\mathrm{E}\left\{\left(\int\left(1+\ln p_y(\boldsymbol{y})\right)\nabla_y p_{y|x}(\boldsymbol{y})\right)\boldsymbol{x}^{\mathrm{H}}\right\}\\&=\mathrm{E}\left\{\left(-\int\frac{p_{y|x}(\boldsymbol{y})}{p_y(\boldsymbol{y})}\nabla_y p_y(\boldsymbol{y})\mathrm{d}\boldsymbol{y}\right)\boldsymbol{x}^{\mathrm{H}}\right\}\end{aligned} \tag{3.80}$$

其中，最后一个等式利用了分部积分法和以下极限：

$$\lim_{\|\boldsymbol{y}\|\to\infty} p_{y|x}(\boldsymbol{y})\left(1+\ln p_y(\boldsymbol{y})\right)\to 0 \tag{3.81}$$

注意到，对于任意$\|\boldsymbol{y}\|<\infty$，$p_{y|x}(\boldsymbol{y})\ll p_x$，因此Radon-Nikodym导数：

$$\frac{\mathrm{d}p_{x|y}}{\mathrm{d}p_x}(\boldsymbol{x},\boldsymbol{y})=\frac{p_{y|x}(\boldsymbol{y}|\boldsymbol{x})}{p_y(\boldsymbol{y})} \tag{3.82}$$

因此，有

$$\begin{aligned}\frac{\partial I}{\partial \boldsymbol{H}^*}&=-\int\nabla_y p_y(\boldsymbol{y})\mathrm{E}_x\left\{\frac{p_{y|x}(\boldsymbol{y}|\boldsymbol{x})}{p_y(\boldsymbol{y})}\right\}\mathrm{d}\boldsymbol{y}\\&=-\int\nabla_y p_y(\boldsymbol{y})\mathrm{E}_x\left\{\boldsymbol{x}^{\mathrm{H}}|\boldsymbol{y}\right\}\mathrm{d}\boldsymbol{y}\end{aligned} \tag{3.83}$$

其中，$\nabla_y p_y(\boldsymbol{y})$可以进一步化简为

$$\begin{aligned}\nabla_y p_y(\boldsymbol{y})&=\nabla_y\mathrm{E}_x\left\{p_{y|x}(\boldsymbol{y}|\boldsymbol{x})\right\}\\&=\mathrm{E}_x\left\{\nabla_y p_{y|x}(\boldsymbol{y})\right\}\\&=-\mathrm{E}_x\left\{p_{y|x}(\boldsymbol{y})(\boldsymbol{y}-\boldsymbol{Hx})\right\}\\&=-\mathrm{E}\left\{p_y(\boldsymbol{y})(\boldsymbol{y}-\boldsymbol{Hx})\mid\boldsymbol{y}\right\}\\&=-p_y(\boldsymbol{y})\left(\boldsymbol{y}-\boldsymbol{H}\mathrm{E}\left\{\boldsymbol{x}|\boldsymbol{y}\right\}\right)\end{aligned} \tag{3.84}$$

根据式（3.84），式（3.83）可以写为

$$\begin{aligned}\frac{\partial I}{\partial \boldsymbol{H}^*}&=\int p_y(\boldsymbol{y})\left(\boldsymbol{y}-\boldsymbol{H}\mathrm{E}\left\{\boldsymbol{x}|\boldsymbol{y}\right\}\right)\mathrm{E}_x\left\{\boldsymbol{x}^{\mathrm{H}}|\boldsymbol{y}\right\}\mathrm{d}\boldsymbol{y}\\&=\mathrm{E}\left\{\boldsymbol{yx}^{\mathrm{H}}\right\}-\mathrm{E}\left\{\boldsymbol{H}\mathrm{E}\left\{\boldsymbol{x}|\boldsymbol{y}\right\}\mathrm{E}\left\{\boldsymbol{x}^{\mathrm{H}}|\boldsymbol{y}\right\}\right\}\\&=\boldsymbol{H}\left(\mathrm{E}\left\{\boldsymbol{xx}^{\mathrm{H}}\right\}-\mathrm{E}\left\{\mathrm{E}\left\{\boldsymbol{x}|\boldsymbol{y}\right\}\mathrm{E}\left\{\boldsymbol{x}^{\mathrm{H}}|\boldsymbol{y}\right\}\right\}\right)\end{aligned} \tag{3.85}$$

最后，注意到

$$\begin{aligned}\boldsymbol{E} &= \mathrm{E}\left\{\left(\boldsymbol{x}-\mathrm{E}\{\boldsymbol{x}|\boldsymbol{y}\}\right)\left(\boldsymbol{x}-\mathrm{E}\{\boldsymbol{x}|\boldsymbol{y}\}\right)^{\mathrm{H}}\right\} \\ &= \mathrm{E}\{\boldsymbol{x}\boldsymbol{x}^{\mathrm{H}}\}+\mathrm{E}\{\boldsymbol{x}|\boldsymbol{y}\}\mathrm{E}\{\boldsymbol{x}^{\mathrm{H}}|\boldsymbol{y}\}-\mathrm{E}\{\boldsymbol{x}|\boldsymbol{y}\}\boldsymbol{x}^{\mathrm{H}}-\boldsymbol{x}\mathrm{E}\{\boldsymbol{x}^{\mathrm{H}}|\boldsymbol{y}\} \\ &= \mathrm{E}\{\boldsymbol{x}\boldsymbol{x}^{\mathrm{H}}\}-\mathrm{E}\left\{\mathrm{E}\{\boldsymbol{x}|\boldsymbol{y}\}\mathrm{E}\{\boldsymbol{x}^{\mathrm{H}}|\boldsymbol{y}\}\right\}\end{aligned} \tag{3.86}$$

因此有

$$\frac{\partial I}{\partial \boldsymbol{H}^{*}}=\boldsymbol{H}\boldsymbol{E} \tag{3.87}$$

式（3.78）和式（3.84）的推导中涉及积分与求导交换顺序。为严格证明这两步中的顺序交换在数学上是可行的，首先需要证明引理3.3。

**引理**3.3　考虑一个函数 $f(\boldsymbol{x};\theta)$ 和一个非负函数 $g(\boldsymbol{x})$。如果对于每个 $\theta_0$，存在一个邻域 $N_{\theta_0}$ 和一个函数 $M(\boldsymbol{x};\theta_0)$ 满足

$$\sup_{\theta\in N_{\theta_0}}\left|\frac{\partial}{\partial\theta}f(\boldsymbol{x};\theta)\right| \leqslant M(\boldsymbol{x};\theta_0) \tag{3.88}$$

其中，$\int g(\boldsymbol{x})M(\boldsymbol{x};\theta_0)\mathrm{d}\boldsymbol{x}<\infty$。则有如下等式成立：

$$\frac{\partial}{\partial\theta}\int g(\boldsymbol{x})f(\boldsymbol{x};\theta)=\int g(\boldsymbol{x})\frac{\partial}{\partial\theta}f(\boldsymbol{x};\theta)\mathrm{d}\boldsymbol{x} \tag{3.89}$$

**证明**　对于任意 $\theta_0$，根据平均值定理，有

$$f_\delta(\boldsymbol{x};\theta_0) \triangleq \frac{f(\boldsymbol{x};\theta_0+\delta)-f(\boldsymbol{x};\theta_0)}{\delta}=\frac{\partial}{\partial\theta}f(\boldsymbol{x};\tilde{\theta}) \tag{3.90}$$

其中，$\tilde{\theta}$ 在 $\theta_0$ 的邻域之中。因此，$f_\delta(\boldsymbol{x};\theta_0)$ 存在上界：

$$\left|f_\delta(\boldsymbol{x};\theta_0)\right| \leqslant \sup_{\theta\in N_{\theta_0}}\left|\frac{\partial}{\partial\theta}f(\boldsymbol{x};\theta)\right| \leqslant M(\boldsymbol{x};\theta_0) \tag{3.91}$$

注意到 $\int g(\boldsymbol{x})M(\boldsymbol{x};\theta_0)\mathrm{d}\boldsymbol{x}<\infty$，根据勒贝格（Lebesgue）控制收敛定理，有

$$\lim_{\delta\to 0}\int g(\boldsymbol{x})f_\delta(\boldsymbol{x};\theta_0)\mathrm{d}\boldsymbol{x}=\int \lim_{\delta\to 0}g(\boldsymbol{x})f_\delta(\boldsymbol{x};\theta_0)\mathrm{d}\boldsymbol{x} \tag{3.92}$$

至此，引理3.3得证。

基于引理3.3，首先考虑式（3.78）中的积分与求导顺序交换：

$$\frac{\partial \mathrm{E}_{\boldsymbol{x}}\left\{p_{\boldsymbol{y}|\boldsymbol{x}}(\boldsymbol{y}|\boldsymbol{x})\right\}}{\partial\left[\boldsymbol{H}^{*}\right]_{ij}}=\frac{\mathrm{E}_{\boldsymbol{x}}\left\{\partial p_{\boldsymbol{y}|\boldsymbol{x}}(\boldsymbol{y}|\boldsymbol{x})\right\}}{\partial\left[\boldsymbol{H}^{*}\right]_{ij}} \tag{3.93}$$

由式（3.79）可知：

$$\frac{\partial p_{y|x}(\boldsymbol{y}|\boldsymbol{x})}{\partial[\boldsymbol{H}^*]_{ij}} = p_{y|x}(\boldsymbol{y})\left[(\boldsymbol{y}-\boldsymbol{H}\boldsymbol{x})\boldsymbol{x}^{\mathrm{H}}\right]_{ij} \tag{3.94}$$

因此有

$$\begin{aligned}\left|\frac{\partial p_{y|x}(\boldsymbol{y}|\boldsymbol{x})}{\partial[\boldsymbol{H}^*]_{ij}}\right| &\leqslant \left|\left[(\boldsymbol{y}-\boldsymbol{H}^*\boldsymbol{x})\boldsymbol{x}^{\mathrm{H}}\right]_{ij}\right| \\ &\leqslant |y_i||x_j| + \sum_k \left|[\boldsymbol{H}]_{ik}\right||x_k||x_j|\end{aligned} \tag{3.95}$$

对于给定信道 $\boldsymbol{H}$，式（3.95）的右侧构成了一个上界。为了让这个上界在 $\boldsymbol{H}$ 的邻域内有效，可以给 $\left|[\boldsymbol{H}]_{ik}\right|$ 的每一项加上一个扰动 $\varepsilon$。注意到输入信号 $\boldsymbol{x}$ 的二阶矩是有限的，因此对式（3.95）右侧关于 $\boldsymbol{x}$ 求期望，结果仍然是有限的。根据引理3.3可以知道，式（3.78）中的积分与求导顺序可以交换。

考虑将式（3.84）中的积分与求导顺序交换，即 $\nabla_{\boldsymbol{y}}\mathrm{E}_{\boldsymbol{x}}\left\{p_{y|x}(\boldsymbol{y}|\boldsymbol{x})\right\}=\mathrm{E}_{\boldsymbol{x}}\left\{\nabla_{\boldsymbol{y}}\, p_{y|x}(\boldsymbol{y}|\boldsymbol{x})\right\}$。由式（3.85）可知：

$$\frac{\partial p_{y|x}(\boldsymbol{y}|\boldsymbol{x})}{\partial y_i^*} = -p_{y|x}(\boldsymbol{y}|\boldsymbol{x})\left|[\boldsymbol{y}-\boldsymbol{H}\boldsymbol{x}]_i\right| \tag{3.96}$$

因此，有

$$\left|\frac{\partial p_{y|x}(\boldsymbol{y}|\boldsymbol{x})}{\partial y_i^*}\right| = \left|[\boldsymbol{y}-\boldsymbol{H}\boldsymbol{x}]_i\right| \leqslant |y_i| + \sum_k \left|[\boldsymbol{H}]_{ik}\right||x_k| \tag{3.97}$$

式（3.97）中小于等于号右侧构成了一个上界。与式（3.95）类似，为了让这个上界在 $\boldsymbol{y}$ 的邻域内有效，可以给 $|y_i|$ 加上一个扰动 $\varepsilon$。同样地，对式（3.97）中小于等于号右侧关于 $\boldsymbol{x}$ 求期望，结果仍然是有限的。根据引理3.3，可以知道式（3.84）中的积分与求导顺序可以交换。至此，定理3.4得证。

定理3.4的一个比较直观的例子就是当 $\boldsymbol{x}$ 服从高斯分布时，式（3.78）中的互信息可以表示为

$$I(\boldsymbol{x};\boldsymbol{H}\boldsymbol{x}+\boldsymbol{n}) = \ln\det\left(\boldsymbol{I}_{N_{\mathrm{t}}} + \boldsymbol{H}\boldsymbol{Q}_{\boldsymbol{x}}\boldsymbol{H}^{\mathrm{H}}\right) \tag{3.98}$$

当 $\boldsymbol{x}$ 服从高斯分布时，对应的最优MMSE估计退化为线性MMSE估计，可以表示为

$$\boldsymbol{x} = \boldsymbol{Q}_{\boldsymbol{x}}\boldsymbol{H}^{\mathrm{H}}\left(\boldsymbol{I}+\boldsymbol{H}\boldsymbol{Q}_{\boldsymbol{x}}\boldsymbol{H}^{\mathrm{H}}\right)^{-1}\boldsymbol{y} \tag{3.99}$$

由此可以计算出MMSE矩阵：

$$\boldsymbol{E} = \left(\boldsymbol{Q}_x^{-1} + \boldsymbol{H}^{\mathrm{H}}\boldsymbol{H}\right)^{-1} \tag{3.100}$$

式（3.98）中的互信息对信道矩阵 $\boldsymbol{H}$ 求梯度，有

$$\nabla_{\boldsymbol{H}} I\left(\boldsymbol{x}; \boldsymbol{Hx}+\boldsymbol{n}\right) = \boldsymbol{HQ}_x\left(\boldsymbol{I}_{N_t} + \boldsymbol{H}^{\mathrm{H}}\boldsymbol{HQ}_x\right)^{-1} = \boldsymbol{HE} \tag{3.101}$$

## 3.2.2　互信息关于其他系统参数的梯度

根据复数矩阵求导的链式法则，可以将定理3.1中互信息关于信道矩阵梯度的基本等式推广到互信息关于系统参数的梯度，得到定理3.5[4]。

**定理**3.5　考虑式（3.69）所示向量复高斯信道模型的一般形式：发射端采用线性预编码矩阵 $\boldsymbol{G}$，信道矩阵 $\boldsymbol{H}$ 是一个任意的确定性矩阵，发射信号 $\boldsymbol{x}$ 是协方差矩阵为 $\boldsymbol{Q}_x$ 的任意分布向量，噪声 $\boldsymbol{n}$ 是协方差矩阵为 $\boldsymbol{Q}_n$ 的零均值高斯噪声向量且与 $\boldsymbol{x}$ 独立。定义 $\boldsymbol{Q} = \boldsymbol{GQ}_x\boldsymbol{G}^{\mathrm{H}}$ 和 $\boldsymbol{Q}_G = \boldsymbol{GG}^{\mathrm{H}}$，则互信息 $I\left(\boldsymbol{x}; \boldsymbol{HGx}+\boldsymbol{n}\right)$ 和MMSE矩阵 $\boldsymbol{E}$ 满足：

$$\nabla_{\boldsymbol{H}} I\left(\boldsymbol{x}; \boldsymbol{HGx}+\boldsymbol{n}\right) = \boldsymbol{Q}_n^{-1}\boldsymbol{HGEG}^{\mathrm{H}} \tag{3.102}$$

$$\nabla_{\boldsymbol{G}} I\left(\boldsymbol{x}; \boldsymbol{HGx}+\boldsymbol{n}\right) = \boldsymbol{H}^{\mathrm{H}}\boldsymbol{Q}_n^{-1}\boldsymbol{HGE} \tag{3.103}$$

$$\nabla_{\boldsymbol{Q}} I\left(\boldsymbol{x}; \boldsymbol{HGx}+\boldsymbol{n}\right)\boldsymbol{GQ}_x = \boldsymbol{H}^{\mathrm{H}}\boldsymbol{Q}_n^{-1}\boldsymbol{HGE} \tag{3.104}$$

$$\nabla_{\boldsymbol{Q}_G} I\left(\boldsymbol{x}; \boldsymbol{HGx}+\boldsymbol{n}\right)\boldsymbol{G} = \boldsymbol{H}^{\mathrm{H}}\boldsymbol{Q}_n^{-1}\boldsymbol{HGE} \tag{3.105}$$

$$\nabla_{\boldsymbol{Q}_x} I\left(\boldsymbol{x}; \boldsymbol{HGx}+\boldsymbol{n}\right)\boldsymbol{Q}_x = \boldsymbol{G}^{\mathrm{H}}\boldsymbol{H}^{\mathrm{H}}\boldsymbol{Q}_n^{-1}\boldsymbol{HGE} \tag{3.106}$$

$$\nabla_{\boldsymbol{Q}_n^{-1}} I\left(\boldsymbol{x}; \boldsymbol{HGx}+\boldsymbol{n}\right) = \boldsymbol{HGEG}^{\mathrm{H}}\boldsymbol{H}^{\mathrm{H}} \tag{3.107}$$

$$\nabla_{\boldsymbol{Q}_n} I\left(\boldsymbol{x}; \boldsymbol{HGx}+\boldsymbol{n}\right) = -\boldsymbol{Q}_n^{-1}\boldsymbol{HGEG}^{\mathrm{H}}\boldsymbol{H}^{\mathrm{H}}\boldsymbol{Q}_n^{-1} \tag{3.108}$$

**证明**　为证明定理3.5，首先给出引理3.4和引理3.5。

**引理**3.4　考虑一个实函数 $f\left(\boldsymbol{H}(\theta)\right)$，则有以下链式求导法则。

（1）如果 $\theta$ 是复数，则有

$$\nabla_\theta f\left(\boldsymbol{H}(\theta)\right) = \mathrm{tr}\left(\nabla_{\boldsymbol{H}} f\left(\boldsymbol{H}(\theta)\right) \times \nabla_\theta \boldsymbol{H}^{\mathrm{H}}\right) + \mathrm{tr}\left(\left(\nabla_{\boldsymbol{H}} f\left(\boldsymbol{H}(\theta)\right)\right)^{\mathrm{H}} \times \nabla_\theta \boldsymbol{H}\right) \tag{3.109}$$

（2）如果 $\theta$ 是实数，则有

$$\nabla_\theta f\left(\boldsymbol{H}(\theta)\right) = 2\,\mathrm{Re}\,\mathrm{tr}\left(\nabla_{\boldsymbol{H}} f\left(\boldsymbol{H}(\theta)\right) \times \nabla_\theta \boldsymbol{H}^{\mathrm{H}}\right) \tag{3.110}$$

**引理**3.5

（1）令 $f\left(\boldsymbol{H}\right)$ 是一个标量实函数，其中 $\boldsymbol{H} = \boldsymbol{ABC}$，$\boldsymbol{A}$ 和 $\boldsymbol{C}$ 都是任意的确定

性矩阵，则有

$$\nabla_{\boldsymbol{B}} f(\boldsymbol{H}) = \boldsymbol{A}^{\mathrm{H}} \nabla_{\boldsymbol{H}} f(\boldsymbol{H}) \boldsymbol{C}^{\mathrm{H}} \tag{3.111}$$

（2）令 $g(\boldsymbol{R})$ 是一个标量实函数，其中 $\boldsymbol{R} = \boldsymbol{H}\boldsymbol{H}^{\mathrm{H}} = \boldsymbol{A}\boldsymbol{B}\boldsymbol{C}\boldsymbol{C}^{\mathrm{H}}\boldsymbol{B}^{\mathrm{H}}\boldsymbol{A}^{\mathrm{H}}$，$\boldsymbol{A}$ 和 $\boldsymbol{C}$ 都是任意的确定性矩阵，则有

$$\nabla_{\boldsymbol{B}} g(\boldsymbol{R}) = \boldsymbol{A}^{\mathrm{H}} \nabla_{\boldsymbol{R}} g(\boldsymbol{R}) \boldsymbol{A}\boldsymbol{B}\boldsymbol{C}\boldsymbol{C}^{\mathrm{H}} \tag{3.112}$$

**证明**　首先考虑式（3.111）的证明。令

$$\left[\boldsymbol{H}^{\mathrm{H}}\right]_{ij} = \mathrm{tr}\left(\boldsymbol{C}^{\mathrm{H}}\boldsymbol{B}^{\mathrm{H}}\boldsymbol{A}^{\mathrm{H}}\boldsymbol{e}_j\boldsymbol{e}_i^{\mathrm{H}}\right) \tag{3.113}$$

由式（3.113）可知

$$\frac{\partial\left[\boldsymbol{H}^{\mathrm{H}}\right]_{ij}}{\partial \boldsymbol{B}} = \boldsymbol{A}^{\mathrm{H}}\boldsymbol{e}_j\boldsymbol{e}_i^{\mathrm{H}}\boldsymbol{C}^{\mathrm{H}} \tag{3.114}$$

$$\begin{aligned}\frac{\partial\left[\boldsymbol{H}^{\mathrm{H}}\right]_{ij}}{\partial\left[\boldsymbol{B}^*\right]_{kl}} &= \boldsymbol{e}_k^{\mathrm{H}}\boldsymbol{A}^{\mathrm{H}}\boldsymbol{e}_j\boldsymbol{e}_i^{\mathrm{H}}\boldsymbol{C}^{\mathrm{H}}\boldsymbol{e}_l \\ &= \boldsymbol{e}_i^{\mathrm{H}}\boldsymbol{C}^{\mathrm{H}}\boldsymbol{e}_l\boldsymbol{e}_k^{\mathrm{H}}\boldsymbol{A}^{\mathrm{H}}\boldsymbol{e}_j\end{aligned} \tag{3.115}$$

由式（3.115）可知

$$\frac{\partial\left[\boldsymbol{H}^{\mathrm{H}}\right]}{\partial\left[\boldsymbol{B}^*\right]_{kl}} = \boldsymbol{C}^{\mathrm{H}}\boldsymbol{e}_l\boldsymbol{e}_k^{\mathrm{H}}\boldsymbol{A}^{\mathrm{H}},\quad \frac{\partial\left[\boldsymbol{H}\right]}{\partial\left[\boldsymbol{B}^*\right]_{kl}} = \boldsymbol{0} \tag{3.116}$$

根据引理3.4中的链式法则，可知

$$\begin{aligned}\frac{\partial f(\boldsymbol{H})}{\partial\left[\boldsymbol{B}^*\right]_{kl}} &= \mathrm{tr}\left(\left(\frac{\partial f(\boldsymbol{H})}{\partial \boldsymbol{H}^{\mathrm{H}}}\right)^{\mathrm{T}} \frac{\partial \boldsymbol{H}^{\mathrm{H}}}{\partial\left[\boldsymbol{B}^*\right]_{kl}}\right) \\ &= \mathrm{tr}\left(\boldsymbol{e}_k^{\mathrm{H}}\boldsymbol{A}^{\mathrm{H}}\frac{\partial f(\boldsymbol{H})}{\partial \boldsymbol{H}^*}\boldsymbol{C}^{\mathrm{H}}\boldsymbol{e}_l\right)\end{aligned} \tag{3.117}$$

至此，式（3.111）得证。

接下来，考虑式（3.112）的证明。令

$$\left[\boldsymbol{R}\right]_{ij} = \mathrm{tr}\left(\boldsymbol{A}\boldsymbol{B}\boldsymbol{C}\boldsymbol{C}^{\mathrm{H}}\boldsymbol{B}^{\mathrm{H}}\boldsymbol{A}^{\mathrm{H}}\boldsymbol{e}_j\boldsymbol{e}_i^{\mathrm{H}}\right) \tag{3.118}$$

因此，可得

$$\frac{\partial\left[\boldsymbol{R}\right]_{ij}}{\partial \boldsymbol{B}^*} = \boldsymbol{A}^{\mathrm{H}}\boldsymbol{e}_j\boldsymbol{e}_i^{\mathrm{H}}\boldsymbol{A}\boldsymbol{B}\boldsymbol{C}\boldsymbol{C}^{\mathrm{H}} \tag{3.119}$$

$$\begin{aligned}\frac{\partial[\boldsymbol{R}]_{ij}}{[\partial\boldsymbol{B}^*]_{kl}}&=\boldsymbol{e}_k^{\mathrm{H}}\boldsymbol{A}^{\mathrm{H}}\boldsymbol{e}_j\boldsymbol{e}_i^{\mathrm{H}}\boldsymbol{ABCC}^{\mathrm{H}}\boldsymbol{e}_l\\&=\boldsymbol{e}_i^{\mathrm{H}}\boldsymbol{ABCC}^{\mathrm{H}}\boldsymbol{e}_l\boldsymbol{e}_k^{\mathrm{H}}\boldsymbol{A}^{\mathrm{H}}\boldsymbol{e}_j\end{aligned}\tag{3.120}$$

由式（3.120）可知

$$\frac{\partial[\boldsymbol{R}]}{[\partial\boldsymbol{B}^*]_{kl}}=\boldsymbol{ABCC}^{\mathrm{H}}\boldsymbol{e}_l\boldsymbol{e}_k^{\mathrm{H}}\boldsymbol{A}^{\mathrm{H}}\tag{3.121}$$

根据引理3.4中的链式法则和 $\boldsymbol{R}^{\mathrm{H}}=\boldsymbol{R}$，可得

$$\begin{aligned}\frac{\partial g(\boldsymbol{R})}{[\partial\boldsymbol{B}^*]_{kl}}&=\mathrm{tr}\left(\left(\frac{\partial g(\boldsymbol{R})}{\partial\boldsymbol{R}^{\mathrm{H}}}\right)^{\mathrm{T}}\frac{\partial\boldsymbol{R}}{\partial[\boldsymbol{B}^*]_{kl}}\right)\\&=\mathrm{tr}\left(\left(\frac{\partial g(\boldsymbol{R})}{\partial\boldsymbol{R}^*}\right)\boldsymbol{ABCC}^{\mathrm{H}}\boldsymbol{e}_l\boldsymbol{e}_k^{\mathrm{H}}\boldsymbol{A}^{\mathrm{H}}\right)\\&=\boldsymbol{e}_k^{\mathrm{H}}\boldsymbol{A}^{\mathrm{H}}\left(\frac{\partial g(\boldsymbol{R})}{\partial\boldsymbol{R}^*}\right)\boldsymbol{ABCC}^{\mathrm{H}}\boldsymbol{e}_l\end{aligned}\tag{3.122}$$

由式（3.122）可知

$$\frac{\partial g(\boldsymbol{R})}{[\partial\boldsymbol{B}^*]_{kl}}=\boldsymbol{A}^{\mathrm{H}}\left(\frac{\partial g(\boldsymbol{R})}{\partial\boldsymbol{R}^*}\right)\boldsymbol{ABCC}^{\mathrm{H}}\tag{3.123}$$

接下来，证明定理3.5。首先，考虑一个等效的白化接收信号 $\tilde{\boldsymbol{y}}=\boldsymbol{Q}_n^{-\frac{1}{2}}\boldsymbol{y}$ [该白化操作不会改变式（3.72）的互信息和MMSE矩阵]，则有

$$\tilde{\boldsymbol{y}}=\boldsymbol{Q}_n^{-\frac{1}{2}}\boldsymbol{HBx}+\tilde{\boldsymbol{n}}\tag{3.124}$$

其中，$\tilde{\boldsymbol{n}}=\boldsymbol{Q}_n^{-\frac{1}{2}}\boldsymbol{n}$ 是协方差为单位矩阵的零均值高斯噪声向量。定义 $\widetilde{\boldsymbol{H}}=\boldsymbol{Q}_n^{-\frac{1}{2}}\boldsymbol{HB}$，根据定理3.4可得

$$\nabla_{\widetilde{\boldsymbol{H}}}I\left(\boldsymbol{x};\widetilde{\boldsymbol{H}}\boldsymbol{x}+\tilde{\boldsymbol{n}}\right)=\widetilde{\boldsymbol{H}}\boldsymbol{E}=\boldsymbol{Q}_n^{-\frac{1}{2}}\boldsymbol{HGE}\tag{3.125}$$

根据引理3.5中的式（3.111），有

$$\nabla_{\boldsymbol{H}}I\left(\boldsymbol{x};\widetilde{\boldsymbol{H}}\boldsymbol{x}+\tilde{\boldsymbol{n}}\right)=\boldsymbol{Q}_n^{-\frac{1}{2}}\nabla_{\widetilde{\boldsymbol{H}}}I\left(\boldsymbol{x};\widetilde{\boldsymbol{H}}\boldsymbol{x}+\tilde{\boldsymbol{n}}\right)\boldsymbol{G}^{\mathrm{H}}\tag{3.126}$$

$$\nabla_{\boldsymbol{G}}I\left(\boldsymbol{x};\widetilde{\boldsymbol{H}}\boldsymbol{x}+\tilde{\boldsymbol{n}}\right)=\boldsymbol{H}^{\mathrm{H}}\boldsymbol{Q}_n^{-\frac{1}{2}}\nabla_{\widetilde{\boldsymbol{H}}}I\left(\boldsymbol{x};\widetilde{\boldsymbol{H}}\boldsymbol{x}+\tilde{\boldsymbol{n}}\right)\tag{3.127}$$

由式（3.125）～式（3.127）可得定理3.5中的式（3.102）和式（3.103）。进一

步地，根据引理3.5的式（3.112）有

$$\nabla_{G} I\left(\boldsymbol{x};\widetilde{\boldsymbol{H}}\boldsymbol{x}+\tilde{\boldsymbol{n}}\right)=\nabla_{Q} I\left(\boldsymbol{x};\widetilde{\boldsymbol{H}}\boldsymbol{x}+\tilde{\boldsymbol{n}}\right)\boldsymbol{G}\boldsymbol{Q}_{x} \tag{3.128}$$

$$\nabla_{G} I\left(\boldsymbol{x};\widetilde{\boldsymbol{H}}\boldsymbol{x}+\tilde{\boldsymbol{n}}\right)=\nabla_{Q_B} I\left(\boldsymbol{x};\widetilde{\boldsymbol{H}}\boldsymbol{x}+\tilde{\boldsymbol{n}}\right)\boldsymbol{G} \tag{3.129}$$

由式（3.128）、式（3.129）可得定理3.5中的式（3.104）和式（3.105）。

根据引理3.5中的式（3.112），有

$$\nabla_{Q_x} I\left(\boldsymbol{x};\widetilde{\boldsymbol{H}}\boldsymbol{x}+\tilde{\boldsymbol{n}}\right)=\boldsymbol{G}^{\mathrm{H}}\nabla_{Q} I\left(\boldsymbol{x};\widetilde{\boldsymbol{H}}\boldsymbol{x}+\tilde{\boldsymbol{n}}\right)\boldsymbol{G} \tag{3.130}$$

从而可以得到定理3.5中的式（3.106）。

为推导式（3.107），根据引理3.5中的式（3.111），有

$$\nabla_{Q_n^{-\frac{1}{2}}} I\left(\boldsymbol{x};\widetilde{\boldsymbol{H}}\boldsymbol{x}+\tilde{\boldsymbol{n}}\right)=\nabla_{\widetilde{H}} I\left(\boldsymbol{x};\widetilde{\boldsymbol{H}}\boldsymbol{x}+\tilde{\boldsymbol{n}}\right)\boldsymbol{G}^{\mathrm{H}}\boldsymbol{H}^{\mathrm{H}}=\boldsymbol{Q}_n^{-\frac{1}{2}}\boldsymbol{H}\boldsymbol{G}\boldsymbol{E}\boldsymbol{G}^{\mathrm{H}}\boldsymbol{H}^{\mathrm{H}} \tag{3.131}$$

注意到 $\boldsymbol{Q}_n=\boldsymbol{Q}_n^{\frac{1}{2}}\left(\boldsymbol{Q}_n^{\frac{1}{2}}\right)^{\mathrm{H}}$ 和 $\boldsymbol{Q}_n^{-1}=\boldsymbol{Q}_n^{-\frac{1}{2}}\left(\boldsymbol{Q}_n^{-\frac{1}{2}}\right)^{\mathrm{H}}$ ，根据引理3.5中的式（3.112），有

$$\nabla_{Q_n^{\frac{1}{2}}} I\left(\boldsymbol{x};\widetilde{\boldsymbol{H}}\boldsymbol{x}+\tilde{\boldsymbol{n}}\right)=\boldsymbol{Q}_n^{\frac{1}{2}}\nabla_{Q_n^{-1}} I\left(\boldsymbol{x};\widetilde{\boldsymbol{H}}\boldsymbol{x}+\tilde{\boldsymbol{n}}\right) \tag{3.132}$$

由式（3.131）和式（3.132）可知

$$\nabla_{Q_n^{-1}} I\left(\boldsymbol{x};\widetilde{\boldsymbol{H}}\boldsymbol{x}+\tilde{\boldsymbol{n}}\right)=\boldsymbol{H}\boldsymbol{G}\boldsymbol{E}\boldsymbol{G}^{\mathrm{H}}\boldsymbol{H}^{\mathrm{H}} \tag{3.133}$$

最后，对于正定厄米矩阵（Hermitian Matrix） $\boldsymbol{X}$ ，有如下等式：

$$\frac{\partial f}{\partial \boldsymbol{X}}=-\boldsymbol{X}^{-1}\left(\frac{\partial f}{\partial\left(\boldsymbol{X}^{-1}\right)^{*}}\right)\boldsymbol{X}^{-1} \tag{3.134}$$

据此，有

$$\nabla_{Q_n} I\left(\boldsymbol{x};\widetilde{\boldsymbol{H}}\boldsymbol{x}+\tilde{\boldsymbol{n}}\right)=-\boldsymbol{Q}_n^{-1}\nabla_{Q_n^{-1}} I\left(\boldsymbol{x};\widetilde{\boldsymbol{H}}\boldsymbol{x}+\tilde{\boldsymbol{n}}\right)\boldsymbol{Q}_n^{-1} \tag{3.135}$$

根据式（3.133）和式（3.135）可得定理3.5中的式（3.108）。至此，定理3.5得证。

定理3.4和定理3.5揭示的互信息梯度函数为优化离散调制信号下的系统参数打下了基础。我们可以通过数值的方法来计算这些梯度值，从而设计一个基于梯度更新的优化算法来搜索最优的系统参数。例如，对于向量复高斯信道模型[式（3.69）]，定理3.5中的式（3.103）给出了互信息关于预编码矩阵 $\boldsymbol{G}$ 的梯度 $\nabla_{G} I\left(\boldsymbol{x};\boldsymbol{H}\boldsymbol{G}\boldsymbol{x}+\boldsymbol{n}\right)$ ，据此可以设计一个预编码矩阵 $\boldsymbol{G}$ 的梯度更新迭代算法来最

大化互信息：

$$G(k+1)=\left[G(k)+\mu\nabla_G I(x;HGx+n)\right] \tag{3.136}$$

其中，$G(k+1)$ 和 $G(k)$ 分别表示第 $k+1$ 次和第 $k$ 次迭代后的预编码矩阵，$\mu$ 是更新的步长，同时更新的预编码矩阵 $G$ 需要满足功率约束 $\mathrm{tr}\left(GG^{\mathrm{H}}\right)\leqslant P$。式（3.103）中的MMSE矩阵 $E$ 可以通过数值的方法计算得到：

$$\begin{aligned}E&=\mathrm{E}\left\{\left(x-\mathrm{E}\{x|y\}\right)\left(x-\mathrm{E}\{x|y\}\right)^{\mathrm{H}}\right\}\\&\approx\frac{1}{S}\sum_{x_0,y_0}\left(x_0-\mathrm{E}\{x|y=y_0\}\right)\left(x_0-\mathrm{E}\{x|y=y_0\}\right)^{\mathrm{H}}\end{aligned} \tag{3.137}$$

其中，$S$ 个随机样本 $x_0$ 和 $y_0$ 通过概率 $p_x p_{y|x}$ 生成，条件估计可以按式（3.138）计算：

$$\mathrm{E}\{x|y=y_0\}=\sum_{x_0}x_0 p_{x|y}\left(x_0|y_0\right) \tag{3.138}$$

可以看出，式（3.138）是对所有可能的输入信号向量求和。

## 3.3　本章小结

离散调制信号基础理论是离散调制信号MIMO传输设计的基础。本章介绍了一些较新的信息理论与估计理论的基础性数学联系，包括标量高斯信道模型和连续时间高斯信道模型中互信息与MMSE之间的基础性关系，以及MIMO高斯信道下互信息关于信道、预编码矩阵和其他关键系统参数的梯度函数。本书后续章节介绍的离散调制信号MIMO传输方法设计需要依赖本章介绍的这些基础性定理。

## 参考文献

[1] GUO D, SHAMAI S, VERDŰ S. Mutual information and minimum mean-square error in Gaussian channels[J]. IEEE Trans. Inform. Theory, 2005, 51(4): 1261-1282.

[2] VERDŰ S. Spectral efficiency in the wideband regime[J]. IEEE Trans. Inform. Theory, 2002, 48(6): 1319-1343.

[3] GALLAGER R G. Information theory and reliable communication[M]. New York: Wiley, 1968.

[4] DUNCAN T E. On the calculation of mutual information[J]. SIAM Journal of Applied Mathematics,1970, 19(7): 215-220.

[5] PALOMAR D P, VERDŰ S. Gradient of mutual information in linear vector Gaussian channels[J]. IEEE Trans. Inform. Theory, 2006, 52(1): 141-154.

# 第4章
# 离散调制信号下的点对点 MIMO 传输

学术界关于MIMO系统容量界的研究成果大多假设输入信号必须服从高斯分布。然而，实际通信系统中采用的大多是PSK、PAM、QAM等离散调制信号，这与高斯输入信号有较大不同。考虑到复杂度因素，现有通信系统往往是将基于理想高斯信号假设的MIMO传输设计简单地应用于实际离散调制信号传输，这就导致其性能与MIMO系统容量界具有明显的差距。

本章介绍离散调制信号下的点对点MIMO传输理论的研究结果。首先，介绍在并行高斯信道下最大化互信息的水银注水功率分配策略。然后，在一般性MIMO高斯信道下，介绍求解最优预编码的思路，包括推导最优的特征模式传输方向、设计最优功率分配策略以及最优右酉矩阵求解算法。最后，介绍大规模MIMO系统的低复杂度分块传输策略。

# | 4.1 并行高斯信道下的最优功率分配策略 |

与高斯信号下的经典注水功率分配策略不同，在并行高斯信道下最大化离散调制信号互信息需要采用水银注水功率分配策略。

## 4.1.1 系统模型

考虑如图4.1所示的 $M$ 个独立的并行高斯信道。对于第 $i$ 个信道，输入信号与输出信号的关系可以写为

$$Y_i = h_i X_i + Z_i, \quad i = 1, \cdots, M \tag{4.1}$$

其中，$h_i$ 表示信道增益，$Z_i$ 是零均值、单位方差的独立高斯白噪声，$\{X_i\}_{i=1}^{M}$ 是一组零均值的独立输入信号，满足功率限制：

$$\frac{1}{M}\sum_{i=1}^{M} \mathrm{E}\left\{|X_i|^2\right\} \leqslant P \tag{4.2}$$

定义

$$X_i = \sqrt{p_i P} W_i \tag{4.3}$$

其中，$\{W_i\}_{i=1}^{M}$ 是归一化的单位能量信号，其分布由调制方案决定。因此，功率

分配系数 $p_i$ 满足：

$$\frac{1}{M}\sum_{i=1}^{M}p_i \leqslant 1 \tag{4.4}$$

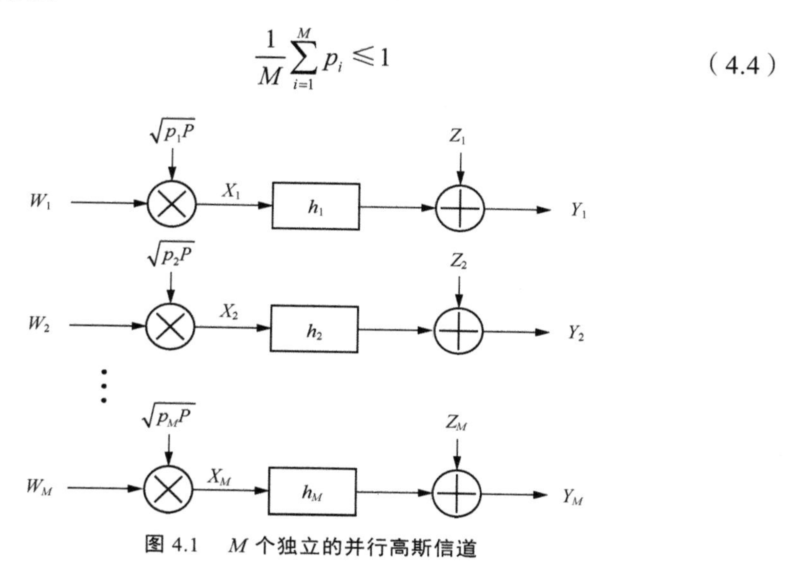


图 4.1　$M$ 个独立的并行高斯信道

对于每个并行子信道，定义

$$\gamma_i = P\left|h_i\right|^2 \tag{4.5}$$

$p_i\gamma_i$ 表示第 $i$ 个信道的接收SNR。定义第 $i$ 个信道上的输入输出互信息函数：

$$I_i(\rho) = I\left(W_i;\sqrt{\rho}W_i + Z_i\right) \tag{4.6}$$

对于 $M$ 个高斯并行信道，需要在给定的输入信号分布和功率约束下优化功率分配策略 $\{p_i\}_{i=1}^{M}$：

$$\begin{aligned}\left[p_1^*,\cdots,p_M^*\right] = \max_{p_1,\cdots,p_M}\frac{1}{M}\sum_{i=1}^{M}I_i\left(p_i\gamma_i\right) \\ \text{s.t. } \frac{1}{M}\sum_{i=1}^{M}p_i \leqslant 1\end{aligned} \tag{4.7}$$

## 4.1.2　最优功率分配策略

信号 $W_i$ 的MMSE估计是其条件均值 $\hat{W}_i = \mathrm{E}\left\{W_i\middle|y_i\right\}$，其对应的MMSE误差函数为

$$\mathrm{MMSE}_i(\rho) = \mathrm{E}\left\{\left|W_i - \hat{W}_i\right|^2\right\} \tag{4.8}$$

基于本书第3章中关于离散调制信号的一些基本等式，可得定理4.1[1]。

**定理**4.1　最大化式（4.7）的最优功率分配，满足如下条件：

$$\begin{cases} p_i^* = 0, & \gamma_i \leqslant \eta \\ \gamma_i \mathrm{MMSE}_i\left(p_i^* \gamma_i\right) = \eta, & \gamma_i > \eta \end{cases} \tag{4.9}$$

其中，门限$\eta$使得

$$\frac{1}{M}\sum_{i=1}^{M} p_i^* = 1 \tag{4.10}$$

**证明**　将式（4.1）写为矩阵形式

$$\boldsymbol{y} = \boldsymbol{GPw} + \boldsymbol{z} \tag{4.11}$$

其中

$$\boldsymbol{w} = \left[W_1, \cdots, W_M\right]^{\mathrm{T}} \tag{4.12}$$

$$\boldsymbol{y} = \left[Y_1, \cdots, Y_M\right]^{\mathrm{T}} \tag{4.13}$$

$$\boldsymbol{G} = \mathrm{diag}\left\{\sqrt{\gamma_1}, \cdots, \sqrt{\gamma_M}\right\} \tag{4.14}$$

$$\boldsymbol{P} = \mathrm{diag}\left\{\sqrt{p_1}, \cdots, \sqrt{p_M}\right\} \tag{4.15}$$

其中，有约束条件 $\mathrm{tr}\left(\boldsymbol{P}\right)/M \leqslant 1$ 和 $\mathrm{E}\left\{\boldsymbol{ww}^{\mathrm{H}}\right\} = \boldsymbol{I}_M$。噪声向量 $\mathrm{E}\left\{\boldsymbol{zz}^{\mathrm{H}}\right\} = \boldsymbol{I}_M$。式（4.11）中的输入输出互信息可以表示为

$$I\left(\boldsymbol{P}\right) = \sum_{i=1}^{M} I_i\left(p_i \gamma_i\right) \tag{4.16}$$

式（4.16）中的互信息是关于$\mathrm{tr}\left(\boldsymbol{P}\right)$的单调递增函数，因此最优功率分配策略在$\mathrm{tr}\left(\boldsymbol{P}\right)/M = 1$时满足。同时，$I\left(\boldsymbol{P}\right)$是关于功率分配矩阵$\boldsymbol{P}$的一个严格凹函数，因此存在一个唯一的最优解$\boldsymbol{P}^*$=$\mathrm{diag}\left\{p_1^*, \cdots, p_M^*\right\}$，使得对于任意矩阵$\boldsymbol{P}$有$I\left(\boldsymbol{P}^*\right) > I\left(\boldsymbol{P}\right)$。在$\boldsymbol{P}^*$附近，函数$I\left(\bullet\right)$在从$\boldsymbol{P}^*$到$\boldsymbol{P}$的导数方向必须是负的：

$$\frac{\mathrm{d}}{\mathrm{d}\mu} I\left(\mu \boldsymbol{P} + \left(1-\mu\right)\boldsymbol{P}^*\right)\Big|_{\mu=0} < 0 \tag{4.17}$$

根据文献[2]，式（4.17）可以重新写为

$$\frac{\mathrm{d}}{\mathrm{d}\mu} I\left(\mu \boldsymbol{P} + \left(1-\mu\right)\boldsymbol{P}^*\right)\Big|_{\mu=0} = \sum_{l=1}^{M}\left(p_l - p_l^*\right)\frac{\partial I\left(\boldsymbol{P}\right)}{\partial p_l}\Big|_{p_l = p_l^*} \leqslant 0 \tag{4.18}$$

式（4.18）的等号右侧是关于$\boldsymbol{P}$仿射的，因此式（4.18）中等号成立的限

制条件只会在 $M$ 个极值点集合中取到。第 $i$ 个这样的点可以定义为 $p_i = n$、$p_l = 0$、$l \neq i$。当且仅当 $p_i > 0$ 时，连接 $\boldsymbol{P}^*$ 点中的线可以被拓展至超出 $\boldsymbol{P}^*$，对应的方向导数在 $\boldsymbol{P}^*$ 变为0，从而使得式（4.18）变成一个严格的等式。相反地，如果 $p_i = 0$，则式（4.18）仍旧是一个不等式。因此，有

$$\left.\frac{\partial I(\boldsymbol{P})}{\partial p_i}\right|_{p=p_i} \leqslant \frac{1}{M}\sum_{l=1}^{M} p_l^* \left.\frac{\partial I(\boldsymbol{P})}{\partial p_l}\right|_{p_l=p_l^*} \tag{4.19}$$

当 $p_i^* > 0$ 时，式（4.19）为等式。根据本书第3章中的互信息与MMSE之间的基本等式，有

$$\frac{\partial I(\boldsymbol{P})}{\partial p_i} = \gamma_i \mathrm{MMSE}_i\left(p_i \gamma_i\right) \tag{4.20}$$

将式（4.20）代入式（4.19），有

$$\gamma_i \leqslant \eta, \qquad p_i^* = 0 \tag{4.21}$$

$$\gamma_i \mathrm{MMSE}_i\left(p_i^* \gamma_i\right) = \eta, \quad p_i^* > 0 \tag{4.22}$$

其中用到了 $\mathrm{MMSE}_i(0) = 1$，且有

$$\eta = \frac{1}{M}\sum_{l=1}^{M} p_l^* \gamma_l \mathrm{MMSE}_l\left(p_l^* \gamma_l\right) \tag{4.23}$$

至此，定理4.1得证。

定义函数 $\mathrm{MMSE}_i(\bullet)$ 在定义域 $[0, 1]$ 的逆函数 $\mathrm{MMSE}_i^{-1}(\bullet)$，其中 $\mathrm{MMSE}_i^{-1}(1) = 0$。则根据定理4.1，可以得到最优功率分配的闭式表达：

$$p_i^* = \frac{1}{\gamma_i}\mathrm{MMSE}_i^{-1}\left(\min\left\{1, \frac{\eta}{\gamma_i}\right\}\right), \quad i = 1, \cdots, M \tag{4.24}$$

其中，$\eta$ 满足以下等式：

$$\sum_{\substack{i=1 \\ \gamma_i > \eta}}^{M} \frac{1}{M\gamma_i}\mathrm{MMSE}_i^{-1}\left(\frac{\eta}{\gamma_i}\right) = 1 \tag{4.25}$$

特别地，当输入信号服从高斯分布时，有

$$\mathrm{MMSE}_i(\rho) = \frac{1}{1+\rho} \tag{4.26}$$

对应地，有

$$\mathrm{MMSE}_i^{-1}(\zeta) = \frac{1}{\zeta} - 1 \tag{4.27}$$

由此，定理4.1退化为本书2.2.1小节中介绍的经典注水功率分配策略：

$$p_i^{\mathrm{WF}}=0\,,\qquad \gamma_i\leqslant\eta \tag{4.28}$$

$$p_i^{\mathrm{WF}}=\frac{1}{\eta}-\frac{1}{\gamma_i}\,,\quad \gamma_i>\eta \tag{4.29}$$

其中，$1/\eta$ 表示注水的门限。根据式（4.24）和式（4.25），可以得到高斯输入信号下最优功率分配的另外一种表示形式：

$$p_i^{\mathrm{WF}}=0\,,\qquad \gamma_i\leqslant\eta \tag{4.30a}$$

$$p_i^{\mathrm{WF}}=\frac{1-\mathrm{MMSE}_i\left(p_i^{\mathrm{WF}}\gamma_i\right)}{\frac{1}{M}\sum_{l=1}^{M}\left(1-\mathrm{MMSE}_l\left(p_l^{\mathrm{WF}}\gamma_l\right)\right)}\,,\quad \gamma_i>\eta \tag{4.30b}$$

经典注水功率分配算法的一个基本结论是：信道增益越大，对应分配的功率越大。然而对于离散调制输入信号，定理4.1揭示出以上结论并不成立。下面给出定理4.1的两个具体示例。

**示例4.1** 令 $M=2$、$\gamma_1=7.94$、$\gamma_2=2$（分别对应9dB和3dB），每个信道都采用QPSK调制。从图4.2中可以看出，$\eta$=0.28，最优的功率分配策略 $p_1^*=0.63$、$p_2^*=1.37$。

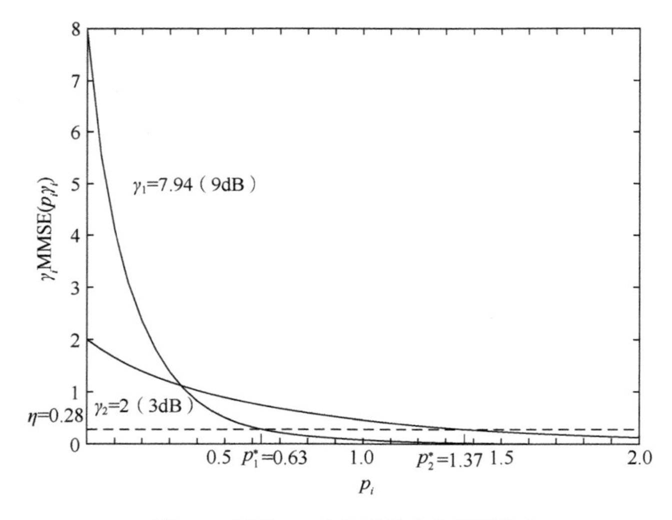


图 4.2 示例 4.1 中的最优功率分配策略

**示例4.2** 令 $M=2$、$\gamma_1=1.25$、$\gamma_2=0.1$（分别对应1dB和-10dB），每个信道都采用QPSK调制。从图4.3中可以看出，$\eta$=0.20，最优的功率分配策略 $p_1^*=2$、$p_2^*=0$。

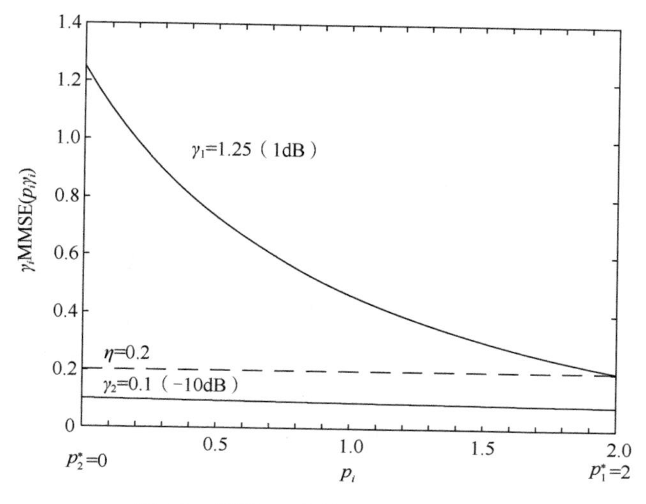


图 4.3　示例 4.2 中的最优功率分配策略

由式（4.9）可知，最优的功率分配策略可使函数 $\gamma_i \text{MMSE}_i\left(p_i^* \gamma_i\right)$ 等于门限 $\eta$，即图4.2和图4.3中曲线 $\gamma_i \text{MMSE}_i\left(p_i \gamma_i\right)$ 与 $\eta$ 的交点。当 $\eta$ 比较高时，曲线 $\gamma_i \text{MMSE}_i\left(p_i \gamma_i\right)$ 与 $\eta$ 的交点已经超出功率分配的取值范围，此时这个信道将不被使用，即 $p_i^*=0$。

### 4.1.3　水银注水功率分配策略

本小节介绍一种离散调制信号下的最优功率分配策略，称为水银注水功率分配策略，它是经典注水功率分配策略的一种推广。下面，将函数 $\text{MMSE}_i^{-1}(\cdot)$ 与式（4.27）所示高斯信号下的特例联系起来。对于任意分布输入信号，定义：

$$G_i(\zeta)=\begin{cases}1/\zeta-\text{MMSE}_i^{-1}(\zeta), & \zeta\in[0,1]\\ 1, & \zeta>1\end{cases}$$

其中，$G_i(\zeta)$ 是一个单调递减函数且对于高斯信号 $G_i(\zeta)=1$。

可以根据函数 $G_i(\zeta)$ 来设计水银注水功率分配策略，如图4.4所示。

水银注水功率分配策略的步骤如下。

（1）对于 $M$ 个并行子信道，将每个信道都假设为一个单位高度的容器（共 $M$ 个容器），其中已装有固体，高度为 $1/\gamma_i$，如图4.4（a）所示。

（2）如图4.4（b）所示，选择 $\eta$，并向每个容器中注入水银，直到水银高度与容器中固体的高度之和达到 $G_i(\eta/\gamma_i)/\gamma_i$。

（3）向每个容器中注水，直到各容器中水面的总体高度均到达$1/\eta$。

（4）如图4.4（c）所示，第$i$个容器中的水面高度即第$i$个信道的最优功率分配$p_i$。

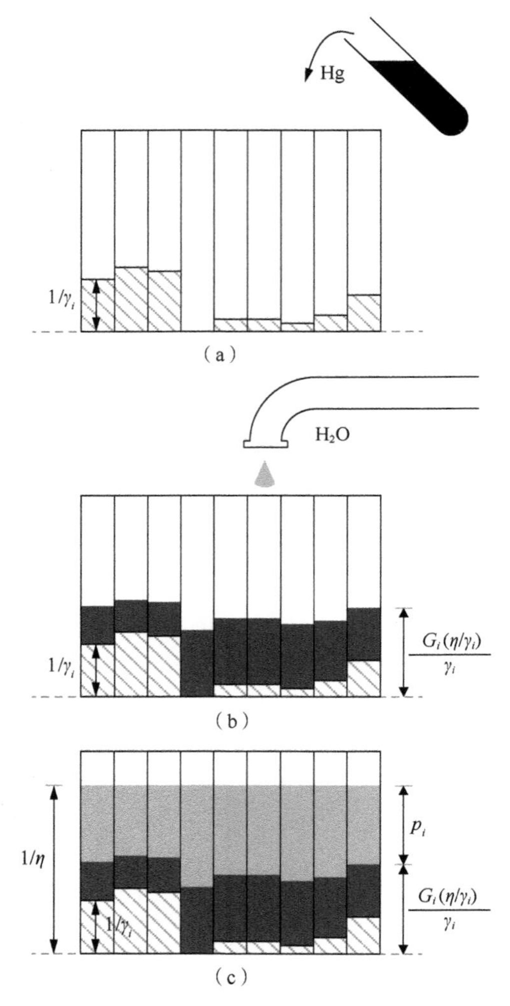


**图 4.4　水银注水功率分配策略**

图4.4中注入水银的步骤反映了离散调制输入信号的特性。在每个容器中注入水银的高度由离散调制信号的分布决定。当输入信号是高斯分布时，每个容器中都不注入水银，该功率分配策略退化为经典的注水功率分配策略。在第$i$个信道上，由于离散调制信号的因素，注入水银的本质是将容器中的固体高度由

$1/\gamma_i$提升至$G_i(\eta/\gamma_i)/\gamma_i$，在此基础上注入水，水面的高度$1/\eta - G_i(\eta/\gamma_i)/\gamma_i$就是最优功率分配。

# 4.2 一般性 MIMO 复高斯信道预编码设计

本小节介绍一般性MIMO复高斯信道下最大化离散调制信号互信息的预编码设计策略。

## 4.2.1 系统模型

考虑一般性MIMO复高斯信道：

$$\boldsymbol{y} = \boldsymbol{HGx} + \boldsymbol{n} \tag{4.31}$$

其中，$\boldsymbol{y} \in \mathbb{C}^{N_\mathrm{r}\times 1}$，表示接收信号；$\boldsymbol{H} \in \mathbb{C}^{N_\mathrm{r}\times N_\mathrm{t}}$，表示信道矩阵；$\boldsymbol{G} \in \mathbb{C}^{N_\mathrm{t}\times N_\mathrm{t}}$，表示线性预编码矩阵；$\boldsymbol{x} \in \mathbb{C}^{N_\mathrm{t}\times 1}$，表示发射信号；$\boldsymbol{n} \in \mathbb{C}^{N_\mathrm{r}\times 1}$，表示独立于$\boldsymbol{x}$的零均值、单位方差的复高斯噪声向量。假设发射信号$\boldsymbol{x}$中的元素从等概率的离散调制星座点中取值并且满足$\mathrm{E}\left\{\boldsymbol{xx}^\mathrm{H}\right\} = \boldsymbol{I}_{N_\mathrm{t}}$。发射端满足如下功率约束：

$$\mathrm{tr}\left(\mathrm{E}\left\{\boldsymbol{Gxx}^\mathrm{H}\boldsymbol{G}^\mathrm{H}\right\}\right) = \mathrm{tr}\left(\boldsymbol{GG}^\mathrm{H}\right) \leqslant P \tag{4.32}$$

因为$\boldsymbol{x}$中的元素来自等概率且大小为$M$的离散调制星座点集合（如M-PSK、PAM或QAM），所以输入信号$\boldsymbol{x}$与输出信号$\boldsymbol{y}$之间的互信息$I(\boldsymbol{x};\boldsymbol{y})$可以表示为[3]

$$I(\boldsymbol{x};\boldsymbol{y}) = N_\mathrm{t}\log_2 M - \frac{1}{M^{N_\mathrm{t}}}\sum_{m=1}^{M^{N_\mathrm{t}}}\mathrm{E}_{\boldsymbol{n}}\left\{\log_2\sum_{m=1}^{M^{N_\mathrm{t}}}\exp(-d_{mk})\right\} \tag{4.33}$$

其中，$d_{mk} = \left\|\boldsymbol{HG}(\boldsymbol{x}_m - \boldsymbol{x}_k) + \boldsymbol{n}\right\|^2 - \|\boldsymbol{n}\|^2$。$\boldsymbol{x}_m$是离散调制星座集合里的第$m$个元素，$m = 1,\cdots,M^{N_\mathrm{t}}$。

式（4.33）中的互信息$I(\boldsymbol{x};\boldsymbol{y})$完全由$\left\|\boldsymbol{HG}(\boldsymbol{x}_m - \boldsymbol{x}_k) + \boldsymbol{n}\right\|^2$的分布决定。对输出信号$\boldsymbol{y}$左乘一个酉矩阵$\boldsymbol{U}$不会改变$\left\|\boldsymbol{HG}(\boldsymbol{x}_m - \boldsymbol{x}_k) + \boldsymbol{n}\right\|^2$的值。因此，有

$$I(\boldsymbol{x};\boldsymbol{y}) = I(\boldsymbol{x};\boldsymbol{Uy}) \tag{4.34}$$

然而，如果对输入信号$\boldsymbol{x}$进行线性变换，则可能会改变互信息的取值，即

$$I(\boldsymbol{Ux};\boldsymbol{y}) \neq I(\boldsymbol{x};\boldsymbol{y}) \tag{4.35}$$

注意到离散调制输入信号下的互信息性质与理想高斯输入信号不同。无论对输入信号 $\boldsymbol{x}$ 还是输出信号 $\boldsymbol{y}$ 进行基于酉矩阵 $\boldsymbol{U}$ 的线性变化，高斯输入信号下的互信息 $I^{\mathrm{G}}(\boldsymbol{x};\boldsymbol{y})$ 都不会改变，即

$$I^{\mathrm{G}}(\boldsymbol{x};\boldsymbol{y}) = I^{\mathrm{G}}(\boldsymbol{Ux};\boldsymbol{y}) = I^{\mathrm{G}}(\boldsymbol{x};\boldsymbol{Uy}) \tag{4.36}$$

从式（4.35）和式（4.36）可以看出，离散调制信号与理想高斯信号有明显差异。对于离散调制信号，可以通过优化输入信号的分布来提升系统性能，即求解如下优化问题：

$$\begin{aligned} &\max \quad I(\boldsymbol{x};\boldsymbol{y}) \\ &\text{s.t.} \quad \operatorname{tr}(\boldsymbol{G}\boldsymbol{G}^{\mathrm{H}}) \leqslant P \end{aligned} \tag{4.37}$$

其中，$I(\boldsymbol{x};\boldsymbol{y})$ 的表达式由式（4.33）给出。

对式（4.37）中的最优预编码矩阵 $\boldsymbol{G}$ 的求解，需要用到引理4.1和引理4.2。

**引理**4.1　式（4.33）中的预编码矩阵 $\boldsymbol{G}$ 与互信息 $I(\boldsymbol{x};\boldsymbol{y})$ 的函数关系完全等价于矩阵 $\boldsymbol{A}=\boldsymbol{G}^{\mathrm{H}}\boldsymbol{H}^{\mathrm{H}}\boldsymbol{H}\boldsymbol{G}$ 与互信息 $I(\boldsymbol{x};\boldsymbol{y})$ 的函数关系。

**证明**　对于给定的调制星座集合、发射功率 $P$ 和系统噪声，式（4.33）表明 $I(\boldsymbol{x};\boldsymbol{y})$ 是变量 $\left\|\boldsymbol{HG}(\boldsymbol{x}_m-\boldsymbol{x}_k)+\boldsymbol{n}\right\|^2$ 的函数。进一步化简该函数，有

$$\left\|\boldsymbol{HG}(\boldsymbol{x}_m-\boldsymbol{x}_k)+\boldsymbol{n}\right\|^2 = \operatorname{tr}\left(\boldsymbol{s}_{mk}\boldsymbol{s}_{mk}^{\mathrm{H}}\boldsymbol{G}^{\mathrm{H}}\boldsymbol{H}^{\mathrm{H}}\boldsymbol{HG}\right) + 2\operatorname{Re}\left(\boldsymbol{s}_{mk}^{\mathrm{H}}\boldsymbol{G}^{\mathrm{H}}\boldsymbol{H}^{\mathrm{H}}\boldsymbol{n}\right) + \boldsymbol{n}\boldsymbol{n}^{\mathrm{H}} \tag{4.38}$$

其中，$\boldsymbol{s}_{mk}=\boldsymbol{x}_m-\boldsymbol{x}_k$。式（4.38）等号右侧第一项的取值完全由矩阵 $\boldsymbol{A}$ 决定；第二项中的 $\boldsymbol{s}_{mk}^{\mathrm{H}}\boldsymbol{G}^{\mathrm{H}}\boldsymbol{H}^{\mathrm{H}}\boldsymbol{n}$ 是一个高斯随机变量，其均值为0，方差为 $\boldsymbol{s}_{mk}^{\mathrm{H}}\boldsymbol{G}^{\mathrm{H}}\boldsymbol{H}^{\mathrm{H}}\boldsymbol{HG}\boldsymbol{s}_{mk}$；第三项与预编码无关。由此可知，$I(\boldsymbol{x};\boldsymbol{y})$ 与预编码矩阵 $\boldsymbol{G}$ 的关系可以完全等价于 $I(\boldsymbol{x};\boldsymbol{y})$ 与 $\boldsymbol{A}=\boldsymbol{G}^{\mathrm{H}}\boldsymbol{H}^{\mathrm{H}}\boldsymbol{HG}$ 的关系。至此，引理4.1得证。

**引理**4.2　假设信道 $\boldsymbol{H}$ 的SVD为 $\boldsymbol{H}=\boldsymbol{U}_H\boldsymbol{\Lambda}_H\boldsymbol{V}_H$，预编码矩阵 $\boldsymbol{G}$ 的SVD为 $\boldsymbol{G}=\boldsymbol{U}_G\boldsymbol{\Lambda}_G\boldsymbol{V}_G$，则最大化式（4.37）的最优预编码矩阵，满足 $\tilde{\boldsymbol{U}}_G=\boldsymbol{V}_H^{\mathrm{H}}$。

**证明**　假设存在如下矩阵特征分解：

$$\boldsymbol{\Lambda}_G\boldsymbol{V}_G\boldsymbol{H}^{\mathrm{H}}\boldsymbol{H}\boldsymbol{V}_G^{\mathrm{H}}\boldsymbol{\Lambda}_G = \boldsymbol{Q}\boldsymbol{\Delta}\boldsymbol{Q}^{\mathrm{H}} \tag{4.39}$$

其中，$\boldsymbol{\Delta}$ 是一个对角矩阵，$\boldsymbol{Q}$ 是一个正交酉矩阵。因此，有

$$\boldsymbol{Q}^{\mathrm{H}}\boldsymbol{\Lambda}_G\boldsymbol{V}_G\boldsymbol{H}^{\mathrm{H}}\boldsymbol{H}\boldsymbol{V}_G^{\mathrm{H}}\boldsymbol{Q} = \boldsymbol{\Delta} \tag{4.40}$$

是一个对角矩阵。根据文献[4]中的引理12可知，存在一个矩阵 $\boldsymbol{M}=\boldsymbol{V}_H\boldsymbol{\Lambda}_M$（其中 $\boldsymbol{\Lambda}_M$ 为对角矩阵），满足 $\boldsymbol{M}^{\mathrm{H}}\boldsymbol{H}^{\mathrm{H}}\boldsymbol{HM}=\boldsymbol{\Delta}$，且有

$$\mathrm{tr}\left(\boldsymbol{M}\boldsymbol{M}^{\mathrm{H}}\right) \leqslant \mathrm{tr}\left(\boldsymbol{\varLambda}_{G}\right) = \mathrm{tr}\left(\boldsymbol{G}\boldsymbol{G}^{\mathrm{H}}\right) \tag{4.41}$$

现在，需要验证：

$$\boldsymbol{G}^{\mathrm{H}}\boldsymbol{H}^{\mathrm{H}}\boldsymbol{H}\boldsymbol{G} = \boldsymbol{V}_{G}\boldsymbol{Q}\boldsymbol{\varDelta}\boldsymbol{Q}^{\mathrm{H}}\boldsymbol{V}_{G}^{\mathrm{H}} = \boldsymbol{V}_{G}\boldsymbol{Q}\boldsymbol{M}^{\mathrm{H}}\boldsymbol{H}^{\mathrm{H}}\boldsymbol{H}\boldsymbol{M}\boldsymbol{Q}^{\mathrm{H}}\boldsymbol{V}_{G}^{\mathrm{H}} \tag{4.42}$$

定义 $\tilde{\boldsymbol{G}} = \boldsymbol{M}\boldsymbol{Q}^{\mathrm{H}}\boldsymbol{V}_{G} = \boldsymbol{V}_{H}\boldsymbol{\varLambda}_{M}\tilde{\boldsymbol{V}}_{T}^{\mathrm{H}}$，其中 $\tilde{\boldsymbol{V}}_{T} = \boldsymbol{V}_{G}^{\mathrm{H}}\boldsymbol{Q}$。由式（4.42）可知，对于任意给定的预编码矩阵 $\boldsymbol{G}$，一定能找到另外一个预编码矩阵 $\tilde{\boldsymbol{G}}$ 满足：

$$\boldsymbol{G}^{\mathrm{H}}\boldsymbol{H}^{\mathrm{H}}\boldsymbol{H}\boldsymbol{G} = \tilde{\boldsymbol{G}}^{\mathrm{H}}\boldsymbol{H}^{\mathrm{H}}\boldsymbol{H}\tilde{\boldsymbol{G}} \tag{4.43}$$

由引理4.1可知，此时 $\tilde{\boldsymbol{G}}$ 与 $\boldsymbol{G}$ 所对应的互信息函数 $I(\boldsymbol{x};\boldsymbol{y})$ 值相同。而根据式（4.40），有

$$\mathrm{tr}\left(\tilde{\boldsymbol{G}}\tilde{\boldsymbol{G}}^{\mathrm{H}}\right) = \mathrm{tr}\left(\boldsymbol{M}\boldsymbol{M}^{\mathrm{H}}\right) \leqslant \mathrm{tr}\left(\boldsymbol{G}\boldsymbol{G}^{\mathrm{H}}\right) \tag{4.44}$$

即预编码 $\tilde{\boldsymbol{G}}$ 的传输功率要低于 $\boldsymbol{G}$。因此，最优预编码矩阵必然满足结构 $\tilde{\boldsymbol{G}} = \boldsymbol{V}_{H}\boldsymbol{\varLambda}_{M}\tilde{\boldsymbol{V}}_{T}^{\mathrm{H}}$。至此，引理4.2得证。

### 4.2.2　互信息函数的性质

根据引理4.2和式（4.34），式（4.31）可以简化为

$$\boldsymbol{y} = \boldsymbol{\varLambda}_{H}\boldsymbol{\varLambda}_{G}\boldsymbol{V}_{G}\boldsymbol{x} + \boldsymbol{n} \tag{4.45}$$

从式（4.45）中可以看出，离散调制信号下的互信息受功率分配矩阵 $\boldsymbol{\varLambda}_{G}$ 和右特征矩阵 $\boldsymbol{V}_{G}$ 的影响。令 $\boldsymbol{\theta} \in \mathbb{R}^{N_{\mathrm{t}}\times 1}$，其元素 $[\boldsymbol{\theta}]_{i} = \left[\boldsymbol{\varLambda}_{G}^{2}\right]_{ii}$，$i = 1,\cdots,N_{\mathrm{t}}$；设符号 $I(\boldsymbol{\theta})$ 和 $I(\boldsymbol{V}_{G})$ 分别为式（4.37）中的互信息与 $\boldsymbol{\theta}$ 和 $\boldsymbol{V}_{G}$ 的函数关系。下面设计一个两步的优化算法，通过优化 $\boldsymbol{\theta}$ 和 $\boldsymbol{V}_{G}$ 来最大化式（4.37）中离散调制信号下的互信息。

当 $\boldsymbol{V}_{G}$ 给定时，式（4.37）可以等价为

$$\begin{aligned} &\max \quad I(\boldsymbol{\theta}) \\ &\text{s.t.} \quad \mathbf{1}^{\mathrm{T}}\boldsymbol{\theta} \leqslant P \\ &[\boldsymbol{\theta}]_{i} \geqslant 0,\ i = 1,\cdots,N_{\mathrm{t}} \end{aligned} \tag{4.46}$$

对于函数 $I(\boldsymbol{\theta})$，有定理4.2。

**定理**4.2　根据式（4.45）所示的信道模型，互信息 $I(\boldsymbol{\theta})$ 是 $\boldsymbol{\theta}$ 的凹函数，即互信息的黑塞（Hessian）矩阵满足 $\boldsymbol{H}_{\theta}\, I(\boldsymbol{\theta}) \prec= 0$。互信息 $I(\boldsymbol{\theta})$ 关于 $\boldsymbol{\theta}$ 的梯度和黑塞矩阵可以分别表示为

$$\nabla_{\theta} I(\boldsymbol{\theta}) = \boldsymbol{R}\ \mathrm{vec}\left(\boldsymbol{\varLambda}_{H}^{2}\boldsymbol{V}_{G}\boldsymbol{E}\boldsymbol{V}_{G}^{\mathrm{H}}\right) \tag{4.47}$$

$$\boldsymbol{H}_{\theta} I(\theta)=-\frac{1}{2} \boldsymbol{R}\left[\boldsymbol{I}_{N_{\mathrm{t}}} \otimes \boldsymbol{\Lambda}_{\boldsymbol{H}}^{2}\right] \mathrm{E}\left\{\tilde{\boldsymbol{\Phi}}(\boldsymbol{y})^{*} \otimes \tilde{\boldsymbol{\Phi}}(\boldsymbol{y})\right\}\left[\boldsymbol{\Lambda}_{\boldsymbol{G}} \boldsymbol{\Lambda}_{\boldsymbol{H}}^{2} \otimes \boldsymbol{\Lambda}_{\boldsymbol{G}}\right] \boldsymbol{R}^{\mathrm{T}} \boldsymbol{\Lambda}_{\boldsymbol{G}}^{-2} \\ -\frac{1}{2} \boldsymbol{R}\left[\boldsymbol{I}_{N_{\mathrm{t}}} \otimes \boldsymbol{\Lambda}_{\boldsymbol{H}}^{2}\right] \mathrm{E}\left\{\tilde{\boldsymbol{\psi}}(\boldsymbol{y})^{*} \otimes \tilde{\boldsymbol{\psi}}(\boldsymbol{y})\right\}\left[\boldsymbol{\Lambda}_{\boldsymbol{G}} \otimes \boldsymbol{\Lambda}_{\boldsymbol{G}} \boldsymbol{\Lambda}_{\boldsymbol{H}}^{2}\right] \boldsymbol{K} \boldsymbol{R}^{\mathrm{T}} \boldsymbol{\Lambda}_{\boldsymbol{G}}^{-2} \tag{4.48}$$

其中，矩阵 $\boldsymbol{R} \in \mathbb{R}^{N_{\mathrm{t}} \times N_{\mathrm{t}}^{2}}$，其元素 $[\boldsymbol{R}]_{i, N_{\mathrm{t}}(j-1)+1}=\delta_{ijk}$； $\boldsymbol{E}$ 是MMSE矩阵：

$$\boldsymbol{E}=\mathrm{E}\left\{[x-\mathrm{E}\{\boldsymbol{x} | \boldsymbol{y}\}][x-\mathrm{E}\{\boldsymbol{x} | \boldsymbol{y}\}]^{\mathrm{H}}\right\} \tag{4.49}$$

并且 $\tilde{\boldsymbol{\Phi}}(\boldsymbol{y})=\boldsymbol{V}_{\boldsymbol{G}} \boldsymbol{\Phi}(\boldsymbol{y}) \boldsymbol{V}_{\boldsymbol{G}}^{\mathrm{H}}$ 和 $\tilde{\boldsymbol{\psi}}(\boldsymbol{y})=\boldsymbol{V}_{\boldsymbol{G}} \boldsymbol{\psi}(\boldsymbol{y}) \boldsymbol{V}_{\boldsymbol{G}}^{\mathrm{T}}$，其中 $\tilde{\boldsymbol{\Phi}}(\boldsymbol{y})$ 和 $\tilde{\boldsymbol{\psi}}(\boldsymbol{y})$ 是已知接收信号 $\boldsymbol{y}$ 下的条件MMSE矩阵和伴随MMSE矩阵：

$$\boldsymbol{\Phi}(\boldsymbol{y})=\mathrm{E}\left\{[\boldsymbol{x}-\mathrm{E}\{\boldsymbol{x} | \boldsymbol{y}\}][\boldsymbol{x}-\mathrm{E}\{\boldsymbol{x} | \boldsymbol{y}\}]^{\mathrm{H}} | \boldsymbol{y}\right\} \tag{4.50}$$

和

$$\boldsymbol{\psi}(\boldsymbol{y})=\mathrm{E}\left\{[\boldsymbol{x}-\mathrm{E}\{\boldsymbol{x} | \boldsymbol{y}\}][\boldsymbol{x}-\mathrm{E}\{\boldsymbol{x} | \boldsymbol{y}\}]^{\mathrm{T}} | \boldsymbol{y}\right\} \tag{4.51}$$

为证明定理4.2，首先证明引理4.3。

**引理4.3** 式（4.48）中MMSE矩阵 $\boldsymbol{E}$ 关于预编码矩阵 $\boldsymbol{G}$ 的雅可比（Jacobian）矩阵为

$$\mathbf{D}_{\boldsymbol{P}^{*}} \boldsymbol{E}=\frac{\partial \operatorname{vec}(\boldsymbol{E})}{\partial\left[\operatorname{vec}\left(\boldsymbol{P}^{*}\right)\right]^{\mathrm{T}}}=-\mathrm{E}\left\{\boldsymbol{\Phi}^{*}(\boldsymbol{y}) \otimes \boldsymbol{\Phi}(\boldsymbol{y})\right\} \boldsymbol{K}\left[\boldsymbol{I}_{N_{\mathrm{t}}} \otimes\left(\boldsymbol{G}^{\mathrm{T}} \boldsymbol{H}^{\mathrm{T}} \boldsymbol{H}^{*}\right)\right] \\ -\mathrm{E}\left\{\boldsymbol{\psi}^{*}(\boldsymbol{y}) \otimes \boldsymbol{\psi}(\boldsymbol{y})\right\}\left[\boldsymbol{I}_{N_{\mathrm{t}}} \otimes\left(\boldsymbol{G}^{\mathrm{T}} \boldsymbol{H}^{\mathrm{T}} \boldsymbol{H}^{*}\right)\right] \tag{4.52}$$

其中， $\boldsymbol{K}$ 是一个 $N_{\mathrm{t}}^{2} \times N_{\mathrm{t}}^{2}$ 置换矩阵，满足 $\operatorname{vec}\left(\boldsymbol{\Phi}^{\mathrm{T}}(\boldsymbol{y})\right)=\boldsymbol{K} \operatorname{vec}(\boldsymbol{\Phi}(\boldsymbol{y}))$。

**证明（引理4.3）** MMSE矩阵 $\boldsymbol{E}$ 的第 $(i, j)$ 个元素可以写为 $[\boldsymbol{E}]_{ij}=\mathrm{E}\left\{x_{i} x_{j}^{*}\right\}-\mathrm{E}\left\{\mathrm{E}\left\{x_{i} | \boldsymbol{y}\right\} \mathrm{E}\left\{x_{j} | \boldsymbol{y}\right\}\right\}$。因此，有

$$\frac{\partial[\boldsymbol{E}]_{ij}}{\partial[\boldsymbol{G}]_{kl}^{*}}=-\int \frac{\partial p(\boldsymbol{y})}{\partial[\boldsymbol{G}]_{kl}^{*}} \mathrm{E}\left\{x_{i} | \boldsymbol{y}\right\} \mathrm{E}\left\{x_{j}^{*} | \boldsymbol{y}\right\} \mathrm{d} \boldsymbol{y}-\int p(\boldsymbol{y}) \frac{\partial \mathrm{E}\left\{x_{i} | \boldsymbol{y}\right\}}{\partial[\boldsymbol{G}]_{kl}^{*}} \mathrm{E}\left\{x_{j}^{*} | \boldsymbol{y}\right\} \mathrm{d} \boldsymbol{y} \\ -\int p(\boldsymbol{y}) \mathrm{E}\left\{x_{i} | \boldsymbol{y}\right\} \frac{\partial \mathrm{E}\left\{x_{j}^{*} | \boldsymbol{y}\right\}}{\partial[\boldsymbol{G}]_{kl}^{*}} \mathrm{d} \boldsymbol{y} \tag{4.53}$$

同时有

$$\mathrm{D}_{\boldsymbol{y}}\|\boldsymbol{y}-\boldsymbol{H} \boldsymbol{G} \boldsymbol{x}\|^{2}=(\boldsymbol{y}-\boldsymbol{H} \boldsymbol{G} \boldsymbol{x})^{\mathrm{H}} \tag{4.54}$$

$$\mathrm{D}_{y}p(\boldsymbol{y}|\boldsymbol{x}) = -p(\boldsymbol{y}|\boldsymbol{x})(\boldsymbol{y}-\boldsymbol{HGx})^{\mathrm{H}} \tag{4.55}$$

$$\mathrm{D}_{y}p(\boldsymbol{y}) = \mathrm{E}\left\{\mathrm{D}_{y}p(\boldsymbol{y}|\boldsymbol{x})\right\} = -\mathrm{E}\left\{p(\boldsymbol{y}|\boldsymbol{x})(\boldsymbol{y}-\boldsymbol{HGx})^{\mathrm{H}}\right\} \tag{4.56}$$

概率密度的梯度 $\nabla_{\boldsymbol{G}}p(\boldsymbol{y})$ 可以写为

$$\begin{aligned}\nabla_{\boldsymbol{G}}p(\boldsymbol{y}) &= \mathrm{E}\left\{p(\boldsymbol{y}|\boldsymbol{x})\right\} \\ &= \mathrm{E}\left\{p(\boldsymbol{y}|\boldsymbol{x})\boldsymbol{H}^{\mathrm{H}}(\boldsymbol{y}-\boldsymbol{HGX})\boldsymbol{x}^{\mathrm{H}}\right\} \\ &= -\boldsymbol{H}^{\mathrm{H}}\mathrm{E}\left\{\left[\mathrm{D}_{y}p(\boldsymbol{y}|\boldsymbol{x})\right]^{\mathrm{H}}\boldsymbol{x}^{\mathrm{H}}\right\}\end{aligned} \tag{4.57}$$

同时，条件期望 $\nabla_{\boldsymbol{G}}\mathrm{E}\{x_i|\boldsymbol{y}\}$ 可以写为

$$\begin{aligned}\nabla_{\boldsymbol{G}}\mathrm{E}\{x_i|\boldsymbol{y}\} &= \nabla_{\boldsymbol{G}}\mathrm{E}\left\{x_i\frac{p(\boldsymbol{y}|\boldsymbol{x})}{p(\boldsymbol{y})}\right\} \\ &= -\mathrm{E}\left\{x_i\frac{\boldsymbol{H}^{\mathrm{H}}\left[\mathrm{D}_{y}p(\boldsymbol{y}|\boldsymbol{x})\right]^{\mathrm{H}}\boldsymbol{x}^{\mathrm{H}}}{p(\boldsymbol{y})}\right\} + \mathrm{E}\left\{x_i\frac{p(\boldsymbol{y}|\boldsymbol{x})\boldsymbol{H}^{\mathrm{H}}\mathrm{E}\left\{\left[\mathrm{D}_{y}p(\boldsymbol{y}|\boldsymbol{x})\right]^{\mathrm{H}}\boldsymbol{x}^{\mathrm{H}}\right\}}{\left[p(\boldsymbol{y})\right]^2}\right\} \\ &= \frac{1}{p(\boldsymbol{y})}\boldsymbol{H}^{\mathrm{H}}\left[-\mathrm{E}\left\{x_i\left[\mathrm{D}_{y}p(\boldsymbol{y}|\boldsymbol{x})\right]^{\mathrm{H}}\boldsymbol{x}^{\mathrm{H}}\right\} + \mathrm{E}\{x_i|\boldsymbol{y}\}\mathrm{E}\left\{\left[\mathrm{D}_{y}p(\boldsymbol{y}|\boldsymbol{x})\right]^{\mathrm{H}}\boldsymbol{x}^{\mathrm{H}}\right\}\right]\end{aligned} \tag{4.58}$$

雅可比矩阵 $\mathrm{D}_{y}\mathrm{E}\{\boldsymbol{x}|\boldsymbol{y}\}$ 可以写为

$$\begin{aligned}\mathrm{D}_{y}\mathrm{E}\{\boldsymbol{x}|\boldsymbol{y}\} &= \mathrm{D}_{y}\mathrm{E}\left\{\boldsymbol{x}\frac{p(\boldsymbol{y}|\boldsymbol{x})}{p(\boldsymbol{y})}\right\} \\ &= \mathrm{E}\left\{\boldsymbol{x}\frac{\mathrm{D}_{y}p(\boldsymbol{y}|\boldsymbol{x})p(\boldsymbol{y}) - p(\boldsymbol{y}|\boldsymbol{x})\mathrm{D}_{y}p(\boldsymbol{y})}{\left[p(\boldsymbol{y})\right]^2}\right\} \\ &= \mathrm{E}\left\{\boldsymbol{x}\frac{-p(\boldsymbol{y}|\boldsymbol{x})(\boldsymbol{y}-\boldsymbol{HGx})^{\mathrm{H}}}{p(\boldsymbol{y})}\right\} + \mathrm{E}\left\{\boldsymbol{x}\frac{p(\boldsymbol{y}|\boldsymbol{x})(\boldsymbol{y}-\boldsymbol{HG}\mathrm{E}\{\boldsymbol{x}|\boldsymbol{y}\})^{\mathrm{H}}}{p(\boldsymbol{y})}\right\} \\ &= \mathrm{E}\left\{\boldsymbol{xx}^{\mathrm{H}}\frac{p(\boldsymbol{y}|\boldsymbol{x})}{p(\boldsymbol{y})}\boldsymbol{G}^{\mathrm{H}}\boldsymbol{H}^{\mathrm{H}}\right\} - \mathrm{E}\left\{\boldsymbol{x}\frac{p(\boldsymbol{y}|\boldsymbol{x})}{p(\boldsymbol{y})}\mathrm{E}\{\boldsymbol{x}|\boldsymbol{y}\}^{\mathrm{H}}\boldsymbol{G}^{\mathrm{H}}\boldsymbol{H}^{\mathrm{H}}\right\} \\ &= \mathrm{E}\{\boldsymbol{xx}^{\mathrm{H}}|\boldsymbol{y}\} - \mathrm{E}\{\boldsymbol{x}|\boldsymbol{y}\}\mathrm{E}\{\boldsymbol{x}|\boldsymbol{y}\}^{\mathrm{H}} \\ &= \boldsymbol{\Phi}(\boldsymbol{y})\boldsymbol{G}^{\mathrm{H}}\boldsymbol{H}^{\mathrm{H}}\end{aligned} \tag{4.59}$$

根据与式（4.59）类似的步骤，同样可以得到：

$$\mathrm{D}_{y^*}\mathrm{E}\{\boldsymbol{x}|\boldsymbol{y}\}=\boldsymbol{\psi}(\boldsymbol{y})\boldsymbol{G}^{\mathrm{H}}\boldsymbol{H}^{\mathrm{H}} \tag{4.60}$$

将式（4.57）和式（4.58）代入式（4.53），可得

$$\begin{aligned}\frac{\partial[\boldsymbol{E}]_{ij}}{\partial[\boldsymbol{G}]_{kl}^*}=&-\int \mathrm{E}\{x_i|\boldsymbol{y}\}\mathrm{E}\{x_j^*|\boldsymbol{y}\}\boldsymbol{e}_k^{\mathrm{T}}\boldsymbol{H}^{\mathrm{H}}\mathrm{E}\left\{\left[\mathrm{D}_{\boldsymbol{y}}p(\boldsymbol{y}|\boldsymbol{x})\right]^{\mathrm{H}}x_l^*\right\}\mathrm{d}\boldsymbol{y}\\&+\int \boldsymbol{e}_k^{\mathrm{T}}\boldsymbol{H}^{\mathrm{H}}\mathrm{E}\left\{x_i\left[\mathrm{D}_{\boldsymbol{y}}p(\boldsymbol{y}|\boldsymbol{x})\right]^{\mathrm{H}}x_l^*\right\}\mathrm{E}\{x_j^*|\boldsymbol{y}\}\mathrm{d}\boldsymbol{y}\\&+\int \mathrm{E}\{x_i|\boldsymbol{y}\}\boldsymbol{e}_k^{\mathrm{T}}\boldsymbol{H}^{\mathrm{H}}\mathrm{E}\left\{x_j^*\left[\mathrm{D}_{\boldsymbol{y}}p(\boldsymbol{y}|\boldsymbol{x})\right]^{\mathrm{H}}x_l^*\right\}\mathrm{d}\boldsymbol{y}\end{aligned} \tag{4.61}$$

其中，$\boldsymbol{e}_k$ 和 $\boldsymbol{e}_l$ 分别表示单位矩阵的第 $k$ 列和第 $l$ 列。

式（4.61）中等号右侧的第一项可以写为

$$-\int \mathrm{E}\{x_i|\boldsymbol{y}\}\mathrm{E}\{x_j^*|\boldsymbol{y}\}\boldsymbol{e}_k^{\mathrm{T}}\boldsymbol{H}^{\mathrm{H}}\mathrm{E}\left\{\left[\mathrm{D}_{\boldsymbol{y}}p(\boldsymbol{y}|\boldsymbol{x})\right]^{\mathrm{H}}x_l^*\right\}\mathrm{d}\boldsymbol{y}$$

$$=-\int \mathrm{E}\{x_i|\boldsymbol{y}\}\mathrm{E}\{x_j^*|\boldsymbol{y}\}\boldsymbol{e}_k^{\mathrm{T}}\boldsymbol{H}^{\mathrm{H}}\frac{\partial p(\boldsymbol{y})\mathrm{E}\{x_l^*|\boldsymbol{y}\}}{\partial\mathrm{vec}(\boldsymbol{y}^*)}\mathrm{d}\boldsymbol{y} \tag{4.62a}$$

$$=\int p(\boldsymbol{y})\mathrm{E}\{x_l^*|\boldsymbol{y}\}\boldsymbol{e}_k^{\mathrm{T}}\boldsymbol{H}^{\mathrm{H}}\frac{\partial \mathrm{E}\{x_i|\boldsymbol{y}\}\mathrm{E}\{x_j^*|\boldsymbol{y}\}}{\partial\mathrm{vec}(\boldsymbol{y}^*)}\mathrm{d}\boldsymbol{y} \tag{4.62b}$$

$$\begin{aligned}=&\int p(\boldsymbol{y})\mathrm{E}\{x_l^*|\boldsymbol{y}\}\mathrm{E}\{x_j^*|\boldsymbol{y}\}\boldsymbol{e}_k^{\mathrm{T}}\boldsymbol{H}^{\mathrm{H}}\boldsymbol{H}\boldsymbol{G}\boldsymbol{\psi}(\boldsymbol{y})\boldsymbol{e}_i\mathrm{d}\boldsymbol{y}\\&+\int p(\boldsymbol{y})\mathrm{E}\{x_l^*|\boldsymbol{y}\}\mathrm{E}\{x_i|\boldsymbol{y}\}\boldsymbol{e}_k^{\mathrm{T}}\boldsymbol{H}^{\mathrm{H}}\boldsymbol{H}\boldsymbol{G}\boldsymbol{\Phi}(\boldsymbol{y})\boldsymbol{e}_j\mathrm{d}\boldsymbol{y}\end{aligned} \tag{4.62c}$$

其中，式（4.62a）由式（4.52）所示雅可比矩阵的定义和基本等式 $\mathrm{E}\{x_l^*|\boldsymbol{y}\}=\mathrm{E}\{x_l^*p(\boldsymbol{y}|\boldsymbol{x})/p(\boldsymbol{y})\}$ 得到，式（4.62b）由分步积分法得到，式（4.62c）由式（4.59）和式（4.60）得到。

同样，式（4.61）中等号右侧的第二项和第三项分别可以写为

$$\int \boldsymbol{e}_k^{\mathrm{T}}\boldsymbol{H}^{\mathrm{H}}\mathrm{E}\left\{x_i\left[\mathrm{D}_{\boldsymbol{y}}p(\boldsymbol{y}|\boldsymbol{x})\right]^{\mathrm{H}}x_l^*\right\}\mathrm{E}\{x_j^*|\boldsymbol{y}\}\mathrm{d}\boldsymbol{y}=-\int \boldsymbol{e}_k^{\mathrm{T}}\boldsymbol{H}^{\mathrm{H}}\boldsymbol{H}\boldsymbol{G}\boldsymbol{\Phi}(\boldsymbol{y})\boldsymbol{e}_j\mathrm{E}\{x_ix_l^*|\boldsymbol{y}\}p(\boldsymbol{y})\mathrm{d}\boldsymbol{y} \tag{4.63}$$

$$\int \mathrm{E}\{x_i|\boldsymbol{y}\}\boldsymbol{e}_k^{\mathrm{T}}\boldsymbol{H}^{\mathrm{H}}\mathrm{E}\left\{x_j^*\left[\mathrm{D}_{\boldsymbol{y}}p(\boldsymbol{y}|\boldsymbol{x})\right]^{\mathrm{H}}x_l^*\right\}\mathrm{d}\boldsymbol{y}=-\int \boldsymbol{e}_k^{\mathrm{T}}\boldsymbol{H}^{\mathrm{H}}\boldsymbol{H}\boldsymbol{G}\boldsymbol{\psi}(\boldsymbol{y})\boldsymbol{e}_i\mathrm{E}\{x_j^*x_l^*|\boldsymbol{y}\}p(\boldsymbol{y})\mathrm{d}\boldsymbol{y} \tag{4.64}$$

将式（4.62）～式（4.64）代入式（4.61）可得

$$
\begin{aligned}
\frac{\partial[\boldsymbol{E}]_{ij}}{\partial[\boldsymbol{G}]_{kl}^{*}} &= -\int \boldsymbol{e}_k^{\mathrm{T}}\boldsymbol{H}^{\mathrm{H}}\boldsymbol{H}\boldsymbol{G}\boldsymbol{\Phi}(\boldsymbol{y})\boldsymbol{e}_j p(\boldsymbol{y})\left[\mathrm{E}\left\{x_i x_l^{*}|\boldsymbol{y}\right\}-\mathrm{E}\left\{x_i|\boldsymbol{y}\right\}\mathrm{E}\left\{x_l^{*}|\boldsymbol{y}\right\}\right]\mathrm{d}\boldsymbol{y} \\
&\quad -\int \boldsymbol{e}_k^{\mathrm{T}}\boldsymbol{H}^{\mathrm{H}}\boldsymbol{H}\boldsymbol{G}\boldsymbol{\psi}(\boldsymbol{y})\boldsymbol{e}_j p(\boldsymbol{y})\left[\mathrm{E}\left\{x_j^{*}x_l^{*}|\boldsymbol{y}\right\}-\mathrm{E}\left\{x_j^{*}|\boldsymbol{y}\right\}\mathrm{E}\left\{x_l^{*}|\boldsymbol{y}\right\}\right]\mathrm{d}\boldsymbol{y} \\
&= -\mathrm{E}_{\boldsymbol{y}}\left\{\boldsymbol{e}_i^{\mathrm{T}}\boldsymbol{\Phi}(\boldsymbol{y})\boldsymbol{e}_l\boldsymbol{e}_j^{\mathrm{T}}\boldsymbol{\Phi}(\boldsymbol{y})^{\mathrm{T}}\boldsymbol{G}^{\mathrm{T}}\boldsymbol{H}^{\mathrm{H}}\boldsymbol{H}\boldsymbol{e}_k\right\} \\
&\quad -\mathrm{E}_{\boldsymbol{y}}\left\{\boldsymbol{e}_j^{\mathrm{T}}\boldsymbol{\psi}^{*}(\boldsymbol{y})\boldsymbol{e}_l\boldsymbol{e}_i^{\mathrm{T}}\boldsymbol{\psi}(\boldsymbol{y})\boldsymbol{G}^{\mathrm{T}}\boldsymbol{H}^{\mathrm{T}}\boldsymbol{H}^{*}\boldsymbol{e}_k\right\} \\
&= -\mathrm{E}_{\boldsymbol{y}}\left\{\left[\boldsymbol{K}\left(\boldsymbol{\Phi}(\boldsymbol{y})\left(\boldsymbol{\Phi}(\boldsymbol{y})^{\mathrm{T}}\boldsymbol{G}^{\mathrm{T}}\boldsymbol{H}^{\mathrm{T}}\boldsymbol{H}^{*}\right)\right)\right]_{i+(j-1)N_{\mathrm{t}},k+(l-1)N_{\mathrm{t}}}\right\} \\
&\quad -\mathrm{E}_{\boldsymbol{y}}\left\{\left[\boldsymbol{\psi}^{*}(\boldsymbol{y})\left(\boldsymbol{\psi}(\boldsymbol{y})\boldsymbol{G}^{\mathrm{T}}\boldsymbol{H}^{\mathrm{T}}\boldsymbol{H}^{*}\right)\right]_{i+(j-1)N_{\mathrm{t}},k+(l-1)N_{\mathrm{t}}}\right\}
\end{aligned} \tag{4.65}
$$

根据$\partial[\boldsymbol{E}]_{ij}/\partial[\boldsymbol{G}]_{kl}^{*}=\left[\boldsymbol{D}_{\boldsymbol{G}^{*}}\boldsymbol{E}\right]_{i+(j-1)N_{\mathrm{t}},k+(l-1)N_{\mathrm{t}}}$，有

$$
\begin{aligned}
\boldsymbol{D}_{\boldsymbol{G}^{*}}\boldsymbol{E} &= -\boldsymbol{K}\,\mathrm{E}_{\boldsymbol{y}}\left\{\boldsymbol{\Phi}(\boldsymbol{y})\otimes\left[\boldsymbol{\Phi}(\boldsymbol{y})^{\mathrm{T}}\boldsymbol{G}^{\mathrm{T}}\boldsymbol{H}^{\mathrm{T}}\boldsymbol{H}^{*}\right]\right\} \\
&\quad -\mathrm{E}_{\boldsymbol{y}}\left\{\boldsymbol{\psi}^{*}(\boldsymbol{y})\otimes\left[\boldsymbol{\psi}(\boldsymbol{y})\boldsymbol{G}^{\mathrm{T}}\boldsymbol{H}^{\mathrm{T}}\boldsymbol{H}^{*}\right]\right\} \\
&= -\boldsymbol{K}\mathrm{E}_{\boldsymbol{y}}\left\{\boldsymbol{\Phi}(\boldsymbol{y})\otimes\boldsymbol{\Phi}^{*}(\boldsymbol{y})\right\}\left[\boldsymbol{I}_{N_{\mathrm{t}}}\otimes\boldsymbol{G}^{\mathrm{T}}\boldsymbol{H}^{\mathrm{T}}\boldsymbol{H}\right] \\
&\quad -\mathrm{E}_{\boldsymbol{y}}\left\{\boldsymbol{\psi}^{*}(\boldsymbol{y})\otimes\boldsymbol{\psi}(\boldsymbol{y})\right\}\left[\boldsymbol{I}_{N_{\mathrm{t}}}\otimes\boldsymbol{G}^{\mathrm{T}}\boldsymbol{H}^{\mathrm{T}}\boldsymbol{H}\right]
\end{aligned} \tag{4.66}
$$

最后，根据置换矩阵的性质$\boldsymbol{K}(\boldsymbol{A}\otimes\boldsymbol{B})=(\boldsymbol{B}\otimes\boldsymbol{A})\boldsymbol{K}$，引理4.3得证。

下面根据引理4.3，继续证明定理4.2。引理4.3对于任意的预编码矩阵$\boldsymbol{G}$都成立。

**证明（定理4.2）** 根据式（4.45），可以知道最优的预编码矩阵结构可以表示为$\tilde{\boldsymbol{G}}=\boldsymbol{\Lambda}_{\boldsymbol{G}}\boldsymbol{V}_{\boldsymbol{G}}$。因此，有

$$
\boldsymbol{\theta}=\boldsymbol{R}\mathrm{vec}\left(\tilde{\boldsymbol{G}}\tilde{\boldsymbol{G}}^{\mathrm{H}}\right) \tag{4.67}
$$

式（4.46）中的互信息$I(\boldsymbol{\theta})$关于$\boldsymbol{\theta}$的黑塞矩阵可写为

$$
\boldsymbol{H}_{\boldsymbol{\theta}}I(\boldsymbol{\theta})=\mathrm{D}_{\boldsymbol{\theta}}\left[\mathrm{D}_{\boldsymbol{\theta}}I(\boldsymbol{\theta})\right] \tag{4.68}
$$

此时，$\mathrm{D}_{\boldsymbol{\theta}}I(\boldsymbol{\theta})$可以写为

$$
\begin{aligned}
\mathrm{D}_{\boldsymbol{\theta}}I(\boldsymbol{\theta}) &= \mathrm{D}_{\tilde{\boldsymbol{G}}\tilde{\boldsymbol{G}}^{\mathrm{H}}}I(\boldsymbol{\theta})\boldsymbol{R}^{\mathrm{T}} \\
&= \mathrm{vec}^{\mathrm{T}}\left(\boldsymbol{\Lambda}_{\boldsymbol{H}}^{2}\boldsymbol{V}_{\boldsymbol{G}}\boldsymbol{E}\boldsymbol{V}_{\boldsymbol{G}}^{\mathrm{H}}\right)\boldsymbol{R}^{\mathrm{T}} \qquad (4.69\mathrm{a}) \\
&= \mathrm{vec}^{\mathrm{T}}(\boldsymbol{E})\left(\boldsymbol{V}_{\boldsymbol{G}}^{\mathrm{H}}\otimes\boldsymbol{V}_{\boldsymbol{G}}^{\mathrm{T}}\boldsymbol{\Lambda}_{\boldsymbol{H}}^{2}\right)\boldsymbol{R}^{\mathrm{T}} \qquad (4.69\mathrm{b})
\end{aligned}
$$

其中，式（4.69a）由定理3.5获得，式（4.69b）由式（4.70）获得：

$$\mathrm{vec}(\boldsymbol{ATB})=\left(\boldsymbol{B}^{\mathrm{T}}\otimes\boldsymbol{A}\right)\mathrm{vec}(\boldsymbol{T}) \tag{4.70}$$

因此，式（4.68）可以写为

$$\begin{aligned}\boldsymbol{H}_{\theta}I(\boldsymbol{\theta})&=\mathrm{D}_{\theta}\left[\boldsymbol{R}\left(\boldsymbol{V}_{G}^{*}\otimes\boldsymbol{\Lambda}_{H}^{2}\boldsymbol{V}_{G}\right)\mathrm{vec}(\boldsymbol{E})\right]\\&=\boldsymbol{R}\left(\boldsymbol{V}_{G}^{*}\otimes\boldsymbol{\Lambda}_{H}^{2}\boldsymbol{V}_{G}\right)\mathrm{D}_{\theta}\boldsymbol{E}\end{aligned} \tag{4.71}$$

根据链式法则，有

$$\begin{aligned}\mathrm{D}_{\tilde{G}^{*}}\boldsymbol{E}&=\mathrm{D}_{\theta}\boldsymbol{E}\mathrm{D}_{\tilde{G}^{*}}\boldsymbol{\theta}+\mathrm{D}_{\theta^{*}}\boldsymbol{E}\mathrm{D}_{\tilde{G}^{*}}\boldsymbol{\theta}^{*}\\&=2\mathrm{D}_{\theta}\boldsymbol{E}\mathrm{D}_{\tilde{G}^{*}}\boldsymbol{\theta}\end{aligned} \tag{4.72}$$

其中，$\mathrm{D}_{\tilde{G}^{*}}\boldsymbol{\theta}$可以由式（4.52）所示的雅可比矩阵的定义得到：

$$\mathrm{D}_{\tilde{G}^{*}}\boldsymbol{\theta}=\mathrm{D}_{\tilde{G}^{*}}\left[\boldsymbol{R}\mathrm{vec}\left(\boldsymbol{G}\boldsymbol{G}^{\mathrm{H}}\right)\right]=\boldsymbol{R}\left(\boldsymbol{I}_{N_{\mathrm{t}}}\otimes\tilde{\boldsymbol{G}}\right)\boldsymbol{K} \tag{4.73}$$

因为$\mathrm{D}_{\tilde{G}^{*}}\boldsymbol{\theta}$是一个列满秩的矩阵，因此可以通过式（4.72）得到：

$$\begin{aligned}\mathrm{D}_{\tilde{G}^{*}}\boldsymbol{\theta}&=\frac{1}{2}\left(\mathrm{D}_{\tilde{G}^{*}}\boldsymbol{E}\right)\left(\mathrm{D}_{\tilde{G}^{*}}\boldsymbol{\theta}\right)^{+}\\&=\frac{1}{2}\left(\mathrm{D}_{\tilde{G}^{*}}\boldsymbol{E}\right)\left(\tilde{\boldsymbol{G}}^{\mathrm{H}}\otimes\boldsymbol{I}_{N_{\mathrm{t}}}\right)\boldsymbol{K}^{\mathrm{T}}\boldsymbol{R}^{\mathrm{T}}\boldsymbol{\Lambda}_{G}^{-2}\end{aligned} \tag{4.74}$$

将式（4.74）和式（4.52）代入式（4.72），可以得到式（4.48）中的结果，并且不难证明式（4.48）是半负定矩阵。至此，定理4.2得证。

### 4.2.3 预编码设计

定理4.2中的凹函数特性保证了在给定$\boldsymbol{V}_{G}$下最优的功率分配策略可以通过优化算法获得。可以基于式（4.47）设计一个优化算法，来搜索最优的功率分配向量$\boldsymbol{\theta}$。

将不等式的限制条件放到目标函数里面，式（4.45）中的优化问题可重新写为

$$\min\ f(\boldsymbol{\theta})=-I(\boldsymbol{\theta})+\sum_{i=1}^{N_{\mathrm{t}}}\phi(-\theta_{i})+\phi\left(\boldsymbol{1}^{\mathrm{T}}\boldsymbol{\theta}-P\right) \tag{4.75}$$

其中，$\phi(u)$是对数障碍函数，作为一个指标评估式（4.46）中的约束条件是否得到满足：

$$\phi(u)=\begin{cases}-(1/t)\ln(-u), & u<0\\+\infty, & u\geqslant 0\end{cases} \tag{4.76}$$

其中，$t>0$刻画了评估精度。

根据定理4.2，式（4.75）中关于$\boldsymbol{\theta}$的梯度可以写为

$$\nabla_{\theta} f(\boldsymbol{\theta}) = -\boldsymbol{R}\ \operatorname{vec}\left(\boldsymbol{\Lambda}_{H}^{2}\boldsymbol{V}_{G}\boldsymbol{E}\boldsymbol{V}_{G}^{\mathrm{H}}\right) - \frac{1}{t}\left(\boldsymbol{q} - \frac{1}{P - \boldsymbol{1}^{\mathrm{T}}\boldsymbol{\theta}}\right) \tag{4.77}$$

其中，向量$\boldsymbol{q}$的第$i$个元素为$q_i = 1/\lambda_i$。因此，向量$\boldsymbol{\theta}$的最速下降方向为

$$\Delta\boldsymbol{\theta} = -\nabla_{\theta} f(\boldsymbol{\theta}) \tag{4.78}$$

基于以上结果，可以设计一个优化算法搜索最优的向量$\boldsymbol{\theta}$，即算法4.1。

**算法4.1　最大化互信息的最优功率分配策略**

步骤1：初始化向量$\boldsymbol{\theta}$，$t = t^{(0)} > 0$，$\alpha > 1$，$\varepsilon > 0$。

步骤2：根据式（4.77）和式（4.78）计算$\nabla_{\theta} f(\boldsymbol{\theta})$和$\Delta\boldsymbol{\theta}$。

步骤3：计算$\|\Delta\boldsymbol{\theta}\|^2$。当$\|\Delta\boldsymbol{\theta}\|^2 < \varepsilon$时，执行步骤6；否则，执行步骤4。

步骤4：利用回溯搜索方法确定合适的步长$f(\boldsymbol{\theta} + \gamma\Delta\boldsymbol{\theta}) < f(\boldsymbol{\theta})$。

步骤5：设$\boldsymbol{\theta} = \boldsymbol{\theta} + \gamma\Delta\boldsymbol{\theta}$。跳转至步骤2。

步骤6：当$1/t < \varepsilon$时，停止；否则$t = \alpha t$，跳转至步骤2。

接下来，探讨如何设计酉矩阵$\boldsymbol{V}_G$来最大化互信息。考虑如下优化问题：

$$\begin{aligned} &\max\ \ I(\boldsymbol{V}_G) \\ &\text{s.t.}\ \ \boldsymbol{V}_G\boldsymbol{V}_G^{\mathrm{H}} = \boldsymbol{V}_G^{\mathrm{H}}\boldsymbol{V}_G = \boldsymbol{I}_{N_{\mathrm{t}}} \end{aligned} \tag{4.79}$$

式（4.79）中的优化问题可以写成一个无约束的优化问题：

$$\min\ \ g(\boldsymbol{V}_G)$$

其中，变量$\boldsymbol{V}_G$在史蒂夫尔（Stiefel）流形域取值[5]：

$$\operatorname{dom} g = \left\{\boldsymbol{V}_G \in \operatorname{St}(n)\right\},\ \ \operatorname{St}(n) = \left\{\boldsymbol{V}_G \in \mathbb{C}^{N_{\mathrm{t}}\times N_{\mathrm{t}}} \middle| \boldsymbol{V}_G\boldsymbol{V}_G^{\mathrm{H}} = \boldsymbol{I}_{N_{\mathrm{t}}}\right\}$$

其中，函数$g(\boldsymbol{V}_G) = -I(\boldsymbol{V}_G)$。对于Stiefel流形域上的每一点$\boldsymbol{V}_G \in \operatorname{St}(n)$，最速下降的搜索方向为

$$\Delta\boldsymbol{V}_G = -\nabla_{V_G} g(\boldsymbol{V}_G) = \nabla_{V_G} I(\boldsymbol{V}_G) - \boldsymbol{V}_G\left(\nabla_{V_G} I(\boldsymbol{V}_G)\right)^{\mathrm{H}}\boldsymbol{V}_G \tag{4.80}$$

其中，$\nabla_{V_G} I(\boldsymbol{V}_G) = \boldsymbol{\Lambda}_H^2\boldsymbol{\Lambda}_G\boldsymbol{V}_G\boldsymbol{E}$。

可以注意到，如果按照梯度方向更新酉矩阵$\boldsymbol{V}_G$，可能会破坏其正交性。因此，需要将更新后的矩阵投影到Stiefel流形域空间。对于任意矩阵$\boldsymbol{W} \in \mathbb{C}^{N_{\mathrm{t}}\times N_{\mathrm{t}}}$，其在Stiefel流形域空间的投影可以定义为

$$\pi(\boldsymbol{W}) = \arg\min_{\boldsymbol{Q}\in\operatorname{St}(n)} \|\boldsymbol{W} - \boldsymbol{Q}\|^2 \tag{4.81}$$

如果$\boldsymbol{W}$的SVD可以写为$\boldsymbol{W} = \boldsymbol{U}_W\boldsymbol{\Sigma}\boldsymbol{V}_W$，则式（4.81）中的投影$\pi(\boldsymbol{W}) = \boldsymbol{U}_W\boldsymbol{V}_W$。

基于以上结果，可以设计一个优化算法搜索最优的酉矩阵$\boldsymbol{V}_G$，即算法4.2。

**算法4.2　在Stiefel流形域空间中最大化互信息**

步骤1：初始化酉矩阵$\boldsymbol{V}_G$和$\varepsilon>0$。

步骤2：根据式（4.80）计算$\boldsymbol{V}_G$。设步长$\gamma=1$。

步骤3：计算$\left\|\Delta\boldsymbol{V}_G\right\|^2$。若$\left\|\Delta\boldsymbol{V}_G\right\|^2<\varepsilon$，停止；否则执行步骤4。

步骤4：利用回溯搜索方法确定合适步长$g\left(\pi\left(\boldsymbol{V}_G+\gamma\Delta\boldsymbol{V}_G\right)\right)<g\left(\boldsymbol{V}_G\right)$。

步骤5：设$\boldsymbol{V}_G=\pi\left(\boldsymbol{V}_G+\gamma\Delta\boldsymbol{V}_G\right)$，跳转至步骤2。

根据算法4.1和算法4.2，可以设计一个完整的算法来搜索最大化互信息[式（4.37）]的预编码矩阵$\boldsymbol{G}$，即算法4.3。

**算法4.3　最大化互信息的预编码矩阵$\boldsymbol{G}$**

步骤1：设预编码的左奇异值矩阵$\tilde{\boldsymbol{U}}_G=\boldsymbol{V}_H^{\mathrm{H}}$。

步骤2：对于给定的$\boldsymbol{V}_G$，通过算法4.1更新功率分配$\theta$。

步骤3：对于给定的$\theta$，通过算法4.2更新右奇异值矩阵$\boldsymbol{V}_G$。

步骤4：重复步骤2和步骤3，直到收敛。

### 4.2.4　仿真验证

考虑如下$2\times2$ MIMO信道：

$$\boldsymbol{H}=\begin{bmatrix}2 & 1\\ 1 & 2\end{bmatrix}$$

图4.5展示了在QPSK输入信号下，利用算法4.3获得的最优预编码、等功率分配策略和本书2.2.1小节中的经典高斯注水功率分配算法的互信息曲线。可以看出，经典高斯注水算法在离散调制信号下会有显著的性能损失。特别是在0～10dB的常规SNR区间，经典高斯注水算法仍然按照高斯信号场景将所有功率完全分配给一路较强的子信道。而对于QPSK信号这种离散调制信号，当该子信道的互信息已经饱和到2bit·s$^{-1}$/Hz时，再分配更多的功率就是浪费。因此在0～10dB的SNR区间内，经典高斯注水功率分配算法的互信息速率无法随发射功率的增加而提升。同时，从图4.5中可以看到，利用算法4.3获得的最优预编码与等功率分配策略相比，能获得显著的性能增益。

进一步地，我们构建了如图4.6所示的$2\times2$ MIMO收发机来验证算法4.3获得的预编码矩阵$\boldsymbol{G}$的误码率（Bit Error Ratio，BER）性能。该收发机采用码率为0.75的LDPC编码，码长$L=64{,}800$。从图4.7中可以看到，通过算法4.3获得的

预编码矩阵 $\boldsymbol{G}$（即图中的“最优预编码”）与等功率分配策略和经典高斯注水功率分配算法相比，分别获得了4dB和5dB的SNR性能增益。

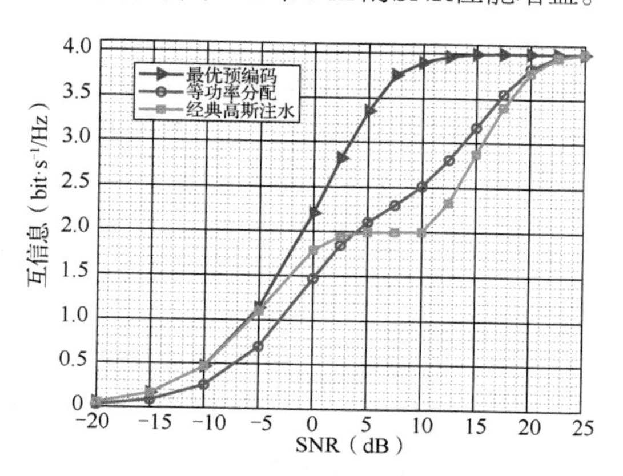


图 4.5　QPSK 输入信号下，3 种算法的互信息曲线

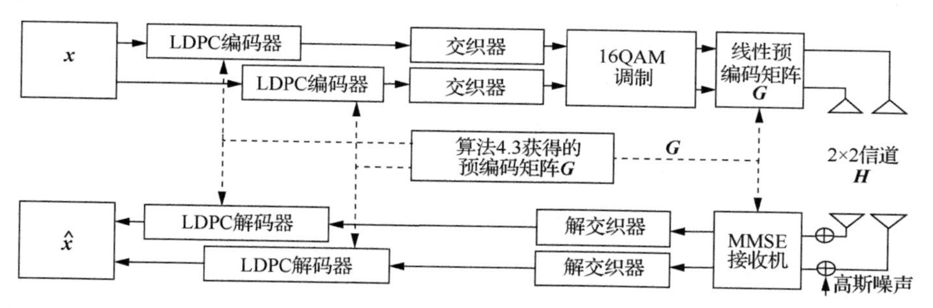


图 4.6　2×2 MIMO 收发机

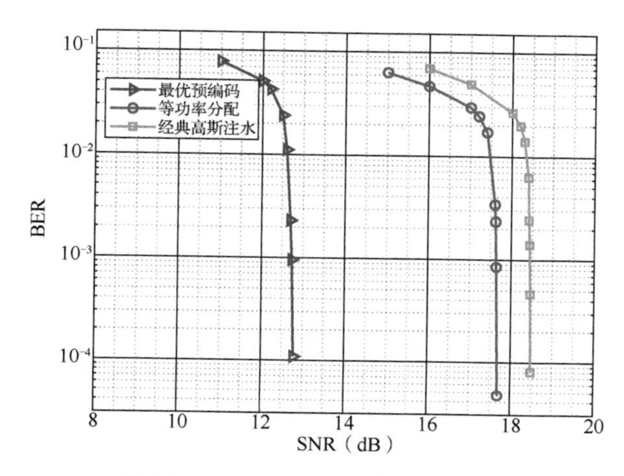


图 4.7　2×2 MIMO 收发机的 BER 曲线

# | 4.3 大规模 MIMO 系统的低复杂度分块传输策略 |

4.2.3小节中的预编码设计虽然能获得显著的互信息和BER性能提升，然而算法4.3的复杂度随天线数的增加呈指数级增长。对于大规模MIMO系统，算法4.3无法有效工作。因此，需要针对大规模MIMO系统设计低复杂度分块传输策略。

## 4.3.1 分块传输的基本思想

下面通过示例4.3来解释经典高斯注水功率分配算法在离散调制信号下会有显著性能损失的原因，以及如何弥补这样的损失。

**示例4.3** 考虑式（4.45）中的单用户 4×4 MIMO传输模型：

$$\boldsymbol{y}=\begin{bmatrix} h_1 & & & \\ & h_2 & & \\ & & h_3 & \\ & & & h_4 \end{bmatrix}\begin{bmatrix} \lambda_1 & & & \\ & \lambda_2 & & \\ & & \lambda_3 & \\ & & & \lambda_4 \end{bmatrix}\begin{bmatrix} V_{11} & V_{11} & V_{11} & V_{14} \\ V_{21} & V_{22} & V_{23} & V_{24} \\ V_{31} & V_{32} & V_{33} & V_{34} \\ V_{41} & V_{42} & V_{43} & V_{44} \end{bmatrix}\begin{bmatrix} x_1 \\ x_2 \\ x_3 \\ x_4 \end{bmatrix}+\boldsymbol{n} \quad (4.82)$$

其中，$h_i$ 和 $\lambda_i$ 分别表示矩阵 $\boldsymbol{\Lambda_H}$ 和 $\boldsymbol{\Lambda_G}$ 的对角元素，$V_{ij}=[\boldsymbol{V_G}]_{ij}$。

假设式（4.82）中有两个子信道 $\lambda_2$ 和 $\lambda_4$ 非常弱。如果采用经典高斯注水功率分配算法，在常规SNR区间分配给这两个子信道的功率会非常小，而且 $\boldsymbol{V_G}$ 是一个单位矩阵，因此 $x_2$ 与 $x_4$ 无法有效地通过子信道 $\lambda_2$ 和 $\lambda_4$ 传输。如果存在一个合适的酉矩阵 $\boldsymbol{V_G}$，则接收信号为

$$[\boldsymbol{y}]_i=h_i\lambda_i\sum_{j=1}^{4}V_{ij}x_j\ ,\quad i=1,2,3,4 \quad (4.83)$$

从式（4.83）可以看到，即使 $h_2\lambda_2\approx 0$ 和 $h_4\lambda_4\approx 0$，$x_2$ 与 $x_4$ 仍然能够通过其他子信道有效传输。

式（4.83）表明，一个合适的设计需要搜索所有联合信号空间 $(x_1,x_2,x_3,x_4)$。因此，搜索空间的大小随天线数呈指数级增长。通过观察可以直观地发现，如果只有两个子信道比较弱，如示例4.3中的 $\lambda_2$ 和 $\lambda_4$，则不需要将所有信号都混合在一起发送，只需要将 $x_1$ 与 $x_2$ 混合、$x_3$ 与 $x_4$ 混合，然后将它们在比较强的子信道 $\lambda_1$ 和 $\lambda_3$ 上发送，即可以设计预编码结构：

$$\boldsymbol{V}_G=\begin{bmatrix} V_{11} & V_{11} & 0 & 0 \\ V_{21} & V_{22} & 0 & 0 \\ 0 & 0 & V_{33} & V_{34} \\ 0 & 0 & V_{43} & V_{44} \end{bmatrix} \tag{4.84}$$

将式（4.84）代入式（4.82）可得

$$[\boldsymbol{y}]_i = h_i\lambda_i\sum_{j=1}^{2}V_{ij}x_j\ ,\quad i=1,2 \tag{4.85}$$

$$[\boldsymbol{y}]_i = h_i\lambda_i\sum_{j=3}^{4}V_{ij}x_j\ ,\quad i=3,4 \tag{4.86}$$

从式（4.85）和式（4.86）可以看到，$(x_1,x_2)$和$(x_3,x_4)$可以分开设计。这就是分块传输设计的基本思路。如果 $x_i$ 是QPSK信号，根据式（4.33），此时信号搜索空间为 $2\times4^{2\times2}=512$。相反地，如果采用式（4.83），信号搜索空间为 $4^{2\times4}=65,536$。可以看到，分块传输能在基本不损失性能的情况下显著降低预编码设计的复杂度。

## 4.3.2　系统模型

对于复高斯MIMO信道[式（4.31）]，同时兼顾统计信道信息场景和瞬时信道信息场景，考虑一个非常一般性的MIMO信道模型：

$$\boldsymbol{H}=\boldsymbol{U}_{\rm r}\left(\tilde{\boldsymbol{G}}\odot\boldsymbol{W}\right)\boldsymbol{U}_{\rm t}^{\rm H}+\bar{\boldsymbol{H}} \tag{4.87}$$

其中，$\boldsymbol{U}_{\rm r}=\left[\boldsymbol{u}_{{\rm r},1},\cdots,\boldsymbol{u}_{{\rm r},N_{\rm r}}\right]\in\mathbb{C}^{N_{\rm r}\times N_{\rm r}}$，$\boldsymbol{U}_{\rm t}=\left[\boldsymbol{u}_{{\rm t},1},\cdots,\boldsymbol{u}_{{\rm t},N_{\rm t}}\right]\in\mathbb{C}^{N_{\rm t}\times N_{\rm t}}$，是确定性酉矩阵；$\tilde{\boldsymbol{G}}$是一个 $N_{\rm r}\times N_{\rm t}$ 维的确定性矩阵，其元素是实的非负数；$\boldsymbol{W}\in\mathbb{C}^{N_{\rm r}\times N_{\rm t}}$，其中的元素服从零均值、单位方差的标准正态分布。$\bar{\boldsymbol{H}}\in\mathbb{C}^{N_{\rm r}\times N_{\rm t}}$，是一个描述莱斯分量的确定性矩阵。定义 $\bar{\boldsymbol{G}}=\tilde{\boldsymbol{G}}\odot\tilde{\boldsymbol{G}}$。信道矩阵 $\boldsymbol{H}$ 的发射和接收相关矩阵可以写为

$$\boldsymbol{R}_{\rm t}=\boldsymbol{E}_{\boldsymbol{H}}\left[\left(\boldsymbol{H}-\bar{\boldsymbol{H}}\right)^{\rm H}\left(\boldsymbol{H}-\bar{\boldsymbol{H}}\right)\right]=\boldsymbol{U}_{\rm t}\boldsymbol{\Gamma}_{\rm t}\boldsymbol{U}_{\rm t}^{\rm H} \tag{4.88}$$

$$\boldsymbol{R}_{\rm r}=\boldsymbol{E}_{\boldsymbol{H}}\left[\left(\boldsymbol{H}-\bar{\boldsymbol{H}}\right)\left(\boldsymbol{H}-\bar{\boldsymbol{H}}\right)^{\rm H}\right]=\boldsymbol{U}_{\rm r}\boldsymbol{\Gamma}_{\rm r}\boldsymbol{U}_{\rm r}^{\rm H} \tag{4.89}$$

其中，对角矩阵 $\boldsymbol{\Gamma}_{\rm t}$ 和 $\boldsymbol{\Gamma}_{\rm r}$ 的元素满足 $[\boldsymbol{\Gamma}_{\rm t}]_{mm}=\sum_{n=1}^{N_{\rm r}}\left[\bar{\boldsymbol{G}}\right]_{nm}$、$[\boldsymbol{\Gamma}_{\rm r}]_{nn}=\sum_{m=1}^{N_{\rm t}}\left[\bar{\boldsymbol{G}}\right]_{nm}$，$m=1,\cdots,N_{\rm t}$、$n=1,\cdots,N_{\rm r}$。

式（4.87）所示的模型包含了大部分经典统计信道模型。当 $\bar{\boldsymbol{H}}=0$ 并且 $\bar{\boldsymbol{G}}$ 的秩为1时，式（4.87）退化为2.1.2小节介绍的Kronecker模型；当 $\boldsymbol{U}_{\mathrm{t}}$ 和 $\boldsymbol{U}_{\mathrm{r}}$ 是傅里叶矩阵时，式（4.87）退化为2.1.2小节介绍的虚拟信道表示模型；当 $\bar{\boldsymbol{H}}=0$ 且 $\bar{\boldsymbol{G}}$ 是任意秩矩阵时，式（4.87）退化为2.1.2小节介绍的联合相关模型。在存在直达径的信道中，$\bar{\boldsymbol{H}}$ 的秩为1，而式（4.87）中 $\bar{\boldsymbol{H}}$ 的秩可以为任意值。不失一般性，可以将 $\bar{\boldsymbol{G}}$ 与 $\bar{\boldsymbol{H}}$ 归一化：

$$\frac{1}{N_{\mathrm{r}}N_{\mathrm{t}}}\left\|\bar{\boldsymbol{G}}\right\|_{\mathrm{F}}=\frac{1}{K} \tag{4.90}$$

$$\frac{1}{N_{\mathrm{r}}N_{\mathrm{t}}}\left\|\bar{\boldsymbol{H}}\right\|_{\mathrm{F}}=\frac{K}{K+1} \tag{4.91}$$

其中，$K$ 是莱斯因子。当 $K\to\infty$ 和 $K=0$ 时，式（4.87）分别退化为确定性信道和瑞利衰落信道。因此，对于不同的莱斯因子，式（4.87）可以分别对应于发射端已知瞬时信道信息和统计信道信息的场景。

当接收端完全已知信道信息 $\boldsymbol{H}$ 时，式（4.31）中 $\boldsymbol{x}$ 和 $\boldsymbol{y}$ 之间的各态历经互信息可以表示为

$$I(\boldsymbol{x};\boldsymbol{y})=\mathrm{E}_{H}\left\{\mathrm{E}_{\boldsymbol{x},\boldsymbol{y}}\left\{\log_2\frac{p(\boldsymbol{y}|\boldsymbol{x},\boldsymbol{H})|\boldsymbol{H}}{p(\boldsymbol{y}|\boldsymbol{H})}\right\}\right\} \tag{4.92}$$

其中，外层的期望是关于信道矩阵 $\boldsymbol{H}$ 的，里层的期望是关于概率 $p(\boldsymbol{x},\boldsymbol{y}|\boldsymbol{H})$ 的。

### 4.3.3 大维矩阵下的互信息

式（4.92）所示的各态历经互信息需要计算关于信道矩阵 $\boldsymbol{H}$ 的期望，通常难以获得闭式解。然而在大规模MIMO系统中，可以利用大维随机矩阵理论获得式（4.92）的确定性等同估计。假设 $N_{\mathrm{r}}$ 和 $N_{\mathrm{t}}$ 以固定比例 $c=N_{\mathrm{r}}/N_{\mathrm{t}}$ 趋于正无穷。下面首先定义确定性等同信道和相关的参数。

定义以下信道：

$$\boldsymbol{z}=\boldsymbol{\Xi}^{\frac{1}{2}}\boldsymbol{x}+\breve{\boldsymbol{n}} \tag{4.93}$$

其中，$\boldsymbol{\Xi}$ 是用来估计式（4.92）的确定性等同信道；$\breve{\boldsymbol{n}}\in\mathbb{C}^{N_{\mathrm{t}}\times 1}$，是标准的复高斯随机向量。针对该信道[式（4.93）]，定义 $\boldsymbol{x}$ 的MMSE估计和MMSE误差矩阵：

$$\hat{\boldsymbol{x}}(\boldsymbol{z})=\mathrm{E}\{\boldsymbol{x}|\boldsymbol{z}\} \tag{4.94}$$

$$\boldsymbol{\Omega} = \mathrm{E}\left\{\left(\boldsymbol{x} - \hat{\boldsymbol{x}}(\boldsymbol{z})\right)\left(\boldsymbol{x} - \hat{\boldsymbol{x}}(\boldsymbol{z})\right)^{\mathrm{H}}\right\} \tag{4.95}$$

接下来，定义一些后文会用到的辅助变量。定义 $\boldsymbol{\gamma} = \left[\gamma_1, \cdots, \gamma_{N_{\mathrm{r}}}\right]^{\mathrm{T}}$、$\boldsymbol{\psi} = \left[\psi_1, \cdots, \psi_{N_{\mathrm{t}}}\right]^{\mathrm{T}}$ 及

$$\boldsymbol{\Xi} = \boldsymbol{T} + \bar{\boldsymbol{H}}^{\mathrm{H}}\left(\boldsymbol{I}_{N_{\mathrm{r}}} + \boldsymbol{R}\right)^{-1}\bar{\boldsymbol{H}} \in \mathbb{C}^{N_{\mathrm{t}} \times N_{\mathrm{t}}} \tag{4.96}$$

确定性等同信道是辅助变量 $\{\boldsymbol{\gamma}, \boldsymbol{\psi}, \boldsymbol{R}, \boldsymbol{T}\}$ 的函数。这些辅助变量满足以下等式：

$$\boldsymbol{T} = \boldsymbol{U}_{\mathrm{t}}^{\mathrm{H}}\mathrm{diag}\left(\bar{\boldsymbol{G}}^{\mathrm{T}}\boldsymbol{\gamma}\right)\boldsymbol{U}_{\mathrm{t}} \in \mathbb{C}^{N_{\mathrm{t}} \times N_{\mathrm{t}}} \tag{4.97}$$

$$\boldsymbol{R} = \boldsymbol{U}_{\mathrm{r}}^{\mathrm{H}}\mathrm{diag}\left(\bar{\boldsymbol{G}}\boldsymbol{\psi}\right)\boldsymbol{U}_{\mathrm{r}} \in \mathbb{C}^{N_{\mathrm{t}} \times N_{\mathrm{t}}} \tag{4.98}$$

其中，$\boldsymbol{\gamma}$ 和 $\boldsymbol{\psi}$ 中的元素满足以下定点方程：

$$\gamma_m = \boldsymbol{u}_{\mathrm{r},m}^{\mathrm{H}}\left(\boldsymbol{I}_{N_{\mathrm{r}}} + \boldsymbol{R}\right)^{-1}\boldsymbol{u}_{\mathrm{r},m} - \boldsymbol{u}_{\mathrm{r},m}^{\mathrm{H}}\left(\boldsymbol{I}_{N_{\mathrm{r}}} + \boldsymbol{R}\right)^{-1}\bar{\boldsymbol{H}}\boldsymbol{\Omega}\bar{\boldsymbol{H}}^{\mathrm{H}}\left(\boldsymbol{I}_{N_{\mathrm{r}}} + \boldsymbol{R}\right)^{-1}\boldsymbol{u}_{\mathrm{r},m} \tag{4.99}$$

$$\psi_n = \boldsymbol{u}_{\mathrm{t},n}^{\mathrm{H}}\boldsymbol{\Omega}\boldsymbol{u}_{\mathrm{t},n} \tag{4.100}$$

根据以上定义，有定理4.3。

**定理4.3**　在大维矩阵域，式（4.92）所示的互信息有以下估计：

$$I(\boldsymbol{x};\boldsymbol{y}) \simeq I_{\mathrm{asy}}(\boldsymbol{x};\boldsymbol{y}) \tag{4.101}$$

其中

$$I_{\mathrm{asy}}(\boldsymbol{x};\boldsymbol{y}) = I(\boldsymbol{x};\boldsymbol{z}) + \log_2\det\left(\boldsymbol{I}_{N_{\mathrm{r}}} + \boldsymbol{R}\right) - \boldsymbol{\gamma}^{\mathrm{T}}\bar{\boldsymbol{G}}\boldsymbol{\psi} \tag{4.102}$$

其中，$I(\boldsymbol{x};\boldsymbol{z})$ 是等效信道[式（4.93）]的互信息。式（4.101）的估计精度随着天线维度的增加而提高。

**证明**　式（4.92）所示的各态历经互信息可以写为 $I(\boldsymbol{x};\boldsymbol{y}) = F - N_{\mathrm{r}}$，其中 $F = -\mathrm{E}_{\boldsymbol{y},\boldsymbol{H}}\left\{\log_2 Z(\boldsymbol{y},\boldsymbol{H})\right\}$、$Z(\boldsymbol{y},\boldsymbol{H}) = \mathrm{E}_{\boldsymbol{x}}\left\{\mathrm{e}^{-\|\boldsymbol{y}-\boldsymbol{H}\boldsymbol{x}\|^2}\right\}$。直接求解 $F$ 中关于 $\boldsymbol{y}$ 和 $\boldsymbol{H}$ 的期望比较困难，因此可以将 $F$ 重新写为

$$F = -\lim_{\tau \to 0}\frac{\partial}{\partial \tau}\log_2 \mathrm{E}_{\boldsymbol{y},\boldsymbol{H}}\left\{Z^{\tau}(\boldsymbol{y},\boldsymbol{H})\right\} \tag{4.103}$$

对于式（4.103），首先计算整数 $\tau$ 下的取值，然后再推广到 $\tau \to 0$ 的情况。这是大维随机矩阵分析里面常用的复制方法[6]。采用复制方法推导，需要用到以下高斯积分等式。

对于复矩阵 $\boldsymbol{S} \in \mathbb{C}^{m\times n}$、$\boldsymbol{A}_1 \in \mathbb{C}^{m\times n}$、$\boldsymbol{A}_2 \in \mathbb{C}^{m\times n}$ 和正定矩阵 $\boldsymbol{A}_3 \in \mathbb{C}^{n\times n}$、$\boldsymbol{A}_4 \in \mathbb{C}^{m\times m}$，式（4.104）成立：

$$\int \mathrm{e}^{-\operatorname{tr}\left(A_3 S^{\mathrm{H}} A_4 S + A_1^{\mathrm{H}} S - S^{\mathrm{H}} A_2\right)} \mathrm{d}S = \frac{1}{\det\left(A_3 \otimes A_4\right)} \mathrm{e}^{-\operatorname{tr}\left(A_3^{-1} A_1^{\mathrm{H}} A_4^{-1} A_2\right)} \tag{4.104}$$

利用复制方法来计算式（4.104）中的 $F$ 由以下3步组成。第一步，引入 $\tau$ 个IID的复制信号 $\boldsymbol{x}^{(\alpha)}$（$\alpha = 0,\cdots,\tau$），然后利用式（4.104）中的高斯积分反复计算关于 $\boldsymbol{y}$ 和 $\boldsymbol{H}$ 的期望。第二步，假设复制信号的协方差矩阵是对称结构，以简化所得的 $\mathrm{E}_{\boldsymbol{y},\boldsymbol{H}}\left\{Z^{\tau}\left(\boldsymbol{y},\boldsymbol{H}\right)\right\}$ 表达式。第三步，利用鞍点法计算剩下的积分，并且找出 $\tau \to 0$ 时的鞍点。下面介绍具体过程。

### 1. 复制分析

为计算 $\mathrm{E}_{\boldsymbol{y},\boldsymbol{H}}\left\{Z^{\tau}\left(\boldsymbol{y},\boldsymbol{H}\right)\right\}$，引入 $\tau$ 个IID复制信号 $\boldsymbol{x}^{(\alpha)}$（$\alpha = 0,\cdots,\tau$），从而有

$$\mathrm{E}_{\boldsymbol{y},\boldsymbol{H}}\left\{Z^{\tau}\left(\boldsymbol{y},\boldsymbol{H}\right)\right\} = \mathrm{E}_{\boldsymbol{H},\boldsymbol{X}}\left\{\int \prod_{\alpha=0}^{\tau} \mathrm{e}^{-\left\|\boldsymbol{y}-\boldsymbol{H}\boldsymbol{x}^{(\alpha)}\right\|^2} \mathrm{d}\boldsymbol{y}\right\} \tag{4.105}$$

其中，$\boldsymbol{X} = \left[x^{(0)} \cdots x^{(\tau)}\right]$。

式（4.105）中关于 $\boldsymbol{y}$ 的积分可以利用高斯积分来计算。定义变量：

$$\boldsymbol{v}_{nm}^{(\alpha)} = \left[\boldsymbol{W}\right]_{nm} \left[\tilde{\boldsymbol{G}}\right]_{nm} \boldsymbol{u}_{\mathrm{t},m}^{\mathrm{H}} \boldsymbol{x}^{(\alpha)} \tag{4.106}$$

给定 $\left[\tilde{\boldsymbol{G}}\right]_{nm}$、$\boldsymbol{u}_{\mathrm{t},m}^{\mathrm{H}}$ 和 $\boldsymbol{x}^{(\alpha)}$，$\boldsymbol{v}_{nm}^{(\alpha)}$ 是均值为0的高斯随机变量，方差为

$$\left[\left(\boldsymbol{v}_{nm}^{(\alpha)}\right)^{\mathrm{H}} \boldsymbol{v}_{nm}^{(\beta)}\right] = \left[\bar{\boldsymbol{G}}\right]_{nm} \left(\boldsymbol{x}^{(\alpha)}\right)^{\mathrm{H}} \boldsymbol{T}_m \left(\boldsymbol{x}^{(\beta)}\right) = \boldsymbol{Q}_{nm}^{(\alpha,\beta)} \tag{4.107}$$

其中，$\boldsymbol{T}_m = \boldsymbol{u}_{\mathrm{t},m} \boldsymbol{u}_{\mathrm{t},m}^{\mathrm{H}}$。

接下来，将下式：

$$1 = \int \prod_{n,m} \prod_{0 \leqslant \alpha \leqslant \beta}^{\tau} \delta\left(\left[\bar{\boldsymbol{G}}\right]_{nm} \left(\boldsymbol{x}^{(\alpha)}\right)^{\mathrm{H}} \boldsymbol{T}_m \boldsymbol{x}^{(\beta)} - \boldsymbol{Q}_{nm}^{(\alpha,\beta)}\right) \tag{4.108}$$

代入式(4.105)。定义 $\boldsymbol{Q}_{nm} \in \mathbb{C}^{(\tau+1)\times(\tau+1)}$、$\left[\boldsymbol{Q}_{nm}\right]_{\alpha\beta} = \boldsymbol{Q}_{nm}^{(\alpha,\beta)}$、$\boldsymbol{v}_{n}^{(\alpha)} = \sum_{m} \boldsymbol{v}_{nm}^{(\alpha)}$ 和 $\Upsilon = \left\{\boldsymbol{v}_{nm}^{(\alpha)}\right\}$，则式（4.105）可以重新写为

$$\mathrm{E}_{\boldsymbol{y},\boldsymbol{H}}\left\{Z^{\tau}\left(\boldsymbol{y},\boldsymbol{H}\right)\right\} = \int \mathrm{e}^{S(\mathbb{Q})} \mathrm{d}\mu\left(\mathbb{Q}\right) \tag{4.109}$$

其中

$$S\left(\mathbb{Q}\right) = \log_2 \int \mathrm{E}_{\Upsilon}\left\{\prod_{\tau} \mathrm{e}^{-\left\|\boldsymbol{y}-\sum_{n} v_{n}^{(\alpha)} \boldsymbol{u}_{R_n} - \bar{\boldsymbol{H}}_{\boldsymbol{x}}^{(\alpha)}\right\|}\right\} \mathrm{d}\boldsymbol{y} \tag{4.110}$$

$$\mu(\mathbb{Q})=\mathrm{E}_{\boldsymbol{x}}\left\{\prod_{n,m}\prod_{0\leqslant\alpha\leqslant\beta}^{\tau}\delta\left(\left[\bar{\boldsymbol{G}}\right]_{nm}\left(\boldsymbol{x}^{(\alpha)}\right)^{\mathrm{H}}\boldsymbol{T}_m\boldsymbol{x}^{(\beta)}-\boldsymbol{Q}_{nm}^{(\alpha,\beta)}\right)\right\} \tag{4.111}$$

式（4.109）中的积分可以通过鞍点法来估计。$S(\mathbb{Q})$和$\mu(\mathbb{Q})$可以仿照文献[7]附录A中的方式化简。因为$\boldsymbol{v}_{nm}^{(\alpha)}$的高斯特性，式（4.110）可以先对$\boldsymbol{y}$求积分再对$\varUpsilon$求期望。同时，引入辅助变量$\tilde{\boldsymbol{Q}}_{nm}\in\mathbb{C}^{(\tau+1)\times(\tau+1)}$并令$\tilde{\mathbb{Q}}=\left\{\tilde{\boldsymbol{Q}}_{nm}\right\}$。在此基础上，对式（4.111）中的$\delta(\cdot)$函数采用如下拉普拉斯逆变换：

$$\delta(x)=\frac{1}{2\pi\mathrm{j}}\int_{-\mathrm{j}\infty+t}^{\mathrm{j}\infty+t}\mathrm{e}^{\tilde{Q}x}\mathrm{d}\tilde{Q}\text{，}\quad\forall t\in\mathbb{R} \tag{4.112}$$

关于$\left(\mathbb{Q},\tilde{\mathbb{Q}}\right)$的积分可以通过如下鞍点法来计算：

$$F=-\lim_{\tau\to0}\frac{\partial}{\partial\tau}\max_{\mathbb{Q},\tilde{\mathbb{Q}}}\left\{F^{(\tau)}\right\} \tag{4.113}$$

$F^{(\tau)}=S^{(\tau)}+J^{(\tau)}$，其中

$$S^{(\tau)}=-N_{\mathrm{r}}\log_2(\tau+1)-\log_2\det\left(\boldsymbol{I}_{N_{\mathrm{r}}(\tau+1)}+\boldsymbol{Q}\boldsymbol{\Sigma}\otimes\boldsymbol{R}\right) \tag{4.114}$$

$$\begin{aligned}J^{(\tau)}=\max_{\tilde{\mathbb{Q}}}&\left\{\sum_{n,m}\mathrm{tr}\left(\tilde{\boldsymbol{Q}}_{nm}\boldsymbol{Q}_{nm}\right)-\log_2\mathrm{E}_{\boldsymbol{X}}\left\{\mathrm{e}^{\sum_m\mathrm{tr}\left(\sum_n[\boldsymbol{G}]_{nm}\tilde{\boldsymbol{Q}}_{nm}\boldsymbol{X}^{\mathrm{H}}\boldsymbol{T}_m\boldsymbol{X}\right)}\right.\right.\\&\left.\left.\times\mathrm{e}^{\mathrm{vec}(\bar{\boldsymbol{V}})^{\mathrm{H}}\left[(\boldsymbol{Q}\otimes\boldsymbol{R})^{-1}\left(\left(\boldsymbol{Q}\boldsymbol{\Sigma}\otimes\boldsymbol{R}+\boldsymbol{I}_{N_{\mathrm{r}}(\tau+1)}\right)^{-1}-\boldsymbol{I}_{N_{\mathrm{r}}(\tau+1)}\right)\right]\mathrm{vec}(\bar{\boldsymbol{V}})}\right\}\right\}\end{aligned} \tag{4.115}$$

其中

$$\boldsymbol{\Sigma}=\boldsymbol{I}_{\tau+1}-\frac{\mathbf{1}}{\tau+\mathbf{1}}\mathbf{1}\mathbf{1}^{\mathrm{T}} \tag{4.116}$$

$$\boldsymbol{Q}\otimes\boldsymbol{R}=\sum_n\left(\sum_m\boldsymbol{Q}_{nm}\right)\otimes\boldsymbol{R}_n \tag{4.117}$$

且$\boldsymbol{R}_n=\boldsymbol{u}_{\mathrm{r},n}\boldsymbol{u}_{\mathrm{r},n}^{\mathrm{H}}$和$\bar{\boldsymbol{V}}=\bar{\boldsymbol{H}}\boldsymbol{X}$。

### 2. 复制对称假设

式（4.114）中关于$\left(\mathbb{Q},\tilde{\mathbb{Q}}\right)$的极值可以通过寻找梯度为0的点来获得，从而得到一组鞍点方程。直接求解鞍点方程的解析解比较困难。因此，假设鞍点具有复制对称结构$\boldsymbol{Q}_{nm}=q_{nm}\mathbf{1}\mathbf{1}^{\mathrm{T}}+(c_{nm}-q_{nm})I_{\tau+1}$和$\tilde{\boldsymbol{Q}}_{nm}=\tilde{q}_{nm}\mathbf{1}\mathbf{1}^{\mathrm{T}}+(\tilde{c}_{nm}-\tilde{q}_{nm})\boldsymbol{I}_{\tau+1}$。基于复制对称结构，$q_{nm}$、$c_{nm}$、$\tilde{q}_{nm}$和$\tilde{c}_{nm}$是4个待确定的参数。

### 3. 鞍点法

$q_{nm}$、$c_{nm}$、$\tilde{q}_{nm}$和$\tilde{c}_{nm}$可以通过将复制对称结构代入$F^{(\tau)}$并且求解$F^{(\tau)}$关于它们的导数为0的点获得。基于这种方式，可得$\tilde{c}_{nm}=0$。最后，令$\gamma_{nm}=\tilde{q}_{nm}$、$\psi_{nm}=\left(c_{nm}-q_{nm}\right)/\left[\bar{\boldsymbol{G}}\right]_{nm}$，则在$\tau=0$的点，$F$可以写为

$$F \simeq I\left(\boldsymbol{x};\boldsymbol{z}\middle|\sqrt{\boldsymbol{\Xi}}\right)+\log_2\det\left(\boldsymbol{I}_{N_\mathrm{r}}+\boldsymbol{R}\right)-\sum_{n,m}\gamma_{n,m}\left[\bar{\boldsymbol{G}}\right]_{nm}\psi_{nm}+N_\mathrm{r} \tag{4.118}$$

其中

$$\boldsymbol{\Xi}=\boldsymbol{T}+\bar{\boldsymbol{H}}^\mathrm{H}\left(\boldsymbol{I}_{N_\mathrm{r}}+\boldsymbol{R}\right)\bar{\boldsymbol{H}} \tag{4.119}$$

其中，$\boldsymbol{T}=\sum_m\left(\sum_n\gamma_{nm}\right)\boldsymbol{T}_m$，$\boldsymbol{R}=\sum_n\left(\sum_m\psi_{nm}\right)\boldsymbol{R}_n$。计算$F$关于$\gamma_{nm}$和$\psi_{nm}$的导数为0的点，有式（4.99）和式（4.100）中$\gamma_{nm}=\gamma_m$和$\psi_{nm}=\psi_n$。最后，根据$I\left(\boldsymbol{x};\boldsymbol{y}\right)=F-N_\mathrm{r}$，定理4.3得证。

需要指出的是，式（4.102）所示的互信息表达式虽然是真实互信息的一个大维渐近表达式，然而仿真结果显示，即使在天线纬度很小的时候，式（4.102）也是真实互信息的一个较为准确的估计。

## 4.3.4 预编码结构

本小节根据定理4.3中互信息的大维估计和4.3.1小节介绍的分块传输思想来设计预编码矩阵$\boldsymbol{G}$。假设$\boldsymbol{G}$的SVD为$\boldsymbol{G}=\boldsymbol{U}_G\boldsymbol{\Lambda}_G\boldsymbol{V}_G$。

### 1. $\boldsymbol{U}_G$的设计

考虑矩阵$\boldsymbol{\Xi}$的特征分解$\boldsymbol{\Xi}=\boldsymbol{U}_\Xi\boldsymbol{\Lambda}_\Xi\boldsymbol{U}_\Xi^\mathrm{H}$，则有定理4.4。

**定理4.4** 最大化互信息渐近表达式[式（4.102）]，则$\boldsymbol{U}_G$满足$\boldsymbol{U}_G^*=\boldsymbol{U}_\Xi$。

**证明** 考虑以下优化问题：

$$\begin{aligned}&\max_{\boldsymbol{G}}\ I_\mathrm{asy}\left(\boldsymbol{x};\boldsymbol{y}\right)\\&\text{s.t. }\operatorname{tr}\left(\boldsymbol{G}\boldsymbol{G}^\mathrm{H}\right)\leqslant P\end{aligned} \tag{4.120}$$

式（4.120）中的拉格朗日函数可以写为

$$g\left(\boldsymbol{G}\right)=-I_\mathrm{asy}\left(\boldsymbol{x};\boldsymbol{y}\right)+\kappa\left[\operatorname{tr}\left(\boldsymbol{G}\boldsymbol{G}^\mathrm{H}\right)-P\right] \tag{4.121}$$

其中，$\kappa$是拉格朗日乘数。

式（4.121）的卡鲁什–库恩–塔克（Karush-Kuhn-Tucker，KKT）条件可以写为

$$-\nabla_{\boldsymbol{G}} I_{\text{asy}}(\boldsymbol{x};\boldsymbol{y})+\kappa\boldsymbol{G}=0 \tag{4.122}$$

根据链式法则，$I_{\text{asy}}(\boldsymbol{x};\boldsymbol{y})$ 关于 $\boldsymbol{G}$ 的梯度可以写为

$$\nabla_{\boldsymbol{G}} I_{\text{asy}}(\boldsymbol{x};\boldsymbol{y})=\frac{\partial I_{\text{asy}}(\boldsymbol{x};\boldsymbol{y})}{\partial I(\boldsymbol{x};\boldsymbol{z})}\nabla_{\boldsymbol{G}} I(\boldsymbol{x};\boldsymbol{z})+\log_2 e\left(\sum_{m=1}^{N_{\text{r}}}\frac{\partial I_{\text{asy}}(\boldsymbol{x};\boldsymbol{y})}{\partial\gamma_m}\nabla_{\boldsymbol{G}}\gamma_m+\sum_{n=1}^{N_{\text{t}}}\frac{\partial I_{\text{asy}}(\boldsymbol{x};\boldsymbol{y})}{\partial\psi_n}\nabla_{\boldsymbol{G}}\psi_n\right) \tag{4.123}$$

式（4.96）所示的等效信道 $\boldsymbol{\Xi}$ 和预编码矩阵 $\boldsymbol{G}$ 的关系通过式（4.99）和式（4.100）中的 $\gamma_m$ 和 $\psi_n$ 来确定。因此，当计算式（4.123）中等号右侧的第一项时，可以认为 $\boldsymbol{\Xi}$ 与 $\boldsymbol{G}$ 无关。同时，根据 $\gamma_m$ 和 $\psi_n$ 的定义，有

$$\frac{\partial I_{\text{asy}}(\boldsymbol{x};\boldsymbol{y})}{\partial\gamma_m}=0\text{，}\quad\frac{\partial I_{\text{asy}}(\boldsymbol{x};\boldsymbol{y})}{\partial\psi_n}=0 \tag{4.124}$$

因此，根据式（4.122）～式（4.124）和定理3.4，最大化 $I_{\text{asy}}(\boldsymbol{x};\boldsymbol{y})$ 的预编码满足：

$$\kappa\boldsymbol{G}=\boldsymbol{\Xi}\boldsymbol{G}\boldsymbol{\Omega} \tag{4.125}$$

利用特征值分解 $\boldsymbol{\Omega}=\boldsymbol{U}_{\boldsymbol{\Omega}}\boldsymbol{\Lambda}_{\boldsymbol{\Omega}}\boldsymbol{U}_{\boldsymbol{\Omega}}^{\text{H}}$，式（4.125）可以重新写为

$$\kappa\boldsymbol{U}_{\boldsymbol{\Xi}}^{\text{H}}\boldsymbol{G}\boldsymbol{U}_{\boldsymbol{\Omega}}=\boldsymbol{\Lambda}_{\boldsymbol{\Xi}}\boldsymbol{U}_{\boldsymbol{\Xi}}^{\text{H}}\boldsymbol{G}\boldsymbol{U}_{\boldsymbol{\Omega}}\boldsymbol{\Lambda}_{\boldsymbol{\Omega}} \tag{4.126}$$

定义 $\boldsymbol{Q}=\boldsymbol{U}_{\boldsymbol{\Xi}}^{\text{H}}\boldsymbol{G}\boldsymbol{U}_{\boldsymbol{\Omega}}$，有

$$\kappa\boldsymbol{Q}=\text{diag}(\boldsymbol{\Lambda}_{\boldsymbol{\Xi}})\text{diag}(\boldsymbol{\Lambda}_{\boldsymbol{\Omega}})^{\text{T}}\odot\boldsymbol{Q} \tag{4.127}$$

式（4.127）等价于：

$$\kappa[\boldsymbol{Q}]_{mn}=[\boldsymbol{\Lambda}_{\boldsymbol{\Xi}}]_{mm}[\boldsymbol{\Lambda}_{\boldsymbol{\Omega}}]_{nn}[\boldsymbol{Q}]_{mn} \tag{4.128}$$

矩阵 $\boldsymbol{\Xi}$ 和 $\boldsymbol{\Omega}$ 的特征值各不相同的概率趋近于1。因此，等式 $\kappa=[\boldsymbol{\Lambda}_{\boldsymbol{\Xi}}]_{mm}[\boldsymbol{\Lambda}_{\boldsymbol{\Omega}}]_{nn}$ 最多只能对 $N_{\text{t}}$ 组 $(m,n)$ 成立。对于其他的 $(m,n)$ 组合，必须有 $[\boldsymbol{Q}]_{mn}=0$，式（4.128）才能成立。矩阵 $\boldsymbol{Q}$ 在每一行和每一列至多只有一个非0元素。因此，矩阵 $\boldsymbol{Q}$ 可以写为

$$\boldsymbol{Q}=\boldsymbol{\Lambda}\boldsymbol{\Pi} \tag{4.129}$$

其中，$\boldsymbol{\Lambda}$ 是对角矩阵，$\boldsymbol{\Pi}$ 是置换矩阵。根据矩阵 $\boldsymbol{Q}$ 的定义，有

$$\boldsymbol{G}=\boldsymbol{U}_{\boldsymbol{\Xi}}\boldsymbol{\Lambda}\boldsymbol{\Pi}\boldsymbol{U}_{\boldsymbol{\Omega}}^{\text{H}} \tag{4.130}$$

将$\boldsymbol{U}_G^* = \boldsymbol{U}_{\Xi}$代入式（4.93）并利用式（4.34），可以将式（4.93）重新写为

$$\boldsymbol{z}_{\text{eq}} = \boldsymbol{\Lambda}_{\Xi}^{\frac{1}{2}} \boldsymbol{x}_{\text{eq}} + \breve{\boldsymbol{n}} \tag{4.131}$$

其中

$$\boldsymbol{z}_{\text{eq}} = \boldsymbol{U}_{\Xi}^{\text{H}} \boldsymbol{z} \tag{4.132}$$

$$\boldsymbol{x}_{\text{eq}} = \boldsymbol{\Lambda}_G \boldsymbol{V}_G \boldsymbol{z} \tag{4.133}$$

可以将传输信号分成$S$个流，每个流在$\boldsymbol{\Lambda}_{\Xi}$的$N_s = N_{\text{t}} / S$个对角元素上传输。令集合$\{l_1, \cdots, l_{N_{\text{t}}}\}$为集合$\{1, \cdots, N_{\text{t}}\}$的一个任意排列。令$\boldsymbol{\Lambda}_s \in \mathbb{C}^{N_s \times N_s}$和$\boldsymbol{V}_s \in \mathbb{C}^{N_s \times N_s}$分别表示对角矩阵和酉矩阵（$s = 1, \cdots, S$）。在此基础上，有如下设计。

## 2. $\boldsymbol{\Lambda}_G$的结构

可以令

$$[\boldsymbol{\Lambda}_G]_{l_j l_j} = [\boldsymbol{\Lambda}_s]_{ii} \tag{4.134}$$

其中，$i = 1, \cdots, N_s$（$s = 1, \cdots, S$），$j = (s-1)N_s + i$。基于式（4.134）的结构，第$s$个流在矩阵$\boldsymbol{\Lambda}_{\Xi}$的$l_{(s-1)N_s+1}, \cdots, l_{(s-1)N_s+N_s}$个对角线元素上传输。

## 3. $\boldsymbol{V}_G$的结构

可以令

$$[\boldsymbol{V}_G]_{l_i l_j} = \begin{cases} [\boldsymbol{V}_s]_{mn}, & i = (s-1)N_s + m, j = (s-1)N_s + n \\ 0, & \text{其他} \end{cases} \tag{4.135}$$

对于$m = 1, \cdots, N_s$、$n = 1, \cdots, N_s$、$s = 1, \cdots, S$、$i = 1, \cdots, N_{\text{t}}$和$j = 1, \cdots, N_{\text{t}}$，式（4.135）所示结构的第$s$个流被映射到矩阵$\boldsymbol{V}_G$的第$l_{(s-1)N_s+1}, \cdots, l_{(s-1)N_s+N_s}$行和第$l_{(s-1)N_s+1}, \cdots, l_{(s-1)N_s+N_s}$列。这样，信号在接收端就被分成了$S$个独立的组。

式（4.84）所示的设计是式（4.135）所示结构的一个特例，其中$l_1, \cdots, l_{N_{\text{t}}} = \{1, 2, 3, 4\}$且$S = 2$。注意，$(x_1, x_2)$和$(x_3, x_4)$在式（4.85）和式（4.86）中被分离成两个独立的组。

## 4. $\boldsymbol{x}_s$的结构

根据上文，可得

$$[\boldsymbol{x}_s]_i = [\boldsymbol{x}]_{l_j} \tag{4.136}$$

其中，$i = 1, \cdots, N_s$，$s = 1, \cdots, S$，$j = (s-1)N_s + i$。

### 4.3.5　预编码优化设计

根据式（4.134）～式（4.136），式（4.133）可以写为

$$\left[\boldsymbol{x}_{\mathrm{eq}}\right]=\left[\boldsymbol{\Lambda}_s \boldsymbol{V}_s \boldsymbol{x}_s\right] \tag{4.137}$$

其中，$i=1,\cdots,N_s$，$s=1,\cdots,S$，$j=(s-1)N_s+i$。注意到 $\boldsymbol{\Lambda}_{\Xi}$ 是对角矩阵，式（4.131）可以写为

$$\left[\boldsymbol{z}_{\mathrm{eq}}\right]_{l_j}=\left[\boldsymbol{\Lambda}_{\Xi}\right]_{l_j l_j}^{\frac{1}{2}}\left[\boldsymbol{x}_{\mathrm{eq}}\right]_{l_j}+\left[\boldsymbol{n}_s\right]_i \tag{4.138}$$

其中，$\left[\boldsymbol{n}_s\right]_i=\left[\breve{\boldsymbol{n}}\right]_{l_j}$。

式（4.137）和式（4.138）表明，每个独立的数据流 $\boldsymbol{x}_s$ 沿着 $N_s$ 个并行的子信道传输而不会影响其他数据流。进一步地，MMSE矩阵可以写为

$$[\boldsymbol{\Omega}]_{l_i l_j}=\begin{cases}\left[\boldsymbol{\Omega}_s\right]_{mn}, & i=(s-1)N_s+m, j=(s-1)N_s+n \\ 0, & \text{其他}\end{cases} \tag{4.139}$$

其中

$$\boldsymbol{\Omega}_s=\boldsymbol{\Lambda}_s \boldsymbol{V}_s \mathrm{E}\left\{\left(\boldsymbol{x}_s-\hat{\boldsymbol{x}}_s\right)\left(\boldsymbol{x}_s-\hat{\boldsymbol{x}}_s\right)^{\mathrm{H}}\right\} \boldsymbol{V}_s^{\mathrm{H}} \boldsymbol{\Lambda}_s^{\mathrm{H}} \tag{4.140}$$

$$\hat{\boldsymbol{x}}_s=\mathrm{E}\left\{\boldsymbol{x}_s \mid \boldsymbol{z}_s\right\} \tag{4.141}$$

其中，$\left[\boldsymbol{z}_s\right]_i=\left[\boldsymbol{z}_{\mathrm{eq}}\right]_{l_j}$。进一步定义对角矩阵 $\left[\boldsymbol{\Xi}_s\right]_{ii}=\left[\boldsymbol{\Lambda}_{\Xi}\right]_{l_j l_j}$（$s=1,\cdots,S$）。

式（4.102）中等号右侧的第一项可以写为

$$I(\boldsymbol{x};\boldsymbol{z})=\sum_{s=1}^{S} I\left(\boldsymbol{x}_s;\boldsymbol{z}_s\right) \tag{4.142}$$

因此，式（4.102）中 $I_{\mathrm{asy}}(\boldsymbol{x};\boldsymbol{y})$ 关于 $\boldsymbol{\Lambda}_s^2$ 和 $\boldsymbol{V}_s$ 的梯度可以写为

$$\nabla_{\boldsymbol{\Lambda}_s^2} I_{\mathrm{asy}}(\boldsymbol{x};\boldsymbol{y})=\operatorname{diag}\left(\boldsymbol{V}_s^{\mathrm{H}} \boldsymbol{E}_s \boldsymbol{V}_s \boldsymbol{\Xi}_s\right) \tag{4.143}$$

$$\nabla_{\boldsymbol{V}_s} I_{\mathrm{asy}}(\boldsymbol{x};\boldsymbol{y})=\boldsymbol{\Xi}_s \boldsymbol{\Lambda}_s^2 \boldsymbol{V}_s \boldsymbol{E}_s \tag{4.144}$$

其中

$$\boldsymbol{E}_s=\mathrm{E}\left\{\left(\boldsymbol{x}_s-\boldsymbol{x}_s\right)\left(\boldsymbol{x}_s-\hat{\boldsymbol{x}}_s\right)^{\mathrm{H}}\right\} \tag{4.145}$$

根据定理4.3和定理4.4，以及式（4.142）、式（4.134）和式（4.135），可以设计算法4.4来优化预编码矩阵 $\boldsymbol{G}$。

**算法4.4　搜索最大化互信息 $I_{\text{asy}}(\boldsymbol{x};\boldsymbol{y})$ 的预编码矩阵 $\boldsymbol{G}$**

步骤1：初始化 $\boldsymbol{\Lambda}_s^0$ 和 $\boldsymbol{V}_s^0$（$s=1,\cdots,S$），设定最大迭代步数 $N_{\text{iter}}$ 和门限 $\varepsilon$。

步骤2：基于式（4.96）～式（4.98）初始化 $\boldsymbol{\Xi}$、$\boldsymbol{R}$、$\boldsymbol{\gamma}$ 和 $\boldsymbol{\Psi}$，并基于式（4.139）计算 $\boldsymbol{\Omega}$；通过式（4.101）初始化 $I^{(1)}(\boldsymbol{x};\boldsymbol{y})$，并通过式（4.142）计算 $I(\boldsymbol{x};\boldsymbol{z})$。设 $n=1$。

步骤3：沿着式（4.143）的梯度方向更新 $\boldsymbol{\Lambda}_s^{(n)}$（$s=1,\cdots,S$）。

步骤4：归一化 $\sum_{s=1}^{S}\left[\boldsymbol{\Lambda}_s^{(n)}\right]^2=P$。

步骤5：沿着式（4.144）的梯度方向更新 $\boldsymbol{V}_s^{(n)}$（$s=1,\cdots,S$）。

步骤6：基于式（4.96）～式（4.98）和式（4.139）更新 $\boldsymbol{\Xi}$、$\boldsymbol{R}$、$\boldsymbol{\gamma}$ 和 $\boldsymbol{\Psi}$。

步骤7：通过式（4.101）和式（4.142）计算 $I^{(n+1)}(\boldsymbol{x};\boldsymbol{y})$。如果 $I^{(n+1)}(\boldsymbol{x};\boldsymbol{y})-I^{(n)}(\boldsymbol{x};\boldsymbol{y})>\varepsilon$ 且 $n\leqslant N_{\text{iter}}$，令 $n=n+1$，重复步骤3～步骤7。

步骤8：根据 $\boldsymbol{\Xi}$ 的特征分解计算 $\boldsymbol{U}_{\boldsymbol{G}}$。

步骤9：通过式（4.134）和式（4.135）计算 $\boldsymbol{\Lambda}_{\boldsymbol{G}}$ 和 $\boldsymbol{V}_{\boldsymbol{G}}$。令 $\boldsymbol{G}=\boldsymbol{U}_{\boldsymbol{G}}\boldsymbol{\Lambda}_{\boldsymbol{G}}\boldsymbol{V}_{\boldsymbol{G}}$。

通过 $S$ 和 $N_s$，算法4.4在复杂度和性能方面获得了折中。一方面，对于 $S=1$ 和 $N_s=N_{\text{t}}$，算法4.4搜索退化为算法4.3的全信号空间搜索；另一方面，对于 $S=N_{\text{t}}$ 和 $N_s=1$，算法4.4在 $N_{\text{t}}$ 个并行子信道上分配功率。选择不同的 $N_s$，可使 $N_{\text{t}}$ 个信号在并行独立传输和联合传输之间获得折中。

选择合适的 $l_1,\cdots,l_{N_{\text{t}}}$ 是保证算法4.4的性能的关键。实际仿真中，可以先将 $\boldsymbol{\Xi}_{\text{eq}}$ 中最大的 $N_s/2$ 个对角元素与最小的 $N_s/2$ 个对角元素配对，再将第二大的 $N_s/2$ 个对角元素与第二小的 $N_s/2$ 个对角元素配对，以此类推。

为了更直观地表达算法4.4对于降低运算复杂度的效果，考虑一个简单的例子：$N_s=2$ 和QPSK调制。对于不同的 $N_{\text{t}}$，全信号空间搜索和算法4.4计算互信息和MMSE矩阵需要的加法运算数见表4.1。

**表 4.1　离散调制信号下计算互信息和 MMSE 矩阵需要的加法运算数**

| $N_{\text{t}}$ | 4 | 8 | 16 | 32 |
|---|---|---|---|---|
| 全信号空间搜索 | 65,536 | $4.29\times10^{9}$ | $1.84\times10^{19}$ | $3.4\times10^{38}$ |
| 算法 4.4 | 512 | 1024 | 2048 | 4096 |

从表4.1可以看到，对于大规模MIMO系统，采用基于分块设计思想的算法4.4能大幅降低离散调制信号下预编码设计的复杂度。

下面给出一个具体示例来阐述所提出的基于统计信息 $\bar{\boldsymbol{h}}$、$\boldsymbol{U}_{\text{r}}$、$\tilde{\boldsymbol{G}}$ 和 $\boldsymbol{U}_{\text{t}}$ 的预编码设计。

**示例4.4**　考虑一个$1\times 4$的确定性信道$\boldsymbol{h_d}$，其SVD为$[a,0,0,0]\boldsymbol{U}_h^{\mathrm{H}}$，$a=\|\boldsymbol{h_d}\|$。相应的接收信号为

$$y=[a,0,0,0]\boldsymbol{U}_h^{\mathrm{H}}\boldsymbol{U}_G\boldsymbol{\Lambda}_G\boldsymbol{V}_G\boldsymbol{d}+n \tag{4.146}$$

令$\boldsymbol{U}_G=\boldsymbol{U}_h^{\mathrm{H}}$，有

$$y=[a,0,0,0]\boldsymbol{\Lambda}_G\boldsymbol{V}_G\boldsymbol{d}+n \tag{4.147}$$

如果预编码矩阵只是混合$d_1$和$d_2$、$d_3$和$d_4$，即

$$\boldsymbol{V}_G=\begin{bmatrix} V_{11} & V_{11} & 0 & 0 \\ V_{21} & V_{22} & 0 & 0 \\ 0 & 0 & V_{33} & V_{34} \\ 0 & 0 & V_{43} & V_{44} \end{bmatrix} \tag{4.148}$$

则有

$$y=a\lambda_1 V_{11}d_1+a\lambda_1 V_{12}d_2+n \tag{4.149}$$

接收信号$y$中没有包含$d_1$和$d_2$。如果$\boldsymbol{d}$中的符号是BPSK调制，式（4.149）中的频谱效率无法超过2bit·s$^{-1}$/Hz。然而，BPSK调制的$1\times 4$信道的频率效率最高可以达到4bit·s$^{-1}$/Hz。因此，分块的设计会带来性能损失。

衰落信道$\boldsymbol{h}$的情况要比固定信道好，因为低复杂度的设计依赖$\bar{\boldsymbol{h}}$、$\boldsymbol{U}_{\mathrm{r}}$、$\tilde{\boldsymbol{G}}$和$\boldsymbol{U}_{\mathrm{t}}$。即$\boldsymbol{U}_G=\boldsymbol{U}_{\boldsymbol{\Xi}}$在一般情况下并不等于$\boldsymbol{U}_h$，这表明所有信号都有可能到达接收端。为更好地表明衰落信道与固定信道的不同，基于式（4.87）生成一个随机信道$\boldsymbol{h}$，其中$K=1$、$\boldsymbol{U}_{\mathrm{r}}=\boldsymbol{I}_{N_{\mathrm{r}}}$，且$\boldsymbol{U}_{\mathrm{t}}$是一个傅里叶矩阵。取$N_s=2$，算法4.4在$\mathrm{SNR}=10\ \mathrm{dB}$时的频谱效率是2.38bit·s$^{-1}$/Hz，已经超过了2bit·s$^{-1}$/Hz。此时，对应的$\boldsymbol{\Lambda}_{\boldsymbol{\Xi}}^{\frac{1}{2}}$为

$$\boldsymbol{\Lambda}_{\boldsymbol{\Xi}}^{\frac{1}{2}}=\begin{bmatrix} 0.8 & & & \\ & 0.14 & & \\ & & 0.28 & \\ & & & 0.24 \end{bmatrix} \tag{4.150}$$

可以看到，式（4.150）中的等效信道矩阵$\boldsymbol{\Lambda}_{\boldsymbol{\Xi}}^{\frac{1}{2}}$是满秩的。对于$N_s=4$，即全信号空间搜索，算法4.4的频谱效率是2.4bit·s$^{-1}$/Hz，表明$N_s=2$时的低复杂度设计已经近似最优。

### 4.3.6　一些特殊信道模型

本小节介绍3种特殊的信道模型，包括Kronecker信道模型、确定性信道模

型和大规模MIMO信道模型。

### 1. Kronecker信道模型

对于Kronecker信道模型，$\overline{\boldsymbol{H}}=0$，$\boldsymbol{G}$是秩为1的矩阵，其形式如下：

$$\boldsymbol{G}=\boldsymbol{\lambda}_{\mathrm{r}}\boldsymbol{\lambda}_{\mathrm{t}}^{\mathrm{T}} \tag{4.151}$$

其中，$\boldsymbol{\lambda}_{\mathrm{r}}=\left[\lambda_{\mathrm{r},1},\cdots,\lambda_{\mathrm{r},N_{\mathrm{r}}}\right]^{\mathrm{T}}\in\mathbb{R}^{N_{\mathrm{r}}}$，$\boldsymbol{\lambda}_{\mathrm{t}}=\left[\lambda_{\mathrm{t},1},\cdots,\lambda_{\mathrm{t},N_{\mathrm{t}}}\right]^{\mathrm{T}}\in\mathbb{R}^{N_{\mathrm{t}}}$。此时，式（4.87）可以写为

$$\boldsymbol{H}=\boldsymbol{A}_{\mathrm{r}}^{\frac{1}{2}}\boldsymbol{W}\boldsymbol{A}_{\mathrm{t}}^{\frac{1}{2}} \tag{4.152}$$

其中，$\boldsymbol{A}_{\mathrm{t}}=\boldsymbol{U}_{\mathrm{t}}\mathrm{diag}\left(\boldsymbol{\lambda}_{\mathrm{t}}\right)\boldsymbol{U}_{\mathrm{t}}^{\mathrm{H}}$和$\boldsymbol{A}_{\mathrm{r}}=\boldsymbol{U}_{\mathrm{r}}\mathrm{diag}\left(\boldsymbol{\lambda}_{\mathrm{r}}\right)\boldsymbol{U}_{\mathrm{r}}^{\mathrm{H}}$。因此，式（4.97）和式（4.98）可以写为

$$\boldsymbol{\Xi}=\boldsymbol{T}=\gamma^{\circ}\boldsymbol{A}_{\mathrm{t}} \tag{4.153}$$

$$\boldsymbol{R}=\psi^{\circ}\boldsymbol{A}_{\mathrm{r}} \tag{4.154}$$

其中，$\gamma^{\circ}=\lambda_{\mathrm{r}}^{\mathrm{T}}\boldsymbol{\gamma}$和$\psi^{\circ}=\gamma_{\mathrm{t}}^{\mathrm{T}}\boldsymbol{\psi}$。根据式（4.99）和式（4.100），可得

$$\gamma^{\circ}=\mathrm{tr}\left(\left(\boldsymbol{I}_{N_{\mathrm{r}}}+\boldsymbol{R}\right)^{-1}\boldsymbol{A}_{r_k}\right) \tag{4.155}$$

$$\psi^{\circ}=\mathrm{tr}\left(\boldsymbol{\Omega}\boldsymbol{A}_{\mathrm{t}}\right) \tag{4.156}$$

根据式（4.153）可知，最优的左奇异值矩阵$\boldsymbol{U}_{\boldsymbol{G}}=\boldsymbol{U}_{\mathrm{t}}$。因此，式（4.130）可以简化为$\sqrt{\gamma^{\circ}}\mathrm{diag}\left(\boldsymbol{\lambda}_{\mathrm{t}}\right)^{\frac{1}{2}}$。同时式（4.155）和式（4.156）表明，对于Kronecker信道模型，算法4.4中只需要计算$\gamma^{\circ}$和$\psi^{\circ}$两个参数。而对于一般性的MIMO信道模型[式（4.87）]，需要计算定点方程[式（4.99）和式（4.100）]中的$N_{\mathrm{t}}+N_{\mathrm{r}}$个参数。同时，接收机只需要反馈$\boldsymbol{A}_{\mathrm{t}}$和$\boldsymbol{A}_{\mathrm{r}}$给发射机做预编码设计。

### 2. 确定性信道模型

当$K\to\infty$时，信道的随机部分消失了，式（4.102）变为

$$I_{\mathrm{asy}}\left(\boldsymbol{x};\boldsymbol{y}\right)=I\left(\boldsymbol{x};\overline{\boldsymbol{H}}\boldsymbol{x}+\breve{\boldsymbol{n}}\right) \tag{4.157}$$

式（4.157）在任意维度下都成立。对于确定性信道，接收机只需要反馈$\overline{\boldsymbol{H}}$给发射机做预编码设计。

### 3. 大规模MIMO信道模型

在一些场景中，利用大规模MIMO物理信道的空间特性，$\overline{\boldsymbol{H}}$存在一些关于

$\boldsymbol{U}_{\mathrm{t}}$和$\boldsymbol{U}_{\mathrm{r}}$的特殊结构，从而能简化算法4.4。

假设发射机和接收机之间存在$L+1$条独立的径，其中第0条径是直达径。令$c_l$、$\phi_{l,d}$和$\theta_{l,a}$表示第$l$条径的幅度、到达角和离开角，则$N_{\mathrm{r}}\times N_{\mathrm{t}}$ MIMO信道可以写为

$$\boldsymbol{H}=c_0\mathrm{e}^{-\mathrm{j}2\pi d_0/\lambda_c}\boldsymbol{u}_{\mathrm{r}}\left(\theta_{0,a}\right)\boldsymbol{u}_{\mathrm{t}}^{\mathrm{H}}\left(\phi_{0,d}\right)+\sum_{l=1}^{L}c_l\mathrm{e}^{-\mathrm{j}2\pi d_l/\lambda_c}\boldsymbol{u}_{\mathrm{r}}\left(\theta_{l,a}\right)\boldsymbol{u}_{\mathrm{t}}^{\mathrm{H}}\left(\phi_{l,d}\right) \qquad (4.158)$$

其中，$d_l$表示信号在传输天线1和接收天线1之间沿着第$l$条径传输时的路径长度，$\lambda_c$表示波长，$\boldsymbol{u}_{\mathrm{t}}\left(\phi_{l,d}\right)\in\mathbb{C}^{N_{\mathrm{t}}\times 1}$和$\boldsymbol{u}_{\mathrm{r}}\left(\theta\right)\in\mathbb{C}^{N_{\mathrm{r}}\times 1}$分别表示发射阵列响应向量和接收阵列响应向量。

对于大规模MIMO，阵列响应向量趋于渐近正交：

$$\lim_{N_{\mathrm{t}}\to\infty}\boldsymbol{u}_{\mathrm{t}}^{\mathrm{H}}\left(\phi_p\right)\boldsymbol{u}_{\mathrm{t}}\left(\phi_l\right)=\delta\left(p-l\right) \qquad (4.159)$$

其中，$\delta\left(p-l\right)$表示狄拉克冲击函数。因此，式（4.158）可以重新写为

$$\begin{aligned}\boldsymbol{H}&=\sum_{n=1}^{N_{\mathrm{r}}}\sum_{m=1}^{N_{\mathrm{t}}}\left[\tilde{\boldsymbol{H}}+\hat{\boldsymbol{H}}\right]_{nm}\boldsymbol{u}_{\mathrm{r}}\left(\theta_n\right)\boldsymbol{u}_{\mathrm{t}}^{\mathrm{H}}\left(\phi_m\right)\\&=\boldsymbol{U}_{\mathrm{r}}\left(\tilde{\boldsymbol{H}}+\hat{\boldsymbol{H}}\right)\boldsymbol{U}_{\mathrm{t}}^{\mathrm{H}}\end{aligned} \qquad (4.160)$$

其中，$\boldsymbol{U}_{\mathrm{t}}=\left[\boldsymbol{u}_{\mathrm{t}}\left(\phi_1\right),\cdots,\boldsymbol{u}_{\mathrm{t}}\left(\phi_{N_{\mathrm{t}}}\right)\right]$和$\boldsymbol{U}_{\mathrm{r}}=\left[\boldsymbol{u}_{\mathrm{r}}\left(\theta_1\right),\cdots,\boldsymbol{u}_{\mathrm{t}}\left(\theta_{N_{\mathrm{t}}}\right)\right]$是酉矩阵。因此，$\tilde{\boldsymbol{H}}$ 和 $\hat{\boldsymbol{H}}$ 中的元素满足

$$\left[\tilde{\boldsymbol{H}}\right]_{nm}\simeq\sum_{l\in F_{\mathrm{r},n}\cap F_{\mathrm{t},m}}c_l\mathrm{e}^{-\mathrm{j}2\pi d_l/\lambda_c} \qquad (4.161)$$

$$\left[\hat{\boldsymbol{H}}\right]_{nm}\simeq\begin{cases}c_0\mathrm{e}^{-\mathrm{j}2\pi d_0/\lambda_c}, & T\left(n,m\right)=1\\0, & \text{其他}\end{cases} \qquad (4.162)$$

其中，$F_{\mathrm{r},n}$和$F_{\mathrm{t},m}$分别表示角度最接近$\theta_n$和$\phi_m$的路径集合。因此，$T(n,m)=1$表示直达径的角度同时最接近$\theta_n$和$\phi_m$。对于其他的$n$和$m$，$s=1,\cdots,S$。需要指出的是，当天线的维度趋于无穷时，式（4.161）和式（4.162）中的估计变成准确值。

将矩阵$\boldsymbol{H}$的列拉成一个矩阵，可得：

$$\mathrm{vec}\left(\boldsymbol{H}\right)=\sum_{n=1}^{N_{\mathrm{r}}}\sum_{m=1}^{N_{\mathrm{t}}}\left(\left[\tilde{\boldsymbol{H}}\right]_{nm}+\left[\hat{\boldsymbol{H}}\right]_{nm}\right)\left(\boldsymbol{u}_{\mathrm{t}}^{*}\left(\phi_m\right)\otimes\boldsymbol{u}_{\mathrm{r}}\left(\theta_n\right)\right) \qquad (4.163)$$

其中，矩阵$\boldsymbol{H}$的相关性可以写为

$$\mathrm{E}\left\{\mathrm{vec}\left(\boldsymbol{H}\right)\mathrm{vec}\left(\boldsymbol{H}\right)^{\mathrm{H}}\right\}=\sum_{n=1}^{N_{\mathrm{r}}}\sum_{m=1}^{N_{\mathrm{t}}}\mathrm{E}\left\{\left[\tilde{\boldsymbol{H}}\right]_{nm}\left[\tilde{\boldsymbol{H}}^{\mathrm{H}}\right]_{nm}\right\}\left(\boldsymbol{u}_{\mathrm{t}}^{*}\left(\phi_{m}\right)\otimes\boldsymbol{u}_{\mathrm{r}}\left(\theta_{n}\right)\right)\left(\boldsymbol{u}_{\mathrm{t}}^{*}\left(\phi_{m}\right)\otimes\boldsymbol{u}_{\mathrm{r}}\left(\theta_{n}\right)\right)^{\mathrm{H}}+\sum_{n=1}^{N_{\mathrm{r}}}\sum_{m=1}^{N_{\mathrm{t}}}\mathrm{E}\left\{\left[\hat{\boldsymbol{H}}\right]_{nm}\left[\hat{\boldsymbol{H}}^{\mathrm{H}}\right]_{nm}\right\}\left(\boldsymbol{u}_{\mathrm{t}}^{*}\left(\phi_{m}\right)\otimes\boldsymbol{u}_{\mathrm{r}}\left(\theta_{n}\right)\right)\left(\boldsymbol{u}_{\mathrm{t}}^{*}\left(\phi_{m}\right)\otimes\boldsymbol{u}_{\mathrm{r}}\left(\theta_{n}\right)\right)^{\mathrm{H}} \tag{4.164}$$

式（4.164）等号右侧的第一项等于式（4.87）中右边第一项的相关矩阵，即

$$\boldsymbol{G}=\mathrm{E}\left\{\tilde{\boldsymbol{H}}\odot\tilde{\boldsymbol{H}}^{*}\right\} \tag{4.165}$$

将式（4.87）和式（4.160）进行对比，可得

$$\tilde{\boldsymbol{H}}=\tilde{\boldsymbol{G}}\odot\boldsymbol{W} \tag{4.166}$$

$$\bar{\boldsymbol{H}}=\boldsymbol{U}_{\mathrm{r}}\hat{\boldsymbol{H}}\boldsymbol{U}_{\mathrm{t}}^{\mathrm{H}} \tag{4.167}$$

式（4.166）和式（4.167）将大规模MIMO信道与式（4.87）中的统计信道模型结合起来了。式（4.161）中的多个衰落信道的求和可以建模为方差是$\left[\boldsymbol{G}\right]_{ij}$的高斯随机变量。直达径可以建模为秩为1的矩阵，其发射特征方向和接收特征方向分别为$\boldsymbol{U}_{\mathrm{t}}$和$\boldsymbol{U}_{\mathrm{r}}$。

根据定理4.4可知，最优的$\boldsymbol{U}_{\boldsymbol{G}}$等于$\boldsymbol{U}_{\mathrm{t}}$。将最优设计代入式（4.31），根据式（4.34）、式（4.166）、式（4.167），可以将式（4.31）重新写为

$$\boldsymbol{y}_{\mathrm{phy}}=\boldsymbol{H}_{\mathrm{phy}}\boldsymbol{x}_{\mathrm{phy}}+\boldsymbol{n} \tag{4.168}$$

其中

$$\boldsymbol{x}_{\mathrm{phy}}=\boldsymbol{\Lambda}_{\boldsymbol{G}}\boldsymbol{V}_{\boldsymbol{G}}\boldsymbol{d} \tag{4.169}$$

$$\boldsymbol{H}_{\mathrm{phy}}=\left(\tilde{\boldsymbol{G}}\odot\boldsymbol{W}\right)+\hat{\boldsymbol{H}} \tag{4.170}$$

因此，式（4.96）可以写为

$$\boldsymbol{\Xi}_{\mathrm{phy}}=\boldsymbol{T}_{\mathrm{phy}}+\hat{\boldsymbol{H}}^{\mathrm{H}}\left(\boldsymbol{I}_{N_{\mathrm{r}}}+\boldsymbol{R}_{\mathrm{phy}}\right)\hat{\boldsymbol{H}} \tag{4.171}$$

其中

$$\boldsymbol{T}_{\mathrm{phy}}=\mathrm{diag}\left(\boldsymbol{G}^{\mathrm{T}}\boldsymbol{\gamma}_{\mathrm{phy}}\right) \tag{4.172}$$

$$\boldsymbol{R}_{\mathrm{phy}}=\mathrm{diag}\left(\boldsymbol{G}^{\mathrm{T}}\boldsymbol{\psi}_{\mathrm{phy}}\right) \tag{4.173}$$

$\boldsymbol{\gamma}_{\mathrm{phy}}$和$\boldsymbol{\psi}_{\mathrm{phy}}$中的元素是以下定点方程的解：

$$\left[\boldsymbol{\gamma}_{\text{phy}}\right]_m = \left[\left(\boldsymbol{I}_{N_r} + \boldsymbol{R}_{\text{phy}}\right)^{-1}\left[\boldsymbol{I}_{N_r} - \hat{\boldsymbol{H}}\boldsymbol{\Omega}_{\text{phy}}\hat{\boldsymbol{H}}^{\text{H}}\left(\boldsymbol{I}_{N_r} + \boldsymbol{R}_{\text{phy}}\right)^{-1}\right]\right]_{mm} \quad (4.174)$$

$$\left[\boldsymbol{\psi}_{\text{phy}}\right]_n = \left[\boldsymbol{\Omega}_{\text{phy}}\right]_{nn} \quad (4.175)$$

其中

$$\boldsymbol{\Omega}_{\text{phy}} = \text{E}\left\{\left(\boldsymbol{x}_{\text{phy}} - \hat{\boldsymbol{x}}_{\text{phy}}\right)\left(\boldsymbol{x}_{\text{phy}} - \hat{\boldsymbol{x}}_{\text{phy}}\right)^{\text{H}}\right\} \quad (4.176)$$

$$\hat{\boldsymbol{x}}_{\text{phy}} = \text{E}\left\{\boldsymbol{x}_{\text{phy}} \middle| \boldsymbol{z}\right\} \quad (4.177)$$

因此，针对大规模MIMO信道，算法4.4可以从两个方面进行简化：一方面，不再执行步骤8，直接设定$\boldsymbol{U}_G = \boldsymbol{U}_{\text{t}}$；另一方面，将步骤2和步骤6中的定点方程都变成对角矩阵的计算，计算复杂度会大幅降低。此外，接收机只需要反馈式（4.166）和式（4.167）中的$\hat{\boldsymbol{H}}$、$\tilde{\boldsymbol{G}}$、$\boldsymbol{U}_{\text{r}}$和$\boldsymbol{U}_{\text{t}}$给发射机，用于预编码设计。

## 4.3.7　仿真验证

首先，评估算法4.4对于不同$N_s$的复杂度。表4.2～表4.4展示了算法4.4在每次迭代中计算互信息和MMSE矩阵所需要的加法运算数。从表中可以看出，当$N_s = N_{\text{t}}$时，计算复杂度随$N_{\text{t}}$呈指数级增长并很快变得无法接受。

表 4.2　对于 BPSK 信号，算法 4.4 在每次迭代中计算互信息和 MMSE 矩阵所需要的加法运算数

| $N_{\text{t}}$ | $N_s = 2$ | $N_s = 4$ | $N_s = N_{\text{t}}$ |
|---|---|---|---|
| 4 | 32 | 256 | 256 |
| 8 | 64 | 512 | 65,536 |
| 16 | 128 | 1024 | $4.29\times10^{9}$ |
| 32 | 256 | 2048 | $1.84\times10^{19}$ |

表 4.3　对于 QPSK 信号，算法 4.4 在每次迭代中计算互信息和 MMSE 矩阵所需要的加法运算数

| $N_{\text{t}}$ | $N_s = 2$ | $N_s = 4$ | $N_s = N_{\text{t}}$ |
|---|---|---|---|
| 4 | 512 | 65,536 | 65,536 |
| 8 | 1024 | 131,072 | $4.29\times10^{9}$ |
| 16 | 2048 | 262,144 | $1.84\times10^{19}$ |
| 32 | 4096 | 524,288 | $3.40\times10^{38}$ |

表 4.4　对于 16QAM 信号，算法 4.4 在每次迭代中计算互信息和 MMSE 矩阵所需要的加法运算数

| $N_t$ | $N_s=2$ | $N_s=N_t$ |
|---|---|---|
| 4 | 512 | $4.29\times10^{9}$ |
| 8 | 1024 | $1.84\times10^{19}$ |
| 16 | 2048 | $3.40\times10^{38}$ |
| 32 | 4096 | $1.15\times10^{77}$ |

接下来，在实际MIMO信道中检验算法4.4的性能。考虑3GPP空间信道模型（Spatial Channel Model，SCM）的城市场景，发射端和接收端都分别配置半波长天线，车速为36km/h，传输路径为6个。通过3GPP SCM生成大量信道数据，再通过计算这些数据的统计特征得到 $\bar{\boldsymbol{H}}$ 、 $\tilde{\boldsymbol{G}}$ 、 $\boldsymbol{U}_{\mathrm{r}}$ 和 $\boldsymbol{U}_{\mathrm{t}}$ 。

图4.8展示了 $N_{\mathrm{t}}=N_{\mathrm{r}}=4$ 的3GPP SCM在QPSK调制信号下不同预编码方案的频谱效率与SNR的关系。参与对比的预编码方案如下。

（1）利用基于随机规划的高斯-赛德尔（Gauss-Seidel）算法设计的逼近信道容量的高斯预编码。

（2）最大比合并预编码。

（3）等功率分配预编码。

（4） $N_s=4$ 、 $N_s=2$ 时的算法4.4。

从图4.8中可以看到，基于分块传输设计的预编码（ $N_s=2$ ）的性能接近全空间搜索预编码（ $N_s=4$ ）的性能，其设计复杂度却远低于全空间搜索预编码。算法4.4中的预编码设计与高斯预编码和等功率分配预编码相比，都能获得显著的性能增益。

最大比合并预编码在低SNR时的性能接近算法4.4中的预编码设计和高斯预编码设计。这是因为最大比合并预编码属于波束赋形设计。在低SNR区域，对于高斯信号和离散调制信号来说，波束赋形的设计是近似最优的。然后，随着SNR的升高，波束赋形设计会有显著的性能损失。

图4.9展示了算法4.4在 $N_s=2$ 时式（4.101）中渐近频谱效率和式（4.92）中准确频谱效率的曲线。图4.9中的仿真信道模型与图4.8一致。从图4.9可以看到，即使在很小的天线数下，式（4.101）中的渐近频谱效率与式（4.92）中的准确频谱效率也非常接近。

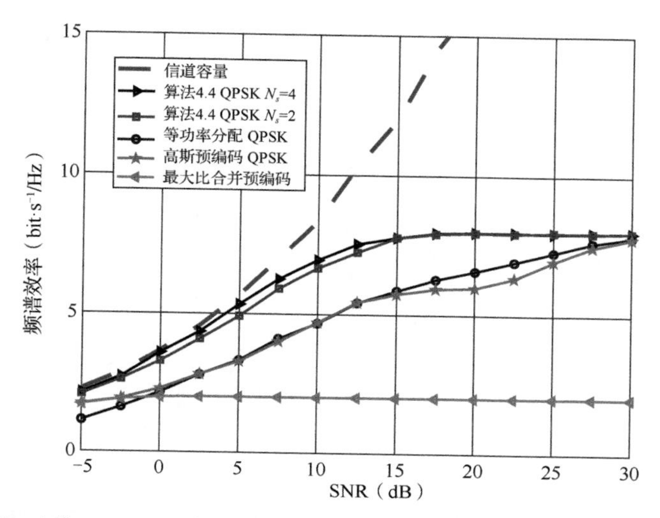


图 4.8　$N_t = N_r = 4$ 的 3GPP SCM 在 QPSK 调制信号下不同预编码方案的频谱效率与 SNR 的关系

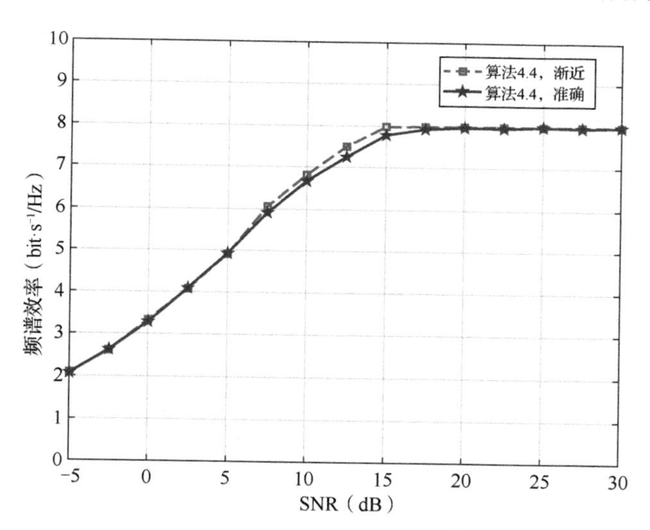


图 4.9　3GPP SCM 下，算法 4.4 在 $N_s = 2$ 时渐近频谱效率和准确频谱效率的曲线

图4.10和图4.11分别展示了在QPSK调制信号和16QAM信号下，算法4.4在 $N_t = N_r = 32$ 时3GPP SCM中不同预编码的频谱效率。图4.10中 $N_s = 4$，图4.11中 $N_s = 2$。当 $N_t = 32$ 时，对于QPSK调制信号和16QAM信号，准确计算一次各态历经互信息[式（4.92）]分别需要进行$4^{64}$次和$16^{64}$次加法操作。这个复杂度在实际运算中是无法接受的。而从图4.10和图4.11中可以看出，基于大规模MIMO分块传输思想设计的算法4.4仍然能够获得较好的频谱效率性能。

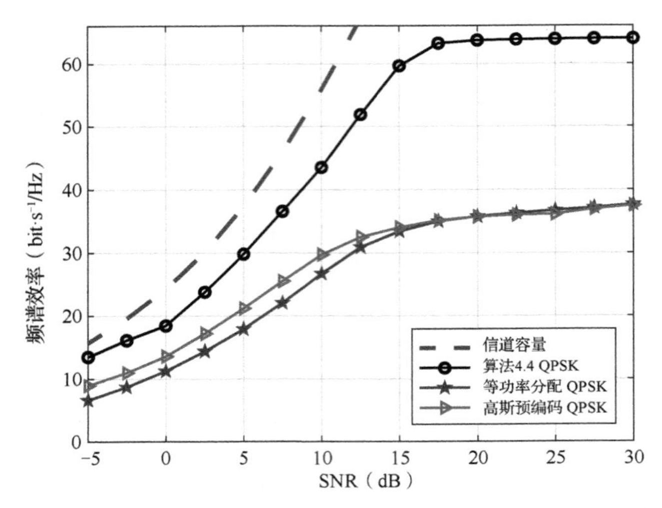


图 4.10　在 QPSK 调制信号下，算法 4.4 在 $N_t = N_r = 32$ 时 3GPP SCM 中不同预编码的频谱效率

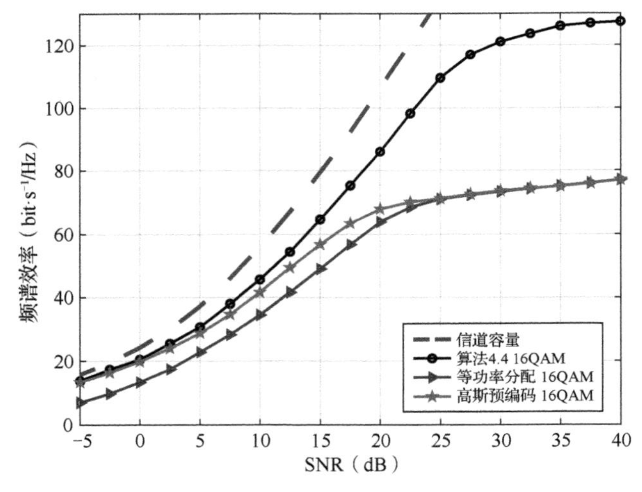


图 4.11　在 16QAM 信号下，算法 4.4 在 $N_t = N_r = 32$ 时 3GPP SCM 中不同预编码的频谱效率

# 4.4　本章小结

针对最基本的点对点MIMO通信系统，本章介绍了实际离散调制信号下的传输方案设计，包括在并行高斯信道下最大化互信息的水银注水功率分配策略，一般性MIMO高斯信道下最优特征模式传输方向、最优功率分配策略和最优右

酉矩阵求解算法，以及大规模MIMO下的低复杂度分块传输策略。本书后续章节介绍的更复杂的多用户MIMO系统离散调制信号传输方案设计需要在本章介绍的传输方案基础上进行拓展。

# 参考文献

[1] LOZANO A, TULINO A M, VERDŰ S. Optimum power allocation for parallel Gaussian channels with arbitrary input distributions[J]. IEEE Trans. Inform. Theory, 2008, 56(5): 828-837.

[2] ROCKAFELLAR R T. Convex analysis[M]. New Jersey: Princeton University Press, 1970.

[3] XIAO C, ZHENG Y R, DING Z. Globally optimal linear precoders for finite alphabet signals over complex vector Gaussian channels[J]. IEEE Trans. Signal Process., 2011, 59(7): 3301-3314.

[4] PALOMAR D P, CIOFFI J M, LAGUNAS M A. Joint Tx-Rx beamforming design for multicarrier MIMO channels: A unified framework for convex optimization[J]. IEEE Trans. Signal Process., 2003, 9(9): 2381-2401.

[5] ABSIL P, MAHONY R, SEPULCHRE R. Optimization algorithms on matrix manifolds [M]. New Jersey: Princeton University Press, 2008.

[6] EDWARDS S F, ANDERSON P W. Theory of spin glasses[J]. J. of Physics F: Metal Physics, 1975, 5(5): 965-974.

[7] WU Y, WEN C K, XIAO C, et al. Linear precoding for the MIMO multiple access channel with finite alphabet inputs and statistical CSI[J]. IEEE Trans. Wireless Commun., 2015, 14(2): 983-997.

# 第 5 章 离散调制信号下的多用户 MIMO 传输

实际应用中，由于基站MIMO信道角度扩展的局限性、移动终端配置多天线的高成本以及LoS等因素，单用户MIMO信道往往受到很大的限制，难以充分挖掘空间维度的无线资源。因此，同一时频资源上的多用户MIMO传输技术受到关注。多用户MIMO传输技术可以进一步提高空间无线资源的利用率。

本章介绍离散调制信号下的多用户MIMO传输的理论研究成果。首先推导上行MIMO MAC模型下最优预编码所满足的KKT条件，并据此设计最大化加权和速率的预编码迭代算法。然后，推导下行MIMO BC模型下最优线性预编码所满足的KKT条件，并据此设计最大化加权和速率的线性预编码迭代算法。最后，通过仿真验证所提出预编码设计的有效性。

# | 5.1 上行 MIMO MAC 的预编码设计 |

本节主要介绍上行MIMO MAC模型下的最大化离散调制信号速率域的预编码设计策略。

## 5.1.1 系统模型

考虑一个 $K$ 用户MIMO MAC模型：

$$\begin{aligned} \boldsymbol{y} &= \boldsymbol{H}_1\boldsymbol{G}_1\boldsymbol{x}_1 + \boldsymbol{H}_2\boldsymbol{G}_2\boldsymbol{x}_2 + \cdots + \boldsymbol{H}_K\boldsymbol{G}_K\boldsymbol{x}_K + \boldsymbol{n} \\ &= \boldsymbol{H}\boldsymbol{G}\boldsymbol{x} + \boldsymbol{n} \end{aligned} \tag{5.1}$$

其中，$\boldsymbol{H} = [\boldsymbol{H}_1, \cdots, \boldsymbol{H}_K]$，$\boldsymbol{x} = \left[\boldsymbol{x}_1^{\mathrm{T}}, \cdots, \boldsymbol{x}_K^{\mathrm{T}}\right]^{\mathrm{T}}$，$\boldsymbol{G} = \mathrm{Bdiag}\{\boldsymbol{G}_1, \cdots, \boldsymbol{G}_K\}$，Bdiag 表示块对角矩阵。假设接收端有 $N_{\mathrm{r}}$ 副天线，每个用户有 $N_{\mathrm{t}}$ 副天线；矩阵 $\boldsymbol{H}_i \in \mathbb{C}^{N_{\mathrm{r}} \times N_{\mathrm{t}}}$ 表示第 $i$ 个用户（发射端）和接收端之间的信道矩阵；接收端知道所有用户的信道信息，每个用户知道自己的信道信息；$\boldsymbol{n} \sim \mathrm{CN}\left(0, \sigma^2 \boldsymbol{I}_{N_{\mathrm{r}}}\right)$ 表示接收端的噪声向量；$\boldsymbol{x}_i$ 是第 $i$ 个用户的发射信号满足 $\mathrm{E}\left\{\boldsymbol{x}_i\boldsymbol{x}_i^{\mathrm{H}}\right\} = \boldsymbol{I}_{N_{\mathrm{t}}}$，从离散调制星座集合PSK、PAM或者QAM中取值；$\boldsymbol{G}_i$表示第 $i$ 个用户的预编码矩阵。

将所有用户分成集合 $A$ 和它的补集 $A^{\mathrm{c}}$ 两组，其中 $A = \left\{i_1, \cdots, i_{K_1}\right\} \subseteq \{1, \cdots, K\}$，$A^{\mathrm{c}} = \left\{j_1, \cdots, j_{K_2}\right\} \subseteq \{1, \cdots, K\}$，$K_1 + K_2 = K$。令 $\boldsymbol{x}_A = \left[\boldsymbol{x}_{i_1}^{\mathrm{T}}, \cdots, \boldsymbol{x}_{i_K}^{\mathrm{T}}\right]^{\mathrm{T}}$ 和 $\boldsymbol{x}_{A^{\mathrm{c}}} =$

$\left[\boldsymbol{x}_{j_1}^{\mathrm{T}},\cdots,\boldsymbol{x}_{j_{K_2}}^{\mathrm{T}}\right]^{\mathrm{T}}$。对于一组独立的输入信号分布 $p(\boldsymbol{x}_1),\cdots,p(\boldsymbol{x}_K)$，$K$ 用户MIMO MAC的可达容量域是速率向量 $(R_1,\cdots,R_K)$ 凸包的闭合，满足如下约束条件[1]：

$$\sum_{i\in A} R_i \leqslant I\left(\boldsymbol{x}_A;\boldsymbol{y}\middle|\boldsymbol{x}_{A^{\mathrm{c}}}\right),\ \forall A\subseteq\{1,\cdots,K\} \tag{5.2}$$

## 5.1.2 离散调制信号下的 MIMO MAC 速率域

在实际数字通信系统中，传输信号 $\boldsymbol{x}_i$ 是从等概率分布的离散星座集合PSK、PAM或者QAM中取值。假设 $M_i$ 表示第 $i$ 个用户发射信号星座集合的大小，则向量 $\boldsymbol{x}_i$ 共有 $N_i = M_i^{N_{\mathrm{t}}}$ 个可能的取值。令 $\boldsymbol{H}_A = \left[\boldsymbol{H}_{i_1},\cdots,\boldsymbol{H}_{i_{K_1}}\right]$ 和 $\boldsymbol{G}_A = \mathrm{Bdiag}\left\{\boldsymbol{G}_{i_1},\cdots,\boldsymbol{G}_{i_K}\right\}$，可得定理5.1。

**定理5.1**　当所有用户的离散信号 $\boldsymbol{x}_i$ 都服从独立且均匀分布时，$I\left(\boldsymbol{x}_A;\boldsymbol{y}\middle|\boldsymbol{x}_{A^{\mathrm{c}}}\right)$ 可以写为

$$I\left(\boldsymbol{x}_A;\boldsymbol{y}\middle|\boldsymbol{x}_{A^{\mathrm{c}}}\right) = \log_2 N_A - \frac{1}{N_A}\sum_{i=1}^{N_A}\mathrm{E}_{\boldsymbol{n}}\left\{\log_2\sum_{k=1}^{N_A}\exp\left(\frac{-\left\|\boldsymbol{H}_A\boldsymbol{G}_A\left(\boldsymbol{x}_A^i-\boldsymbol{x}_A^k\right)+\boldsymbol{n}\right\|^2+\|\boldsymbol{n}\|^2}{\sigma^2}\right)\right\} \tag{5.3}$$

其中，$N_A = \prod_{i\in A} N_i$，$\boldsymbol{x}_A^i$ 表示集合 $\boldsymbol{x}_A$ 中的第 $i$ 个可能的向量取值。

**证明**　$\boldsymbol{x}_A$ 和 $\boldsymbol{x}_{A^{\mathrm{c}}}$ 的先验概率分布可以表示为

$$p\left(\boldsymbol{x}_A = \boldsymbol{x}_A^i\right) = \frac{1}{N_A},\ p\left(\boldsymbol{x}_{A^{\mathrm{c}}} = \boldsymbol{x}_{A^{\mathrm{c}}}^k\right) = \frac{1}{N_{A^{\mathrm{c}}}} \tag{5.4}$$

其中，$N_{A^{\mathrm{c}}} = \prod_{i\in A^{\mathrm{c}}} N_i$。对于高斯信道模型 $\boldsymbol{y} = \boldsymbol{H}_A\boldsymbol{G}_A\boldsymbol{x}_A + \boldsymbol{H}_{A^{\mathrm{c}}}\boldsymbol{G}_{A^{\mathrm{c}}}\boldsymbol{x}_{A^{\mathrm{c}}} + \boldsymbol{n}$，$\boldsymbol{y}$ 的条件概率可以写为

$$p\left(\boldsymbol{y}\middle|\boldsymbol{x}_A = \boldsymbol{x}_A^{i_1},\boldsymbol{x}_{A^{\mathrm{c}}} = \boldsymbol{x}_{A^{\mathrm{c}}}^{i_2}\right) = \frac{1}{\left(\pi\sigma^2\right)^{N_{\mathrm{r}}}}\exp\left(-\frac{\left\|\boldsymbol{y}-\boldsymbol{H}_A\boldsymbol{G}_A\boldsymbol{x}_A^{i_1}-\boldsymbol{H}_{A^{\mathrm{c}}}\boldsymbol{G}_{A^{\mathrm{c}}}\boldsymbol{x}_{A^{\mathrm{c}}}^{i_2}\right\|^2}{\sigma^2}\right) \tag{5.5}$$

因此，条件熵 $H\left(\boldsymbol{y}\middle|\boldsymbol{x}_{A^{\mathrm{c}}}\right)$ 可以表示为

$$\begin{aligned} H\left(\boldsymbol{y}\middle|\boldsymbol{x}_{A^{\mathrm{c}}}\right) &= \sum_{i_2=1}^{N_{A^{\mathrm{c}}}} p\left(\boldsymbol{x}_{A^{\mathrm{c}}} = \boldsymbol{x}_{A^{\mathrm{c}}}^{i}\right) H\left(\boldsymbol{y}\middle|\boldsymbol{x}_{A^{\mathrm{c}}} = \boldsymbol{x}_{A^{\mathrm{c}}}^{i_2}\right) \\ &= -\frac{1}{N_{A^{\mathrm{c}}}}\sum_{i_2=1}^{N_{A^{\mathrm{c}}}}\int p\left(\boldsymbol{y}\middle|\boldsymbol{x}_{A^{\mathrm{c}}} = \boldsymbol{x}_{A^{\mathrm{c}}}^{i_2}\right)\log_2 p\left(\boldsymbol{y}\middle|\boldsymbol{x}_{A^{\mathrm{c}}} = \boldsymbol{x}_{A^{\mathrm{c}}}^{i_2}\right)\mathrm{d}\boldsymbol{y} \end{aligned}$$

$$= -\frac{1}{N_{A^c}}\sum_{i_2=1}^{N_{A^c}}\int\frac{1}{N_A}\sum_{i_1=1}^{N_A}p\left(\boldsymbol{y}\middle|x_A=\boldsymbol{x}_A^{i_1},\boldsymbol{x}_{A^c}=\boldsymbol{x}_{A^c}^{i_2}\right) \times\log_2\left[\frac{1}{N_A}\sum_{k_1=1}^{N_A}p\left(\boldsymbol{y}\middle|\boldsymbol{x}_A=\boldsymbol{x}_A^{i_1},\boldsymbol{x}_{A^c}=\boldsymbol{x}_{A^c}^{i_2}\right)\right]\mathrm{d}\boldsymbol{y} \tag{5.6}$$

将式（5.5）代入式（5.6），并根据关系式 $\boldsymbol{y}-\boldsymbol{H}_A\boldsymbol{G}_A\boldsymbol{x}_A^{i_1}-\boldsymbol{H}_{A^c}\boldsymbol{G}_{A^c}\boldsymbol{x}_{A^c}^{i_2}=\boldsymbol{n}$，有

$$H\left(\boldsymbol{y}\middle|\boldsymbol{x}_{A^c}\right)=\log_2 N_A-\frac{1}{N_A}\sum_{i_1=1}^{N_A}\mathrm{E}_{\boldsymbol{n}}\left\{\log_2\sum_{k_1=1}^{N_A}\frac{1}{\left(\pi\sigma^2\right)^{N_r}}\exp\left(\frac{-\left\|\boldsymbol{H}_A\boldsymbol{G}_A\left(\boldsymbol{x}_A^{i_1}-\boldsymbol{x}_A^{k_1}\right)+\boldsymbol{n}\right\|^2}{\sigma^2}\right)\right\} \tag{5.7}$$

同样地，可以得到 $H\left(\boldsymbol{y}\middle|\boldsymbol{x}_A,\boldsymbol{x}_{A^c}\right)$ 的表达式如下：

$$H\left(\boldsymbol{y}\middle|\boldsymbol{x}_A,\boldsymbol{x}_{A^c}\right)=E_{\boldsymbol{n}}\left\{\log_2\frac{1}{\left(\pi\sigma^2\right)^{N_r}}\exp\left(-\frac{\|\boldsymbol{n}\|^2}{\sigma^2}\right)\right\} \tag{5.8}$$

根据式（5.7）和式（5.8），定理5.1得证。

式（5.2）中速率域的边界点可以通过求解加权和速率优化问题来达到[2]。不失一般性，假设 $\mu_1\geqslant\cdots\geqslant\mu_K=\mu_{K+1}=0$，即最先解码第 $K$ 个用户，最后解码第1个用户。离散调制信号下最大化加权和速率的优化问题可以等价为以下优化问题：

$$\begin{aligned}&\max_{\boldsymbol{G}_1,\cdots,\boldsymbol{G}_K} g\left(\boldsymbol{G}_1,\cdots,\boldsymbol{G}_K\right)=\sum_{i=1}^{K}\varDelta_i f\left(\boldsymbol{G}_1,\cdots,\boldsymbol{G}_K\right)\\&\mathrm{tr}\left(\boldsymbol{G}_i\boldsymbol{G}_i^{\mathrm{H}}\right)\leqslant P_i,\quad i=1,\cdots,K\end{aligned} \tag{5.9}$$

其中，$\varDelta_i=\mu_i-\mu_{i+1}$，$i=1,\cdots,K$；$f\left(\boldsymbol{G}_1,\cdots,\boldsymbol{G}_K\right)=I\left(\boldsymbol{x}_1,\cdots,\boldsymbol{x}_i;\boldsymbol{y}\middle|\boldsymbol{x}_{i+1},\cdots,\boldsymbol{x}_K\right)$，可以由式（5.3）计算。当 $\mu_1=\mu_2=\cdots=\mu_K=1$ 时，加权和速率优化问题退化为和速率优化问题。

### 5.1.3 上行 MIMO MAC 下最优预编码矩阵的必要条件

首先推导最大化式（5.9）中 $g\left(\boldsymbol{G}_1,\cdots,\boldsymbol{G}_K\right)$ 的最优预编码矩阵 $\left\{\boldsymbol{G}_1,\cdots,\boldsymbol{G}_K\right\}$ 所满足的必要条件。

**定理5.2** 最大化式（5.9）中的预编码矩阵 $\left\{\boldsymbol{G}_1,\cdots,\boldsymbol{G}_K\right\}$ 满足：

$$\lambda_i\boldsymbol{G}_i=\sum_{j=i}^{K}\varDelta_j\boldsymbol{H}_i^{\mathrm{H}}\boldsymbol{H}_{A_j}\boldsymbol{G}_{A_j}\boldsymbol{E}_{A_j}^{i} \tag{5.10}$$

$$\lambda_i\left[\mathrm{tr}\left(\boldsymbol{G}_i\boldsymbol{G}_i^{\mathrm{H}}\right)-P_i\right]=0 \tag{5.11}$$

$$\mathrm{tr}\left(\boldsymbol{G}_i\boldsymbol{G}_i^{\mathrm{H}}\right)-P_i\leqslant 0 \tag{5.12}$$

$$\lambda_i\geqslant 0 \tag{5.13}$$

其中，$i=1,\cdots,K$。

对于集合 $A_j=\{1,\cdots,j\}$，有 $\boldsymbol{H}_{A_j}=\left[\boldsymbol{H}_1,\cdots,\boldsymbol{H}_j\right]$和 $\boldsymbol{G}_{A_j}=\mathrm{Bdiag}\{\boldsymbol{G}_1,\cdots,\boldsymbol{G}_K\}$。矩阵 $\boldsymbol{E}_{A_j}^i\in\mathbb{C}^{N_t j\times N_t}$ 表示MMSE矩阵 $\boldsymbol{E}_{A_j}$ 的第 $i$ 个列块，其中 $\boldsymbol{E}_{A_j}$ 定义为

$$\boldsymbol{E}_{A_j}=\mathrm{E}\left\{\left(\boldsymbol{x}_{A_j}-\mathrm{E}\left\{\boldsymbol{x}_{A_j}\middle|\boldsymbol{y},\boldsymbol{x}_{A_j^c}\right\}\right)\left(\boldsymbol{x}_{A_j}-\mathrm{E}\left\{\boldsymbol{x}_{A_j}\middle|\boldsymbol{y},\boldsymbol{x}_{A_j^c}\right\}\right)^{\mathrm{H}}\right\} \tag{5.14}$$

**证明**　式（5.9）的拉格朗日形式可以写为

$$L(\boldsymbol{G},\boldsymbol{\lambda})=-g\left(\boldsymbol{G}_1,\cdots,\boldsymbol{G}_K\right)+\sum_{i=1}^{K}\lambda_i\left[\mathrm{tr}\left(\boldsymbol{G}_i\boldsymbol{G}_i^{\mathrm{H}}\right)-P_i\right] \tag{5.15}$$

其中，$\lambda_i\geqslant 0,\ i=1,\cdots,K$。因此，关于矩阵$\{\boldsymbol{G}_1,\cdots,\boldsymbol{G}_K\}$的KKT条件可以写为

$$\nabla_{\boldsymbol{G}_i}L=-\nabla_{\boldsymbol{G}_i}g\left(\boldsymbol{G}_1,\cdots,\boldsymbol{G}_K\right)+\lambda_i\boldsymbol{G}_i=0 \tag{5.16}$$

$$\lambda_i\left[\mathrm{tr}\left(\boldsymbol{G}_i\boldsymbol{G}_i^{\mathrm{H}}\right)-P_i\right]=0 \tag{5.17}$$

$$\mathrm{tr}\left(\boldsymbol{G}_i\boldsymbol{G}_i^{\mathrm{H}}\right)-P_i\leqslant 0 \tag{5.18}$$

$$\lambda_i\geqslant 0 \tag{5.19}$$

其中，$i=1,\cdots,K$。

根据第3章介绍的互信息和MMSE矩阵之间的关系，式（5.9）中 $f\left(\boldsymbol{G}_1,\cdots,\boldsymbol{G}_K\right)$ 的梯度可以写为

$$\nabla_{\boldsymbol{G}_{A_j}}f\left(\boldsymbol{G}_1,\cdots,\boldsymbol{G}_j\right)=\frac{\log_2 e}{\sigma^2}\boldsymbol{H}_{A_j}^{\mathrm{H}}\boldsymbol{H}_{A_j}\boldsymbol{G}_{A_j}\boldsymbol{E}_{A_j} \tag{5.20}$$

对于 $j\geqslant i$，有

$$\boldsymbol{G}_i=\left(\boldsymbol{e}_i\otimes\boldsymbol{I}_{N_t}\right)\boldsymbol{G}_{A_j}\left(\boldsymbol{e}_i^{\mathrm{H}}\otimes\boldsymbol{I}_{N_t}\right) \tag{5.21}$$

因此，可得

$$\begin{aligned}\nabla_{\boldsymbol{G}_i}f\left(\boldsymbol{G}_1,\cdots,\boldsymbol{G}_j\right)&=\left(\boldsymbol{e}_i\otimes\boldsymbol{I}_{N_t}\right)\nabla_{\boldsymbol{G}_{A_j}}f\left(\boldsymbol{G}_1,\cdots,\boldsymbol{G}_j\right)\left(\boldsymbol{e}_i^{\mathrm{H}}\otimes\boldsymbol{I}_{N_t}\right)\\&=\frac{\log_2 e}{\sigma^2}\boldsymbol{H}_i^{\mathrm{H}}\boldsymbol{H}_{A_j}\boldsymbol{G}_{A_j}\boldsymbol{E}_{A_j}^i\end{aligned} \tag{5.22}$$

其中，$\boldsymbol{E}_{A_j}^i=\boldsymbol{E}_{A_j}\left(\boldsymbol{e}_i^{\mathrm{H}}\otimes\boldsymbol{I}_{N_t}\right)\in\mathbb{C}^{N_t j\times N_t}$，是MMSE矩阵 $\boldsymbol{E}_{A_j}$ 的第 $i$ 列块。将式（5.22）代入式（5.16），并令 $\lambda_i=\lambda_i\sigma^2/\log_2 e$，定理5.2得证。

## 5.1.4 最大化加权和速率的预编码迭代算法

从式（5.16）可以看出，每个用户的最优预编码矩阵都与其他用户的预编码矩阵相关联。这类多维变量优化问题可以利用交替优化方法求解，即优化其中一个变量的时候保持另外的变量不变。据此，设计一个迭代算法来最大化式（5.9）中的加权和速率。在每次算法迭代时，只更新其中某个用户的预编码矩阵 $\boldsymbol{G}_i$ 而保持其他不变。对于第 $n$ 次迭代中的第 $i$ 个用户，首先根据梯度方向更新预编码矩阵 $\boldsymbol{G}_i$：

$$\tilde{\boldsymbol{G}}_i^n = \boldsymbol{G}_i^n + t\nabla_{\boldsymbol{G}_i} g\left(\boldsymbol{G}_1^n, \cdots, \boldsymbol{G}_K^n\right) \tag{5.23}$$

其中，$t$ 是梯度更新的步长。如果 $\left\|\tilde{\boldsymbol{G}}_i^n\right\|_{\mathrm{F}}^2 > P_i$，可以将 $\tilde{\boldsymbol{G}}_i^n$ 投影到满足约束条件的区域：

$$\boldsymbol{G}_i^{n+1} = \left[\tilde{\boldsymbol{G}}_i^n\right]_{\mathrm{tr}\left(\boldsymbol{G}\boldsymbol{G}^{\mathrm{H}} \leqslant P_i\right)}^{+} = \sqrt{P_i}\tilde{\boldsymbol{G}}_i^n / \left\|\tilde{\boldsymbol{G}}_i^n\right\|_{\mathrm{F}} \tag{5.24}$$

梯度更新的步长 $t$ 可以利用回溯搜索方法确定。

与式（5.3）类似，MMSE矩阵 $\boldsymbol{E}_{A_j}$ 也可以通过蒙特卡洛仿真计算获得。当 $N_{A_j} = \prod_{i \in A_j} N_i$ 且 $p\left(\boldsymbol{x}_{A_j} = \boldsymbol{x}_{A_j}^i\right) = 1/N_{A_j}$ 时，$\boldsymbol{x}_{A_j}$ 的MMSE估计可以写为

$$\begin{aligned}
\hat{\boldsymbol{x}}_{A_j} &= \mathrm{E}\left\{\boldsymbol{x}_{A_j} \middle| \boldsymbol{y}, \boldsymbol{x}_{A_j^{\mathrm{c}}}\right\} = \sum_{l=1}^{N_{A_j}} \boldsymbol{x}_{A_j}^l p\left(\boldsymbol{x}_{A_j}^l \middle| \boldsymbol{y}, \boldsymbol{x}_{A_j^{\mathrm{c}}}\right) \\
&= \frac{\sum_{l=1}^{N_{A_j}} \boldsymbol{x}_{A_j}^l p\left(\boldsymbol{y} \middle| \boldsymbol{x}_{A_j} = \boldsymbol{x}_{A_j}^l, \boldsymbol{x}_{A_j^{\mathrm{c}}}\right)}{\sum_{i=1}^{N_{A_j}} p\left(\boldsymbol{y} \middle| \boldsymbol{x}_{A_j} = \boldsymbol{x}_{A_j}^i, \boldsymbol{x}_{A_j^{\mathrm{c}}}\right)}
\end{aligned} \tag{5.25}$$

其中

$$p\left(\boldsymbol{y} \middle| \boldsymbol{x}_{A_j} = \boldsymbol{x}_{A_j}^l, \boldsymbol{x}_{A_j^{\mathrm{c}}}\right) = \frac{1}{\left(\pi\sigma^2\right)^{N_{\mathrm{r}}}} \exp\left(-\frac{\left\|\boldsymbol{y} - \boldsymbol{H}_{A_j}\boldsymbol{G}_{A_j}\boldsymbol{x}_{A_j}^l - \boldsymbol{H}_{A_j^{\mathrm{c}}}\boldsymbol{G}_{A_j^{\mathrm{c}}}\boldsymbol{x}_{A_j^{\mathrm{c}}}^l\right\|^2}{\sigma^2}\right) \tag{5.26}$$

将式（5.25）和式（5.26）代入式（5.14），MMSE矩阵可以写为

$$\boldsymbol{E}_{A_j} = \boldsymbol{I}_{N_{\mathrm{t}},j} - \frac{1}{N_A}\sum_{m=1}^{N_A} \mathrm{E}_{\boldsymbol{n}}\left\{\frac{\left[\sum_{l=1}^{N_A} \boldsymbol{x}_{A_j}^l q_{m,l}(\boldsymbol{n})\right]\left[\sum_{k=1}^{N_A} \left(\boldsymbol{x}_{A_j}^l\right)^{\mathrm{H}} q_{m,k}(\boldsymbol{n})\right]}{\left[\sum_{i=1}^{N_A} q_{m,i}(\boldsymbol{n})\right]^2}\right\} \tag{5.27}$$

其中，函数 $q_{m,l}(\boldsymbol{n})$ 可以定义为

$$q_{m,l}(\boldsymbol{n})=\exp\left(-\frac{\left\|\boldsymbol{H}_{A_j}\boldsymbol{G}_{A_j}\left(\boldsymbol{x}_{A_j}^{m}-\boldsymbol{x}_{A_j}^{l}\right)+\boldsymbol{v}\right\|^{2}}{\sigma^{2}}\right) \tag{5.28}$$

综上所述，最大化加权和速率的迭代算法具体步骤如算法5.1所示。

**算法5.1　搜索最大化加权和速率 $g\left(\boldsymbol{G}_1,\cdots,\boldsymbol{G}_K\right)$ 的预编码矩阵 $\boldsymbol{G}_i$**

步骤1：初始化 $\boldsymbol{G}_i$（$i=1,\cdots,K$）。设定最大迭代步数 $N_{\text{iter}}$ 和门限 $\varepsilon$。

步骤2：通过式（5.3）和式（5.27）来计算 $g\left(\boldsymbol{G}_1,\cdots,\boldsymbol{G}_K\right)$ 和 $\boldsymbol{E}_{A_j}$。设$n$=1。

步骤3：设 $i=1$。

步骤4：根据式（5.23）更新 $\tilde{\boldsymbol{G}}_i^n$，其中梯度方向由式（5.10）给出。利用回溯搜索方法确定式（5.23）中的梯度更新步长 $t$。

步骤5：根据式（5.24）归一化 $\tilde{\boldsymbol{G}}_i^n$。

步骤6：令 $i=i+1$。如果 $i\leqslant K$，跳转至步骤4。

步骤7：计算$g\left(\tilde{\boldsymbol{G}}_1^n,\cdots,\tilde{\boldsymbol{G}}_K^n\right)$。如果$g\left(\tilde{\boldsymbol{G}}_1^n,\cdots,\tilde{\boldsymbol{G}}_K^n\right)-g\left(\tilde{\boldsymbol{G}}_1^n,\cdots,\tilde{\boldsymbol{G}}_K^n\right)>\varepsilon$且$n\leqslant N_{\text{iter}}$，则 $\boldsymbol{G}_i^{n+1}=\tilde{\boldsymbol{G}}_i^n$（$i=1,\cdots,K$）。令 $n=n+1$，跳转至步骤3。

步骤8：输出 $\boldsymbol{G}_1^n,\cdots,\boldsymbol{G}_K^n$。

### 5.1.5　MIMO MAC 下的迭代接收机

前文从优化互信息的角度讨论了离散调制信号下MIMO MAC预编码设计问题。在实际系统中，另外一个重点关注的指标是BER和误帧率。因此，本小节介绍MIMO MAC下的迭代接收机。具体地，所有用户采用LDPC编码和5.1.5小节中设计的预编码矩阵 $\boldsymbol{G}_i^n$。在接收端，软检测和信道解码之间采用迭代机制来确保较好的BER性能。

图5.1展示了一组 $K$ 个用户的MIMO MAC发射机。第 $i$ 个用户传输的数据块 $\boldsymbol{u}_i$ 经过LDPC编码生成比特 $\boldsymbol{c}_i$；比特 $\boldsymbol{c}_i$ 通过交织器 $\Pi$ 之后生成 $\boldsymbol{b}_i$，并被送到调制器；调制后的信号通过串/并转换器生成 $N_{\text{t}}$ 个独立的数据流向量 $\boldsymbol{x}_i$。最后，发射信号 $\boldsymbol{x}_i$ 与预编码矩阵 $\boldsymbol{G}_i$ 相乘，并通过 $N_{\text{t}}$ 副天线传输到空间中。

图5.2展示了MIMO MAC迭代接收机的总体架构。信息在MIMO MAC 软检测器和一组LDPC信道软解码器之间迭代。每次迭代的大致过程：多用户软检测器根据接收信号$\boldsymbol{y}$和比特先验信息 $L_{\text{A}}\left(\boldsymbol{b}_i\right)$ 生成外信息 $L_{\text{E}}\left(\boldsymbol{b}_i\right)$（$i=1,\cdots,K$）；外信息 $L_{\text{E}}\left(b_i\right)$ 通过交织器 $\Pi^{-1}$生成内信息 $L_{\text{A}}\left(\boldsymbol{c}_i\right)$，该内信息被送入用户 $i$ 的LDPC解码器。LDPC解码器利用经典的LPDC软解码算法（如对数域的和集算法），根

据编码比特 $\boldsymbol{c}_i$ 之间的冗余计算出内信息 $L_{\mathrm{D}}\left(\boldsymbol{c}_i\right)$。信道解码完成之后，$L_{\mathrm{A}}\left(\boldsymbol{c}_i\right)$ 减去 $L_{\mathrm{D}}\left(\boldsymbol{c}_i\right)$，即可通过交织器 $\Pi$ 送回MIMO MAC软检测器，作为下一次迭代的先验信息 $L_{\mathrm{A}}\left(\boldsymbol{b}_i\right)$。完成最后一次迭代后，LPDC解码器根据 $L_{\mathrm{D}}\left(\boldsymbol{c}_i\right)$（$i=1,\cdots,K$）来判断每个用户的信息比特。

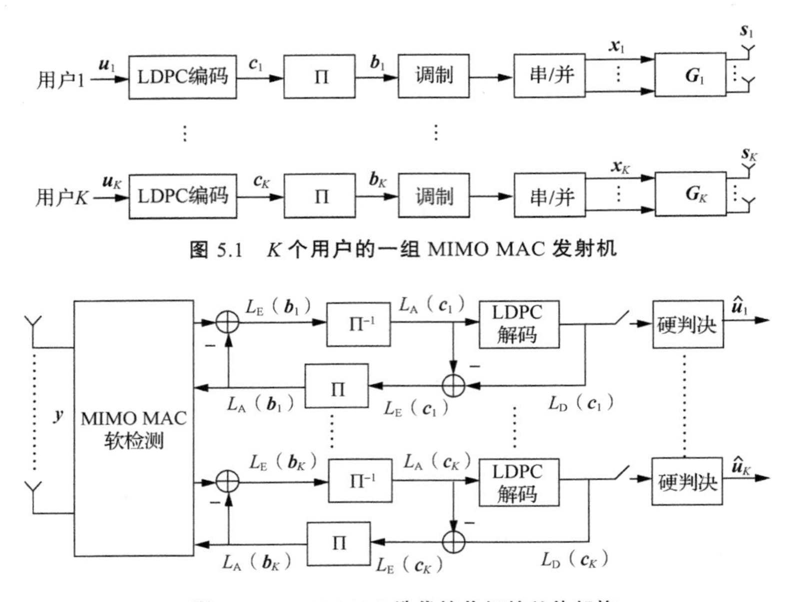


图 5.1　$K$ 个用户的一组 MIMO MAC 发射机

图 5.2　MIMO MAC 迭代接收机的总体架构

对于图5.2中的MIMO MAC软检测器，我们采用最优的最大似然检测[3]。对于接收信号$\boldsymbol{y}$，外信息 $L_{\mathrm{E}}\left(\boldsymbol{b}_i\right)$ 可以通过式（5.29）计算：

$$L_{\mathrm{E}}\left(b_{i,j}\right)=\ln\frac{\sum\limits_{\boldsymbol{b}\in\mathbb{B}_{k,+1}}p\left(\boldsymbol{y}|\boldsymbol{b}\right)\exp\left[\frac{1}{2}\boldsymbol{b}_{[k]}^{\mathrm{T}}L_{\mathrm{A}}\left(\boldsymbol{b}_{[k]}\right)\right]}{\sum\limits_{\boldsymbol{b}\in\mathbb{B}_{k,+1}}p\left(\boldsymbol{y}|\boldsymbol{b}\right)\exp\left[\frac{1}{2}\boldsymbol{b}_{[k]}^{\mathrm{T}}L_{\mathrm{A}}\left(\boldsymbol{b}_{[k]}\right)\right]} \tag{5.29}$$

其中，$b_{i,j}$ 表示第 $i$ 个用户比特向量 $\boldsymbol{b}_i$ 的第 $j$ 个比特，$1\leqslant i\leqslant K$，$1\leqslant j\leqslant M_{\mathrm{c}}N_{\mathrm{t}}$；$M_{\mathrm{c}}$ 表示离散调制星座集合的大小；向量 $\boldsymbol{b}=\left[\boldsymbol{b}_1^{\mathrm{T}},\cdots,\boldsymbol{b}_K^{\mathrm{T}}\right]^{\mathrm{T}}$，包含了所有用户交织后的比特；向量 $\boldsymbol{b}_{[k]}$ 表示将向量 $\boldsymbol{b}$ 的第 $k$ 个元素删除后得到的子向量，其中 $k=\left(i-1\right)M_{\mathrm{c}}N_{\mathrm{t}}+j$；向量 $L_{\mathrm{A}}\left(\boldsymbol{b}_{[k]}\right)$ 表示比特 $\boldsymbol{b}_{[k]}$ 的先验信息；集合 $\mathbb{B}_{k,+1}$ 和 $\mathbb{B}_{k,-1}$ 表示 $2^{M_{\mathrm{c}}N_{\mathrm{t}}K-1}$ 个比特向量的集合，其中第 $k$ 个元素分别等于 +1 和 −1。式（5.29）中的信道似然函数可以写为

$$p(\boldsymbol{y}|\boldsymbol{b}) = p\left[\boldsymbol{y}|\boldsymbol{x} = \mathrm{map}(\boldsymbol{b})\right] = \frac{1}{\left(\pi\sigma^2\right)^{N_r}}\exp\left(-\frac{\left\|\boldsymbol{y}-\boldsymbol{H}\boldsymbol{x}\right\|^2}{\sigma^2}\right) \tag{5.30}$$

其中，$\boldsymbol{x} = \mathrm{map}(\boldsymbol{b})$ 表示从比特向量 $\boldsymbol{b}$ 到符号向量$\boldsymbol{x}$的映射。

### 5.1.6 仿真验证

假设 $P_1 = P_2 = P$ 并定义 $\mathrm{SNR} = P/\sigma^2$ 。考虑一个两用户的MIMO MAC模型，所有用户都采用QPSK调制方式。用户信道模型如下：

$$\boldsymbol{H}_1 = \begin{bmatrix} 1.39 & 0.11\mathrm{j} \\ -0.11\mathrm{j} & 0.21 \end{bmatrix},\ \boldsymbol{H}_2 = \begin{bmatrix} 1.22 & 0 \\ 0 & 0.71 \end{bmatrix} \tag{5.31}$$

图5.3展示了QPSK信号下不同预编码设计的和速率曲线。可以看出，算法5.1中的预编码设计的和速率在整个SNR区域都高于等功率分配算法和迭代注水算法。在目标和速率达到6bit·s$^{-1}$/Hz的情况下，算法5.1与等功率分配算法和迭代注水算法相比，分别能获得5dB和40dB的性能增益。同时从图5.3中可以看到，算法5.1的性能在中低SNR区域逼近理想高斯信号下的迭代注水上界，而在高SNR区域趋于8bit·s$^{-1}$/Hz的饱和速率，从而证明了算法5.1的近似最优性能。

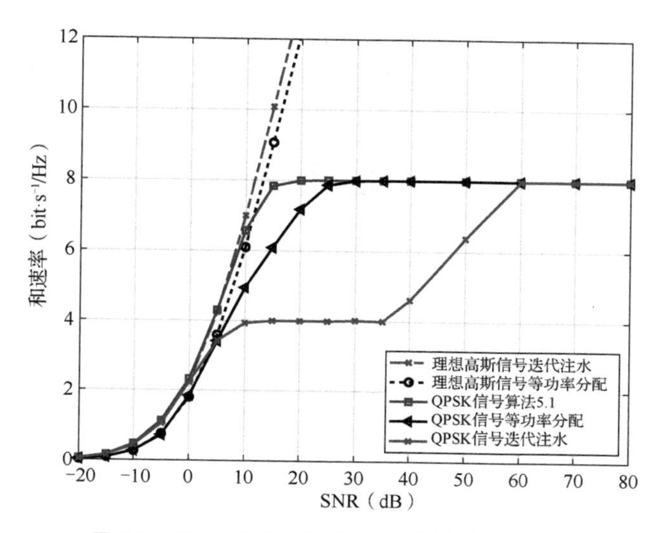


**图 5.3　QPSK 信号下不同预编码设计的和速率曲线**

图5.4展示了QPSK信号下不同预编码设计的速率域曲线，其中 SNR = 10dB。

类似地，从图5.4中可以看到，算法5.1获得的速率域要大于等功率分配算法和迭代注水算法所获得的速率域。

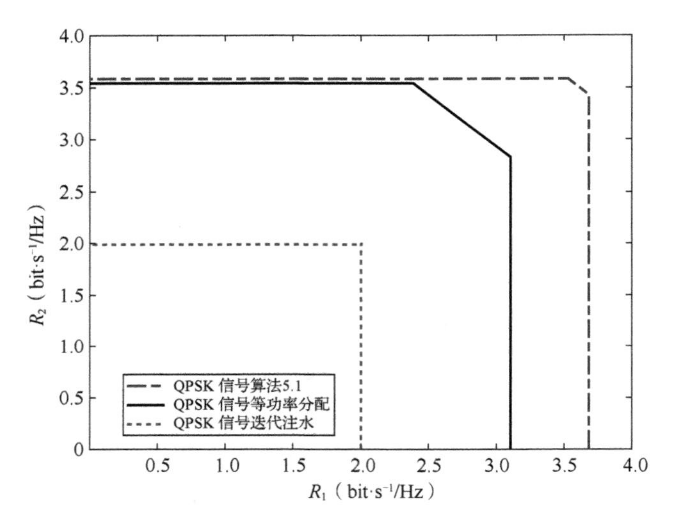


**图 5.4　QPSK 信号下不同预编码设计的速率域曲线**

图5.5展示了不同预编码设计在5.1.5小节介绍的迭代接收机结构下的BER曲线，其中LPDC编码的码率为0.75。可以看到，在目标BER达到 $10^{-4}$ 的情况下，算法5.1与等功率分配算法和迭代注水算法相比，能分别获得约6dB和40dB的性能增益，这与互信息曲线的增益基本保持一致。

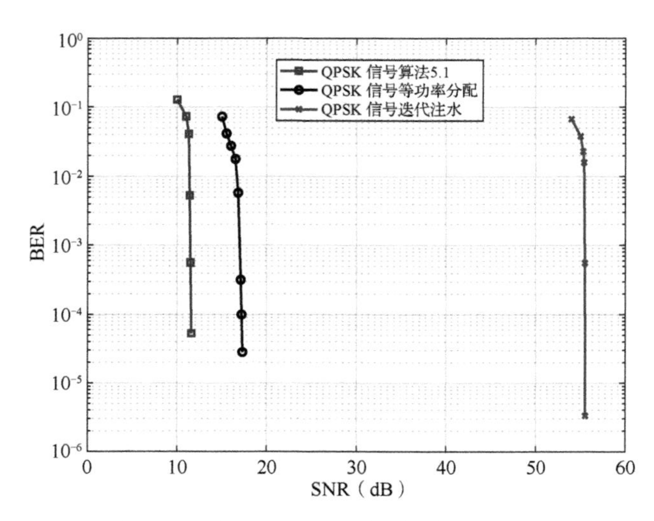


**图 5.5　不同预编码设计在 5.1.5 小节介绍的迭代接收机结构下的 BER 曲线**

# 5.2 下行 MIMO BC 的预编码设计

本节主要介绍下行MIMO BC下最大化离散调制信号速率域的预编码设计策略。

## 5.2.1 系统模型

考虑一个 $K$ 用户MIMO BC模型：

$$\boldsymbol{y}_k = \boldsymbol{H}_k \boldsymbol{x} + \boldsymbol{v}_k,\ k=1,\cdots,K \tag{5.32}$$

假设发射端有 $N_\mathrm{t}$ 副天线，每个用户有 $N_\mathrm{r}$ 副天线。$\boldsymbol{x} \in \mathbb{C}^{N_\mathrm{t}\times 1}$，表示发射信号；$\boldsymbol{y}_k \in \mathbb{C}^{N_\mathrm{r}\times 1}$，表示第 $k$ 个用户的接收信号；$\boldsymbol{H}_k \in \mathbb{C}^{N_\mathrm{r}\times N_\mathrm{t}}$，表示第 $k$ 个用户的信道；$\boldsymbol{v}_k$ 表示第 $k$ 个用户的噪声向量，其元素服从零均值、单位方差独立复高斯分布。

发射信号 $\boldsymbol{x}$ 可以写为

$$\boldsymbol{x} = \sum_{k=1}^{K} \boldsymbol{G}_k \boldsymbol{d}_k \tag{5.33}$$

其中，$\boldsymbol{G}_k$ 和 $\boldsymbol{d}_k$ 分别是第 $k$ 个用户的线性预编码矩阵和传输数据向量。假设 $\boldsymbol{d}_k$ 是一个零均值、协方差矩阵为 $\boldsymbol{I}_{N_\mathrm{t}}$ 的数据向量。

发射信号 $\boldsymbol{x}$ 满足一个总功率约束：

$$\mathrm{E}\left\{\boldsymbol{x}^\mathrm{H}\boldsymbol{x}\right\} = \sum_{k=1}^{K} \mathrm{tr}\left(\boldsymbol{G}_k \boldsymbol{G}_k^\mathrm{H}\right) \leqslant P \tag{5.34}$$

## 5.2.2 离散调制信号下的 MIMO BC 可达速率

假设 $\boldsymbol{d}_k$ 从大小为 $Q$ 的离散星座中取值；定义 $M = Q^{N_\mathrm{t}}$ 和集合 $I = \{1,\cdots,M\}$，并定义 $K$ 级笛卡儿积 $A^K=\left\{(x_1,\cdots,x_K)\middle| x_k \in I,\ k=1,\cdots,K\right\}$ 和 $K-1$ 级笛卡儿积 $A_k^{K-1}=\left\{(x_1,\cdots,x_{t-1},x_{t+1},\cdots,x_K)\middle| x_t \in I,\ t=1,\cdots,k-1,k+1,\cdots,K\right\}$（$k=1,\cdots,K$）；令 $S$ 表示第 $k$ 个用户的离散调制信号集合，$a_{k,j}$ 表示集合 $S$ 中的第 $j$ 个元素（$k=1,\cdots,K$，$j=1,\cdots,M$）。根据以上定义，可以得到定理5.3。

**定理5.3**　当式（5.33）中的 $\boldsymbol{d}_k$ 从离散调制信号集合 $S$ 中取值时，第 $k$ 个用户的可达速率可以写为

$$R_k = \log_2 M + \frac{1}{M^{K-1}} \sum_{\boldsymbol{m}_k \in A_k^{K-1}} \mathrm{E}_{\boldsymbol{v}}\left\{I_{1,k}(\boldsymbol{m}_k,\boldsymbol{v})\right\} - \frac{1}{M^K} \sum_{\boldsymbol{m}\in A^K} \mathrm{E}_{\boldsymbol{v}}\left\{I_{2,k}(\boldsymbol{m},\boldsymbol{v})\right\} \tag{5.35}$$

其中

$$I_{1,k}\left(\boldsymbol{m}_k,\boldsymbol{v}\right)=\log_2\sum_{n_k\in A_k^{K-1}}\exp\left(-\frac{\left\|\boldsymbol{H}_k\left(\sum_{j=1,j\neq k}^{K}\boldsymbol{G}_j\left(\boldsymbol{a}_{j,m_j}-\boldsymbol{a}_{j,n_j}\right)\right)+\boldsymbol{v}\right\|^2}{\sigma^2}\right) \tag{5.36}$$

$$I_{2,k}\left(\boldsymbol{m},\boldsymbol{v}\right)=\log_2\sum_{n\in A^K}\exp\left(-\frac{\left\|\boldsymbol{H}_k\left(\sum_{j=1}^{K}\boldsymbol{G}_j\left(\boldsymbol{a}_{j,m_j}-\boldsymbol{a}_{j,n_j}\right)\right)+\boldsymbol{v}\right\|^2}{\sigma^2}\right) \tag{5.37}$$

其中，$\boldsymbol{m}=\left(m_1,\cdots,m_K\right)$，$\boldsymbol{m}_k=\left(m_1,\cdots,m_{k-1},m_{k+1},\cdots,m_K\right)$，$\boldsymbol{n}=\left(n_1,\cdots,n_K\right)$，$n_k=\left(n_1,\cdots,n_{k-1},n_{k+1},\cdots,n_K\right)$，$\boldsymbol{v}\sim\mathrm{CN}\left(0,\sigma^2\boldsymbol{I}\right)$。

**证明** 因为 $\boldsymbol{d}_k$ 是均匀分布，即

$$p\left(\boldsymbol{d}_k=\boldsymbol{a}_{k,j}\right)=\frac{1}{M},\ j=1,\cdots,M,\ k=1,\cdots,K \tag{5.38}$$

因此，$\boldsymbol{d}_k$ 的熵可以写为

$$H\left(d_k\right)=\log_2 M \tag{5.39}$$

根据条件熵的定义，$H\left(\boldsymbol{d}_k\left|\boldsymbol{y}_k\right.\right)$ 可以计算如下：

$$\begin{aligned}H\left(\boldsymbol{d}_k\left|\boldsymbol{y}_k\right.\right)&=\sum_{m_k=1}^{M_k}\int p\left(\boldsymbol{a}_{k,m_k},\boldsymbol{y}_k\right)\log_2\frac{1}{p\left(\boldsymbol{a}_{k,m_k}\left|\boldsymbol{y}_k\right.\right)}\mathrm{d}\boldsymbol{y}_k\\&=\sum_{m_k=1}^{M_k}\int p\left(\boldsymbol{a}_{k,m_k},\boldsymbol{y}_k\right)\log_2\frac{\sum_{n_k=1}^{M_k}p\left(\boldsymbol{y}_k\left|\boldsymbol{a}_{k,n_k}\right.\right)p\left(\boldsymbol{a}_{k,n_k}\right)}{p\left(\boldsymbol{a}_{k,m_k},\boldsymbol{y}_k\right)}\mathrm{d}\boldsymbol{y}_k\end{aligned} \tag{5.40}$$

进一步地，可以把 $H\left(\boldsymbol{d}_k\left|\boldsymbol{y}_k\right.\right)$ 做如下展开：

$$\begin{aligned}H\left(\boldsymbol{d}_k\left|\boldsymbol{y}_k\right.\right)&=\sum_{m\in A^K}\int p\left(\boldsymbol{d}_{m_k},\boldsymbol{y}_k\left|\boldsymbol{a}_{1,m_1},\cdots,\boldsymbol{a}_{k-1,m_{k-1}},\boldsymbol{a}_{k+1,m_{k-1}},\cdots,\boldsymbol{a}_{K,m_K}\right.\right)\\&\quad\times\prod_{j=1,j\neq k}^{K}p\left(\boldsymbol{a}_{j,m_j}\right)\log_2\frac{\sum_{n_k=1}^{M_k}p\left(\boldsymbol{y}_k\left|\boldsymbol{a}_{k,n_k}\right.\right)}{p\left(\boldsymbol{y}_k\left|\boldsymbol{a}_{k,m_k}\right.\right)}\mathrm{d}\boldsymbol{y}_k\\&=\frac{1}{M^{K-1}}\sum_{m\in A^K}p\left(\boldsymbol{y}_k\left|\boldsymbol{a}_{1,m_1},\cdots,\boldsymbol{a}_{K,m_K}\right.\right)p\left(\boldsymbol{a}_{k,m_k}\right)\end{aligned}$$

$$\times \log_2 \frac{\sum\limits_{n \in A^K} p\left(\boldsymbol{y}_k \left| \boldsymbol{a}_{1,n_1}, \cdots, \boldsymbol{a}_{K,n_K}\right.\right) \prod\limits_{j=1, j\neq k}^{K} p\left(\boldsymbol{a}_{j,n_j}\right)}{\sum\limits_{n_k \in A_k^{K-1}} p\left(\boldsymbol{y}_k \left| \boldsymbol{a}_{k,m_k}, \boldsymbol{a}_{1,n_1}, \cdots, \boldsymbol{a}_{k-1,n_{k-1}}, \boldsymbol{a}_{k+1,n_{k+1}}, \cdots, \boldsymbol{a}_{K,n_K}\right.\right) \prod\limits_{j=1, j\neq k}^{K} p\left(\boldsymbol{a}_{j,n_j}\right)} \mathrm{d}\boldsymbol{y}_k$$

$$= \frac{1}{M^K} \sum_{m \in A^K} p\left(\boldsymbol{y}_k \left| \boldsymbol{a}_{1,m_1}, \cdots, \boldsymbol{a}_{K,m_K}\right.\right)$$

$$\times \log_2 \frac{\sum\limits_{n \in A^K} p\left(\boldsymbol{y}_k \left| \boldsymbol{a}_{1,n_1}, \cdots, \boldsymbol{a}_{K,n_K}\right.\right)}{\sum\limits_{n_k \in A_k^{K-1}} p\left(\boldsymbol{y}_k \left| \boldsymbol{a}_{k,m_k}, \boldsymbol{a}_{1,n_1}, \cdots, \boldsymbol{a}_{k-1,n_{k-1}}, \boldsymbol{a}_{k+1,n_{k+1}}, \cdots, \boldsymbol{a}_{K,n_K}\right.\right)} \tag{5.41}$$

根据式（5.32）所示模型，可得

$$p\left(\boldsymbol{y}_k \left| \boldsymbol{a}_{1,m_1}, \cdots, \boldsymbol{a}_{1,m_K}\right.\right) = \frac{1}{\left(\pi\sigma^2\right)^{N_r}} \exp\left(-\frac{\left\| \boldsymbol{y}_k - \boldsymbol{H}_k \sum\limits_{j=1}^{K} \boldsymbol{G}_j \boldsymbol{a}_{j,m_j} \right\|^2}{\sigma^2}\right) \tag{5.42}$$

$$p\left(\boldsymbol{y}_k \left| \boldsymbol{a}_{1,n_1}, \cdots, \boldsymbol{a}_{1,n_K}\right.\right) = \frac{1}{\left(\pi\sigma^2\right)^{N_r}} \exp\left(-\frac{\left\| \boldsymbol{y}_k - \boldsymbol{H}_k \sum\limits_{j=1}^{K} \boldsymbol{G}_j \boldsymbol{a}_{j,n_j} \right\|^2}{\sigma^2}\right) \tag{5.43}$$

$$\begin{aligned} & p\left(\boldsymbol{y}_k \left| \boldsymbol{a}_{k,m_k}, \boldsymbol{a}_{1,n_1}, \cdots, \boldsymbol{a}_{k-1,n_{k-1}}, \boldsymbol{a}_{k+1,n_{k+1}}, \cdots, \boldsymbol{a}_{K,n_K}\right.\right) \\ & \quad = \frac{1}{\left(\pi\sigma^2\right)^{N_r}} \exp\left(-\frac{\left\| \boldsymbol{y}_k - \boldsymbol{H}_k \boldsymbol{G}_k a_{k,m_k} - \sum\limits_{j=1, j\neq k}^{K} \boldsymbol{G}_j \boldsymbol{a}_{j,n_j} \right\|^2}{\sigma^2}\right) \end{aligned} \tag{5.44}$$

假设 $\boldsymbol{v} = \boldsymbol{y}_k - \boldsymbol{H}_k \sum\limits_{j=1}^{K} \boldsymbol{G}_j \boldsymbol{a}_{j,m_j}$，则 $H\left(\boldsymbol{d}_k \left| \boldsymbol{y}_k\right.\right)$ 可以写为

$$\begin{aligned} H\left(\boldsymbol{d}_k \left| \boldsymbol{y}_k\right.\right) &= -\frac{1}{M^{K-1}} \sum_{m_k \in A_k^{K-1}} \int p(\boldsymbol{v}) \boldsymbol{I}_1\left(\boldsymbol{m}_k, \boldsymbol{v}\right) \mathrm{d}\boldsymbol{v} + \frac{1}{M^K} \sum_{m \in A^K} \int p(\boldsymbol{v}) \boldsymbol{I}_2(\boldsymbol{m}, \boldsymbol{v}) \mathrm{d}\boldsymbol{v} \\ &= -\frac{1}{M^{K-1}} \sum_{m_k \in A_k^{K-1}} \mathrm{E}_{\boldsymbol{v}}\left\{I_1\left(\boldsymbol{m}_k, \boldsymbol{v}\right)\right\} + \frac{1}{M^K} \sum_{m \in A^K} \mathrm{E}_{\boldsymbol{v}}\left\{\boldsymbol{I}_2(\boldsymbol{m}, \boldsymbol{v})\right\} \end{aligned} \tag{5.45}$$

其中，$\boldsymbol{v}$是复高斯向量，其概率分布为

$$p(\boldsymbol{v})=\frac{1}{\left(\pi\sigma^{2}\right)^{N_{\mathrm{r}}}}\exp\left(-\frac{\|\boldsymbol{v}\|^{2}}{\sigma^{2}}\right) \tag{5.46}$$

把式（5.39）和式（5.45）代入互信息定义 $R_k=I\left(y_k,d_k\right)=H\left(d_k\right)-H\left(d_k\middle|y_k\right)$，定理5.3得证。

定理5.3给出了离散调制信号下 $K$ 用户MIMO BC中用户速率的一般性表达式。对于两用户MIMO BC，用户速率 $R_1$ 和 $R_2$ 可以写为

$$\begin{aligned}R_1=&\log_2 M+\frac{1}{M}\sum_{m_2=1}^{M}\mathrm{E}_{\boldsymbol{v}}\log_2\sum_{n_2=1}^{M}\exp\left(-\frac{\left\|\boldsymbol{H}_1\boldsymbol{G}_2\left(\boldsymbol{a}_{2,m_2}-\boldsymbol{a}_{2,n_2}\right)+\boldsymbol{v}\right\|^2}{\sigma^2}\right)\\&-\frac{1}{M^2}\sum_{m_1=1}^{M}\sum_{m_2=1}^{M}\mathrm{E}_{\boldsymbol{v}}\log_2\sum_{n_1=1}^{M}\sum_{n_2=1}^{M}\exp\left(-\frac{\left\|\boldsymbol{H}_1\left(\sum_{j=1}^{2}\boldsymbol{G}_j\left(\boldsymbol{a}_{j,m_2}-\boldsymbol{a}_{2,n_2}\right)\right)+\boldsymbol{v}\right\|^2}{\sigma^2}\right)\end{aligned} \tag{5.47a}$$

$$\begin{aligned}R_2=&\log_2 M+\frac{1}{M}\sum_{m_1=1}^{M}\mathrm{E}_{\boldsymbol{v}}\log_2\sum_{n_1=1}^{M}\exp\left(-\frac{\left\|\boldsymbol{H}_2\boldsymbol{G}_1\left(\boldsymbol{a}_{1,m_1}-\boldsymbol{a}_{1,n_1}\right)+\boldsymbol{v}\right\|^2}{\sigma^2}\right)\\&-\frac{1}{M^2}\sum_{m_1=1}^{M}\sum_{m_2=1}^{M}\mathrm{E}_{\boldsymbol{v}}\log_2\sum_{n_1=1}^{M}\sum_{n_2=1}^{M}\exp\left(-\frac{\left\|\boldsymbol{H}_2\left(\sum_{j=1}^{2}\boldsymbol{G}_j\left(\boldsymbol{a}_{j,m_2}-\boldsymbol{a}_{j,n_2}\right)\right)+\boldsymbol{v}\right\|^2}{\sigma^2}\right)\end{aligned} \tag{5.47b}$$

在实际的MIMO BC中，通常通过优化加权和速率[4]来设计每个用户的预编码矩阵。具体可以考虑如下优化问题：

$$\begin{gathered}R_{\mathrm{sum}}^{\mathrm{w}}\left(\boldsymbol{G}_1,\cdots,\boldsymbol{G}_K\right)=\max_{\boldsymbol{G}_1,\cdots,\boldsymbol{G}_K}\sum_{k=1}^{K}\mu_k R_k\left(\boldsymbol{G}_1,\cdots,\boldsymbol{G}_K\right)\\\sum_{k=1}^{K}\mathrm{tr}\left(\boldsymbol{G}_k\boldsymbol{G}_k^{\mathrm{H}}\right)\leqslant P\end{gathered} \tag{5.48}$$

其中，$\mu_k$ 表示第 $k$ 个用户的权重，$\sum_{k=1}^{K}\mu_k=K$；$R_k\left(\boldsymbol{G}_1,\cdots,\boldsymbol{G}_K\right)$ 由式（5.35）给出。

### 5.2.3 下行 MIMO BC 下最优预编码矩阵的必要条件

定理5.4给出了式（5.48）中最优预编码矩阵 $\boldsymbol{G}_k(k=1,\cdots,K)$ 所必须满足的条件。

**定理5.4**　最大化式（5.48）中加权和速率的最优预编码矩阵 $\boldsymbol{G}_k$ 满足如下条件：

$$\lambda \boldsymbol{G}_k = \frac{\log_2 e}{\sigma^2}\left(\sum_{i=1}^{K}\mu_i \boldsymbol{H}_i^{\mathrm{H}}\boldsymbol{E}_{1,i,k} - \sum_{i=1,i\neq k}^{K}\mu_i \boldsymbol{H}_i^{\mathrm{H}}\boldsymbol{E}_{2,i,k}\right),\ k=1,\cdots,K \tag{5.49}$$

$$\lambda\left(\sum_{k=1}^{K}\mathrm{tr}\left(\boldsymbol{G}_k^{\mathrm{H}}\boldsymbol{G}_k\right)-P\right)=0 \tag{5.50}$$

$$\sum_{k=1}^{K}\mathrm{tr}\left(\boldsymbol{G}_k^{\mathrm{H}}\boldsymbol{G}_k\right)-P\leqslant 0 \tag{5.51}$$

$$\lambda \geqslant 0 \tag{5.52}$$

其中，$\boldsymbol{E}_{1,i,k}$ 和 $\boldsymbol{E}_{2,i,k}$ 是 $N_{\mathrm{r}}\times N_{\mathrm{t}}$ 矩阵：

$$\boldsymbol{E}_{1,i,k} = \frac{1}{M^K}\sum_{m\in A^K}\mathrm{E}_{\boldsymbol{v}}\left\{\frac{\sum_{n\in A^K}\exp\left(-\frac{\left\|\boldsymbol{H}_i\sum_{j=1}^{K}\boldsymbol{G}_j\boldsymbol{e}_{j,m_j,n_j}+\boldsymbol{v}\right\|^2}{\sigma^2}\right)\left[\boldsymbol{H}_i\sum_{j=1}^{K}\boldsymbol{G}_j\boldsymbol{e}_{j,m_j,n_j}+\boldsymbol{v}\right]\boldsymbol{e}_{k,m_k,n_k}^{\mathrm{H}}}{\sum_{n\in A^K}\exp\left(-\frac{\left\|\boldsymbol{H}_i\sum_{j=1}^{K}\boldsymbol{G}_j\boldsymbol{e}_{j,m_j,n_j}+\boldsymbol{v}\right\|^2}{\sigma^2}\right)}\right\} \tag{5.53}$$

$$\boldsymbol{E}_{2,i,k} = \frac{1}{M^{K-1}}\sum_{m_i\in A_i^K}\mathrm{E}_{\boldsymbol{v}}\left\{\frac{\sum_{n_i\in A_i^{K-1}}\exp\left(-\frac{\left\|\boldsymbol{H}_i\sum_{j=1,j\neq i}^{K}\boldsymbol{G}_j\boldsymbol{e}_{j,m_j,n_j}+\boldsymbol{v}\right\|^2}{\sigma^2}\right)\left[\boldsymbol{H}_i\sum_{j=1,j\neq i}^{K}\boldsymbol{G}_j\boldsymbol{e}_{j,m_j,n_j}+v\right]\boldsymbol{e}_{k,m_k,n_k}^{\mathrm{H}}}{\sum_{n_i\in A_i^{K-1}}\exp\left(-\frac{\left\|\boldsymbol{H}_i\sum_{j=1,j\neq i}^{K}\boldsymbol{G}_j\boldsymbol{e}_{j,m_j,n_j}+\boldsymbol{v}\right\|^2}{\sigma^2}\right)}\right\} \tag{5.54}$$

其中，$\boldsymbol{e}_{j,m_j,n_j}=\boldsymbol{a}_{j,m_j}-\boldsymbol{a}_{j,n_j}$。

**证明**　为最大化式（5.48）中的加权和速率，可以构造最优线性预编码矩阵 $\boldsymbol{G}_k$ 的拉格朗日函数：

$$g(\boldsymbol{G},\lambda)=-R_{\text{sum}}^{\text{w}}(\boldsymbol{G}_1,\cdots,\boldsymbol{G}_K)+\lambda\left(\sum_{k=1}^{K}\operatorname{tr}\left(\boldsymbol{G}_k\boldsymbol{G}_k^{\text{H}}\right)-P\right) \tag{5.55}$$

其中，$\lambda$ 是限制条件 $\sum_{k=1}^{K}\operatorname{tr}\left(\boldsymbol{G}_k\boldsymbol{G}_k^{\text{H}}\right)\leqslant P$ 的拉格朗日乘数。因此，最优线性预编码矩阵 $\boldsymbol{G}_k$ 的KKT条件满足：

$$\nabla_{\boldsymbol{G}_k}g(\boldsymbol{G},\lambda)=-\nabla_{\boldsymbol{G}_k}R_{\text{sum}}^{\text{w}}(\boldsymbol{G}_1,\cdots,\boldsymbol{G}_K)+\lambda\boldsymbol{G}_k=0 \tag{5.56}$$

$\nabla_{\boldsymbol{G}_k}R_{\text{sum}}^{\text{w}}(\boldsymbol{G}_1,\cdots,\boldsymbol{G}_K)$ 的计算包括两部分。对于 $R_k$，根据式（5.35），$I_{1,k}(\boldsymbol{m}_k,\boldsymbol{v})$ 与 $\boldsymbol{G}_k$ 没有关系。因此，根据链式法则和复数矩阵求导结果，$\nabla_{\boldsymbol{G}_k}I_{2,k}(\boldsymbol{m},\boldsymbol{v})$ 可以写为

$$\nabla_{\boldsymbol{G}_k}I_{2,k}(\boldsymbol{m},\boldsymbol{v})=-\frac{\log_2 e}{\sigma^2}\frac{\sum_{n\in A^K}\exp\left(-\frac{\left\|\boldsymbol{H}_i\sum_{j=1}^{K}\boldsymbol{G}_j\boldsymbol{e}_{j,m_j,n_j}+\boldsymbol{v}\right\|^2}{\sigma^2}\right)\left\{\boldsymbol{H}_k^{\text{H}}\left[\boldsymbol{H}_k\sum_{j=1}^{K}\boldsymbol{G}_j\boldsymbol{e}_{j,m_j,n_j}+\boldsymbol{v}\right]\boldsymbol{e}_{k,m_k,n_k}^{\text{H}}\right\}}{\sum_{n\in A^K}\exp\left(-\frac{\left\|\boldsymbol{H}_k\sum_{j=1}^{K}\boldsymbol{G}_j\boldsymbol{e}_{j,m_j,n_j}+\boldsymbol{v}\right\|^2}{\sigma^2}\right)} \tag{5.57}$$

对于 $R_i(i\neq k)$，$I_{1,i}(\boldsymbol{m}_i,\boldsymbol{v})$ 和 $I_{2,i}(\boldsymbol{m}_i,\boldsymbol{v})$ 都是预编码矩阵 $\boldsymbol{G}_k$ 的函数。类似于式（5.57），$\nabla_{\boldsymbol{G}_k}I_{1,i}(\boldsymbol{m}_i,\boldsymbol{v})$ 和 $\nabla_{\boldsymbol{G}_k}I_{2,i}(\boldsymbol{m},\boldsymbol{v})$ 可以写为

$$\nabla_{\boldsymbol{G}_k}I_{1,i}(\boldsymbol{m}_i,\boldsymbol{v})=-\frac{\log_2 e}{\sigma^2}\frac{\sum_{n_i\in A^{K-1}}\exp\left(-\frac{\left\|\boldsymbol{H}_i\sum_{j=1}^{K}\boldsymbol{G}_j\boldsymbol{e}_{j,m_j,n_j}+\boldsymbol{v}\right\|^2}{\sigma^2}\right)\left\{\boldsymbol{H}_i^{\text{H}}\left[\boldsymbol{H}_i\sum_{j=1}^{K}\boldsymbol{G}_j\boldsymbol{e}_{j,m_j,n_j}+\boldsymbol{v}\right]\boldsymbol{e}_{k,m_k,n_k}^{\text{H}}\right\}}{\sum_{n_i\in A^{K-1}}\exp\left(-\frac{\left\|\boldsymbol{H}_i\sum_{j=1,j\neq i}^{K}\boldsymbol{G}_j\boldsymbol{e}_{j,m_j,n_j}+\boldsymbol{v}\right\|^2}{\sigma^2}\right)} \tag{5.58}$$

$$\nabla_{G_k} I_{2,i}(\boldsymbol{m},\boldsymbol{v})=-\frac{\log_2 e}{\sigma^2}\frac{\sum\limits_{n\in A^K}\exp\left(-\frac{\left\|\boldsymbol{H}_i\sum\limits_{j=1}^{K}\boldsymbol{G}_j\boldsymbol{e}_{j,m_j,n_j}+\boldsymbol{v}\right\|^2}{\sigma^2}\right)\left\{\boldsymbol{H}_i^{\mathrm{H}}\left[\boldsymbol{H}_i\sum\limits_{j=1}^{K}\boldsymbol{G}_j\boldsymbol{e}_{j,m_j,n_j}+\boldsymbol{v}\right]\boldsymbol{e}_{k,m_k,n_k}^{\mathrm{H}}\right\}}{\sum\limits_{n_i\in A^{K-1}}\exp\left(-\frac{\left\|\boldsymbol{H}_i\sum\limits_{j=1}^{K}\boldsymbol{G}_j\boldsymbol{e}_{j,m_j,n_j}+\boldsymbol{v}\right\|^2}{\sigma^2}\right)} \quad (5.59)$$

最后，综合KKT条件的定义、式（5.35）、式（5.47）、式（5.56）和式（5.57），定理5.4得证。

定理5.4给出了刻画最优预编码矩阵 $\boldsymbol{G}_K$ 的4个最基本的等式。在一般情况下，从式（5.49）～式（5.52）中得到 $\boldsymbol{G}_K$ 的闭式解是非常困难的。然而，定理5.4揭示了 $R_{\mathrm{sum}}^{\mathrm{w}}(\boldsymbol{G}_1,\cdots,\boldsymbol{G}_K)$ 关于 $\boldsymbol{G}_K$ 的梯度方向，据此可以设计一个最大化加权和速率的迭代算法。

### 5.2.4　最大化加权和速率的线性预编码迭代算法

与5.1.4小节类似，本小节利用交替优化的梯度更新算法来搜索最大化 $R_{\mathrm{sum}}^{\mathrm{w}}(\boldsymbol{G}_1,\cdots,\boldsymbol{G}_K)$ 的预编码矩阵 $\boldsymbol{G}_K$。迭代算法的具体步骤见算法5.2。

**算法5.2　搜索最大化加权和速率 $R_{\mathrm{sum}}^{\mathrm{w}}(\boldsymbol{G}_1,\cdots,\boldsymbol{G}_K)$ 的预编码矩阵 $\boldsymbol{G}_i$**

步骤1：初始化 $\boldsymbol{G}_k^1$（$k=1,\cdots,K$），满足 $\sum\limits_{k=1}^{K}\mathrm{tr}\left(\boldsymbol{G}_k^1\left(\boldsymbol{G}_k^1\right)^{\mathrm{H}}\right)=P$；设定最大迭代步数 $N_{\mathrm{iter}}$ 和门限 $\varepsilon$；设 $n=1$。

步骤2：通过式（5.48）和式（5.49）来计算 $R_{\mathrm{sum}}^{\mathrm{w}}\left(\boldsymbol{G}_1^n,\cdots,\boldsymbol{G}_K^n\right)$ 和 $\nabla_{\boldsymbol{G}_i}R_{\mathrm{sum}}^{\mathrm{w}}\left(\boldsymbol{G}_1^n,\cdots,\boldsymbol{G}_K^n\right)$（$i=1,\cdots,K$）。

步骤3：计算 $\tilde{\boldsymbol{G}}_k^n=\boldsymbol{G}_k^n+t\nabla_{\boldsymbol{G}_k}R_{\mathrm{sum}}^{\mathrm{w}}\left(\boldsymbol{G}_1^n,\cdots,\boldsymbol{G}_K^n\right)$（$k=1,\cdots,K$）。利用回溯搜索方法确定更新步长 $t$。

步骤4：如果 $\sum\limits_{k=1}^{K}\mathrm{tr}\left(\tilde{\boldsymbol{G}}_k^n\left(\tilde{\boldsymbol{G}}_k^n\right)^{\mathrm{H}}\right)>P$，令 $\boldsymbol{G}_k^{n+1}=\sqrt{P}\tilde{\boldsymbol{G}}_k^n/\sum\limits_{k=1}^{K}\mathrm{tr}\left(\tilde{\boldsymbol{G}}_k^n\left(\tilde{\boldsymbol{G}}_k^n\right)^{\mathrm{H}}\right)$，$k=1,\cdots,K$。

步骤5：如果 $R_{\mathrm{sum}}^{\mathrm{w}}\left(\boldsymbol{G}_1^{n+1},\cdots,\boldsymbol{G}_K^{n+1}\right)>R_{\mathrm{sum}}^{\mathrm{w}}\left(\boldsymbol{G}_1^n,\cdots,\boldsymbol{G}_K^n\right)+\varepsilon$ 且 $n\leqslant N_{\mathrm{iter}}$，设 $n=n+1$，并跳转至步骤2。

步骤6：输出 $\boldsymbol{G}_1^n,\cdots,\boldsymbol{G}_K^n$。

## 5.2.5 MIMO BC 下的迭代接收机

与5.1.5小节类似，可以利用迭代接收机来检验本节所设计预编码的BER性能。发射端采用LDPC编码和利用算法5.2获得的线性预编码；接收端利用软检测器和译码器来迭代检测译码。

图5.6 展示了 $K$ 个用户MIMO BC的发射机结构。对于第 $k$ 个用户，信息比特 $\boldsymbol{u}_k$ 通过LDPC编码生成比特 $\boldsymbol{b}_k$；$\boldsymbol{b}_k$ 通过交织器 $\Pi$ 后生成 $\boldsymbol{e}_k$，并被送到调制器；调制后的信号通过串/并转换器形成 $N_\mathrm{t}$ 个独立数据流 $\boldsymbol{d}_k$；$\boldsymbol{d}_k$ 与线性预编码矩阵 $\boldsymbol{G}_k$ 相乘。最后，发射机将 $K$ 个用户的信号进行叠加并输出。

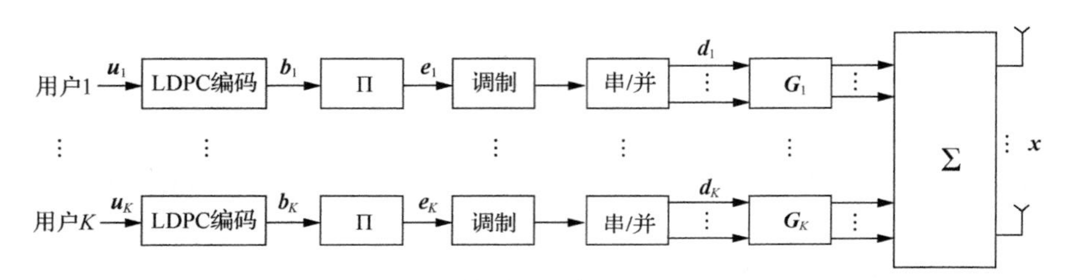


图 5.6 $K$ 个用户 MIMO BC 的发射机结构

图5.7展示了第 $k$ 个用户MIMO BC的迭代接收机结构。对于第 $k$ 个用户，其对应的软检测器利用从LDPC解码器反馈的先验信息 $L_\mathrm{A}\left(\boldsymbol{e}_k\right)$ 生成外信息 $L_\mathrm{E}\left(\boldsymbol{e}_k\right)$。外信息 $L_\mathrm{E}\left(\boldsymbol{e}_k\right)$ 经交织器 $\Pi^{-1}$ 后，生成 $L_\mathrm{A}\left(\boldsymbol{b}_k\right)$，该信号被传输到LDPC解码器。根据 $L_\mathrm{A}\left(\boldsymbol{b}_k\right)$，LDPC解码器计算出内信息 $L_\mathrm{D}\left(\boldsymbol{b}_k\right)$，并通过减去 $L_\mathrm{A}\left(\boldsymbol{b}_k\right)$ 形成一个新的先验信息 $L_\mathrm{A}\left(\boldsymbol{e}_k\right)$，用于下次迭代。对于每个用户，迭代接收机在迭代结束后基于 $L_\mathrm{D}\left(\boldsymbol{b}_k\right)$ 做出硬判决，最后计算所有用户的平均误码率。

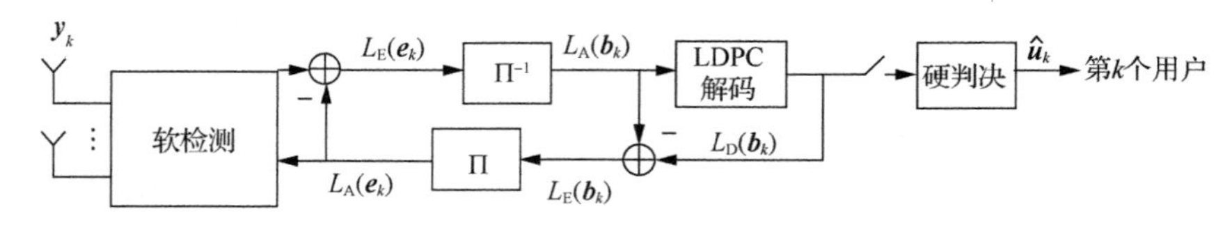


图 5.7 第 $k$ 个用户 MIMO BC 的迭代接收机结构

图5.7中的软检测采用最大似然检测。对于第 $k$ 个用户，外信息 $L_\mathrm{E}\left(b_{k,j}\right)$ 的LLR可以写为

$$L_{\mathrm{E}}\left(b_{k,j}\right)=\log_2\frac{\sum\limits_{\boldsymbol{b}_k\in\mathbb{B}_{j,+1}}p\left(\boldsymbol{y}_k\left|\boldsymbol{d}_k=\operatorname{map}\left(\boldsymbol{b}_k\right)\right.\right)\exp\left(\frac{1}{2}\boldsymbol{b}_{k,[j]}^{\mathrm{T}}L_{\mathrm{A}}\left(\boldsymbol{b}_{k,[j]}\right)\right)}{\sum\limits_{\boldsymbol{b}_k\in\mathbb{B}_{j,-1}}p\left(\boldsymbol{y}_k\left|\boldsymbol{d}_k=\operatorname{map}\left(\boldsymbol{b}_k\right)\right.\right)\exp\left(\frac{1}{2}\boldsymbol{b}_{k,[j]}^{\mathrm{T}}L_{\mathrm{A}}\left(\boldsymbol{b}_{k,[j]}\right)\right)} \tag{5.60}$$

其中，$b_{k,j}$ 表示第 $k$ 个用户的第 $j$ 个比特，$1\leqslant k\leqslant K$，$1\leqslant j\leqslant N_{\mathrm{t}}M_{\mathrm{c}}$。$\boldsymbol{b}_k$ 是 $N_{\mathrm{t}}M_{\mathrm{c}}\times 1$ 的向量，包含了第 $k$ 个用户的比特信息；集合 $\mathbb{B}_{k,+1}$ 和 $\mathbb{B}_{k,-1}$ 表示 $2^{M_{\mathrm{c}}N_{\mathrm{t}}-1}$ 个比特向量集合，其中第 $j$ 个元素分别等于 +1 和 −1；$\boldsymbol{b}_{k,[j]}$ 表示从向量 $\boldsymbol{b}_k$ 中删除第 $j$ 个元素生成的子向量；$L_{\mathrm{A}}\left(\boldsymbol{b}_{k,[j]}\right)$ 是 $\left(N_{\mathrm{t}}M_{\mathrm{c}}-1\right)\times 1$ 的向量，包含 $\boldsymbol{b}_{k,[j]}$ 的先验信息；$\boldsymbol{d}_k=\operatorname{map}\left(\boldsymbol{b}_k\right)$ 表示从比特向量 $\boldsymbol{b}_k$ 到调制符号 $\boldsymbol{d}_k$ 的映射。对于式（5.32）中的MIMO BC模型，最大似然函数可以写为

$$p\left(\boldsymbol{y}_k\left|\boldsymbol{d}_k=\operatorname{map}\left(\boldsymbol{b}_k\right)\right.\right)=\frac{1}{M^{K-1}\left(\pi\sigma^2\right)^{N_{\mathrm{r}}}}\sum_{m_k\in A_k^{K-1}}\exp\left(-\frac{\left\|\boldsymbol{y}_k-\boldsymbol{H}_k\left(\sum\limits_{t=1,t\neq k}^{K}\boldsymbol{G}_t\boldsymbol{a}_{t,m_t}+\boldsymbol{G}_k\boldsymbol{d}_k\right)\right\|^2}{\sigma^2}\right) \tag{5.61}$$

## 5.2.6　仿真验证

考虑一个两用户 2×2 BC模型。假设用户1和用户2的信道分别为

$$\boldsymbol{H}_1=\begin{pmatrix}1.39 & 0.11\mathrm{j}\\ -0.11\mathrm{j} & 0.21\end{pmatrix},\quad \boldsymbol{H}_2=\begin{pmatrix}1.22 & 0\\ 0 & 0.71\end{pmatrix} \tag{5.62}$$

图5.8展示了QPSK信号下不同预编码设计的和速率曲线。其中，最优旋转算法是通过数值的方法搜索用户2的最优星座旋转角度 $\theta$，从而改变用户2的星座空间 $\mathrm{e}^{\mathrm{j}\theta}\boldsymbol{a}_{2,j}$，优化和速率曲线。从图5.8可以看出，对于QPSK信号，算法5.2中预编码设计的和速率在整个SNR区域都高于最优旋转算法、迭代注水算法和等功率分配算法。高斯信号假设下最优迭代注水算法在高SNR区域因为波束赋形结构会造成4bit·s$^{-1}$/Hz的性能损失。同时，等功率分配算法因为在高SNR区域无法实现唯一解码，也会造成4bit·s$^{-1}$/Hz的性能损失。

图5.9展示了QPSK信号下不同预编码设计中每个用户的互信息曲线。可以看出，对于用户1，在速率达到3bit·s$^{-1}$/Hz的情况下，算法5.2与最优旋转算法相比获得了超过10dB的性能增益。而对于用户2，算法5.2的速率与最优旋转算法

较为接近。因此，用户1是决定系统整体性能的关键。这与图5.10中BER性能曲线的趋势是一致的。

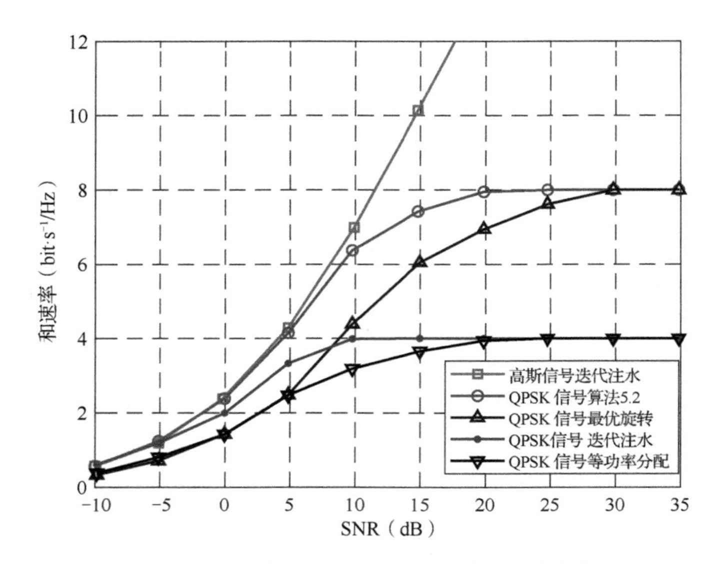


图 5.8　QPSK 信号下不同预编码设计的和速率曲线

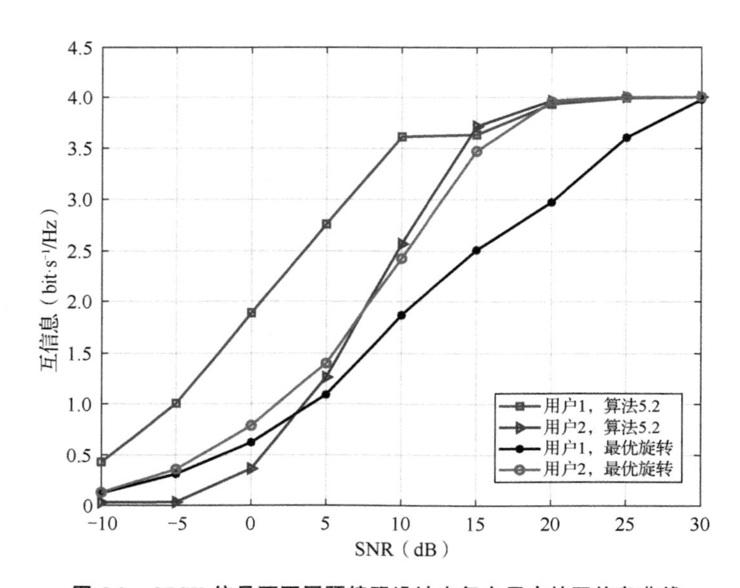


图 5.9　QPSK 信号下不同预编码设计中每个用户的互信息曲线

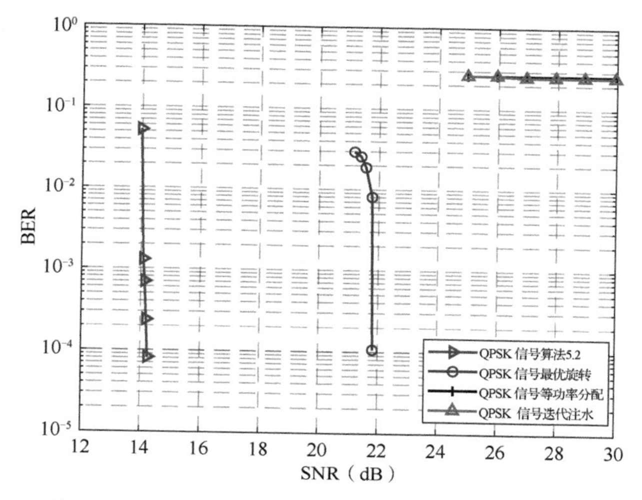


图 5.10　两用户 MIMO BC 的 QPSK 信号 BER 性能曲线

## 5.3　本章小结

本章针对多用户MIMO通信系统，介绍了实际离散调制信号下的传输方案设计，包括上行MIMO MAC模型下最优预编码需满足的KKT条件、最大化加权和速率的预编码迭代算法，以及下行MIMO BC模型下最优线性预编码需满足的KKT条件和最大化加权和速率的线性预编码迭代算法，并对这些算法进行了仿真。仿真结果从互信息和BER两个方面都验证了本章介绍的预编码设计的有效性。

## 参考文献

[1] WANG M, ZENG W, XIAO C. Linear precoder for MIMO multiple access channel with finite discrete inputs[J]. IEEE Trans. Wireless Commun., 2011, 10(11): 3934-3942.

[2] TSE D N C, HANLY S. Multi-access fading channels—Part I: Polymatroid

structure, optimal resource allocation and throughput capacities [J]. IEEE Trans. Inform. Theory, 1998, 44(11): 2796-2815.

[3] HOCHWALD B, BRINK S T. Achieving near-capacity on a multiple antenna channel[J]. IEEE Trans. Commun., 2003, 51(3): 389-399.

[4] WU Y, WANG M, XIAO C, et al. Linear precoding for MIMO broadcast channels with finite alphabet constraints[J]. IEEE Trans. Wireless Commun., 2012, 11(8): 2906-2920.

# 第6章 基于概率幅度成型的离散调制信号 MIMO 传输

根据信息论，为了达到加性高斯白噪声信道的信道容量，输入信号必须满足连续零均值的高斯分布。因此，传统均匀分布的离散调制信号，如幅移键控（Amplitude Shift Keying，ASK）和QAM都没有达到满足高斯分布的最优条件。为进一步提高性能，需要找到一种机制让均匀分布的调制方式变为非均匀分布，进而达到逼近香农极限的信道容量的目的。

本章介绍基于概率幅度成型（Probabilistic Amplitude Shaping，PAS）的离散调制信号MIMO传输的理论研究成果。首先介绍将均匀分布离散调制信号非均匀化的PAS技术的基本概念，然后介绍PAS系统的基本构成和固定成分分布匹配中的算术编码实现。接下来，针对离散调制信号MIMO传输系统，建立信号概率分布和空间预编码的联合优化模型，并据此设计最大化互信息的PAS和线性预编码联合迭代优化算法。最后，通过仿真验证该算法的有效性。

# | 6.1 PAS 的基础知识 |

本节主要介绍与PAS技术相关的基础知识和PAS技术的理论性能增益。

## 6.1.1 离散时间信道模型

图6.1展示了一个简单的数字传输系统模型。在发射端，一些随机变量 $C = C_1, C_2, \cdots$ 会被映射到由信号点组成的向量 $\boldsymbol{x}$，并被转换成一个波形 $x(t)$。波形会受到噪声的影响，数学上可以描述为

$$y(t) = x(t) + z(t) \tag{6.1}$$

在接收端，受过噪声干扰的波形会被接收并转化成向量 $\boldsymbol{Y}$，最终被解码为估计的码字 $\hat{\boldsymbol{C}}$。

在上述系统中，信号星座点 $\boldsymbol{X}$ 和受噪信号星座点 $\boldsymbol{Y}$ 组成了通信系统中连续时间信号处理和离散时间信号处理之间的接口。把传输系统的整个连续时间部分当作信道的一部分，则有如下输入输出关系：

$$\boldsymbol{Y} = \boldsymbol{X} + \boldsymbol{Z} \tag{6.2}$$

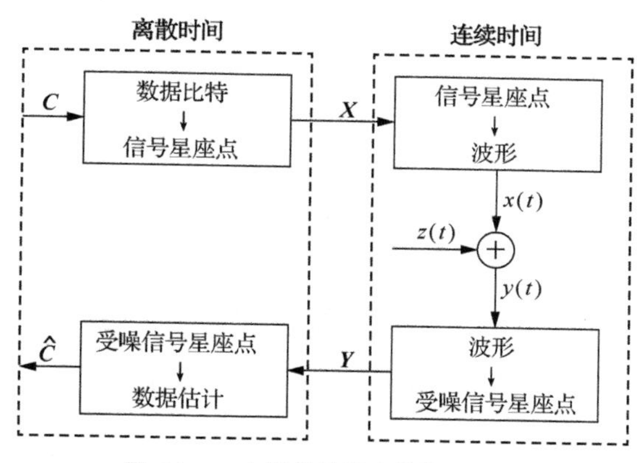


图 6.1　一个简单的数字传输系统模型

## 6.1.2　加性高斯白噪声信道容量

离散时间的加性高斯白噪声信道可以用输入输出关系描述为

$$Y_i = X_i + Z_i \tag{6.3}$$

其中，$X_i$ 表示在时间实例 $i$ 时的输入；$Y_i$ 表示在时间实例 $i$ 时的输出；$Z_i$ 是噪声项，是统计独立的零均值、单位方差的高斯噪声。信号共在 $n$ 个信道上传输，能量限制为

$$\frac{\mathrm{E}\left\{\sum_{i=1}^{n}|X_i|^2\right\}}{n} \leqslant P \tag{6.4}$$

通信的目标就是设计一种编码调制方案，以逼近香农信道容量公式 $C(P)=\log_2(1+P)/2$ 的速率来实现可靠传输。

## 6.1.3　幅移键控与信道容量

假设 $X$ 在有限字符集合 $\aleph$ 上分布，且满足能量约束 $\mathrm{E}\left\{|X|^2\right\}=P$。由信道编码理论可知，速率 $R$ 和功率 $P$ 下的可靠传输在 $R<I(X;Y)$ 的条件下成立，其中 $I(X;Y)$ 表示比特互信息。

考虑一种最简单的离散调制信号——ASK调制。$2^m$ -ASK星座图可以表示为

$$\aleph = \left\{\pm1,\pm3,\cdots,\pm\left(2^m-1\right)\right\} \tag{6.5}$$

将 $X$ 按比例放大后作为加性高斯白噪声信道的输入，放大比例 $\varDelta>0$，则

输入输出关系为

$$Y = \Delta X + Z \tag{6.6}$$

此时，能量约束为

$$\mathrm{E}\left\{|\Delta X|^2\right\} \leqslant P \tag{6.7}$$

则ASK的信道容量功率函数可以表示为

$$C_{\mathrm{ASK}}(P) = \max_{\Delta,\, P_X:\mathrm{E}\left\{|\Delta X|^2\right\} \leqslant P} I(X, \Delta X + Z) \tag{6.8}$$

其中，最优的分布 $P_X$ 可以利用Blahut-Arimoto算法计算得到[1]。通常情况下，$P_X$ 的最优分布的解析解无法获得。因此，可以考虑一个次优的输入分布，即熵最大化输入分布。

### 6.1.4 熵最大化输入分布

式（6.8）中的互信息表达式可以拓展为

$$I(X, \Delta X + Z) = H(X) - H(X | \Delta X + Z) \tag{6.9}$$

对于固定的星座放大比例 $\Delta$，选择一种能最大化输入信息熵 $H(X)$ 的输入分布 $P_{X_\Delta}$ 并满足能量约束：

$$P_{X_\Delta} = \mathop{\arg\max}_{P_X:\mathrm{E}\left\{|\Delta X|^2 \leqslant P\right\}} H(X) \tag{6.10}$$

可以利用麦克斯韦-玻尔兹曼（Maxwell-Boltzmann）分布[2]来最大化输入信号的信息熵。

对于每个 $x_i \in \aleph$，使用如下分布：

$$P_{X_\nu}(x_i) = A_\nu \mathrm{e}^{-\nu|x_i|^2},\ A_\nu = \frac{1}{\sum_{i=1}^{M} \mathrm{e}^{-\nu|x_i|^2}} \tag{6.11}$$

其中，参数 $A_\nu$ 保证了 $P_{X_\nu}$ 的各种概率之和为1。

对于每个固定的星座放大比例 $\Delta$，可以计算满足以下能量约束条件的麦克斯韦-玻尔兹曼分布：

$$P_{X_\Delta}(x_i) = P_{X_\nu}(x_i) \tag{6.12}$$

$$\mathrm{E}\left\{|\Delta X_\nu|^2\right\} = P \tag{6.13}$$

接下来最大化互信息：

$$\max_{\Delta} I(X_\Delta; \Delta X_\Delta + Z) \tag{6.14}$$

式（6.14）所示互信息是一个随星座放大比例 $\Delta$ 变化的单峰的函数。因此，式（6.14）的优化问题可以利用黄金分割法有效解出，如图6.2所示。

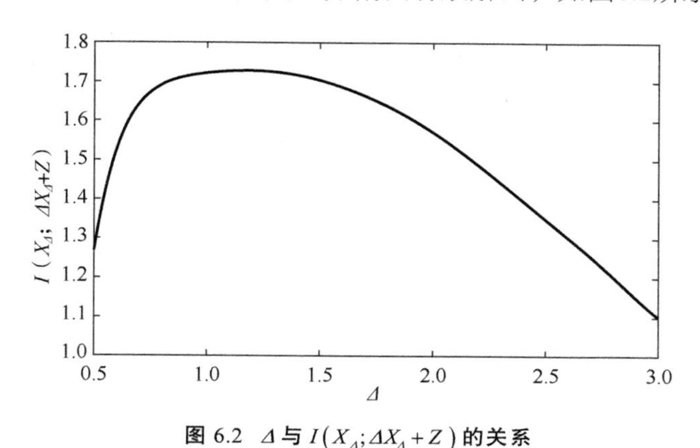


**图 6.2**　$\Delta$ 与 $I\left(X_\Delta;\Delta X_\Delta+Z\right)$ 的关系

文献[3]的研究显示，达到式（6.8）中信道容量的最优分布与最大化式（6.10）的次优分布在传输速率相同时所需要的SNR相差十分微小，基本可以忽略。因此，可以使用式（6.10）中的次优分布作为PAS分布。

## 6.1.5　PAS 的理论增益

一个方差为 $\sigma^2$ 的随机变量 $X$ 的微分熵 $h(\bullet)$ 的上界为

$$h(X)\leqslant\frac{1}{2}\log_2\left(2\pi e\sigma^2\right) \tag{6.15}$$

其中，等号当且仅当 $X$ 是高斯分布时成立。

设 $X_{\text{uni}}$ 和 $X_{\text{Gauss}}$ 是零均值且方差为 $P_{\text{uni}}$ 的连续随机变量，其中 $X_{\text{uni}}$ 在 $[-d,d]$ 上均匀分布而 $X_{\text{Gauss}}$ 为高斯分布，则有

$$h\left(X_{\text{uni}}\right)=\log_2\left(2d\right)=\log_2\sqrt{12P_{\text{uni}}} \tag{6.16}$$

这里用到的一个基本结论是：在区间 $[a,b]$ 上均匀分布的随机变量的方差为 $(b-a)^2/12$。

由式（6.15）可知

$$h\left(X_{\text{Gauss}}\right)=\frac{1}{2}\log_2\left(2\pi eP_{\text{Gauss}}\right) \tag{6.17}$$

当 $h\left(X_{\text{uni}}\right)=h\left(X_{\text{Gauss}}\right)$ 时，有

$$\frac{P_{\text{uni}}}{P_{\text{Gauss}}}=\frac{\pi e}{6} \tag{6.18}$$

$$10\log_{10}\frac{\pi e}{6}=1.5329\ \text{dB} \tag{6.19}$$

其中，1.5329dB为最终成型增益，也被称作成型增益上界。也就是说，在频谱效率相同的条件下，对于高阶调制，均匀分布的ASK或QAM调制所需的SNR比一个成型系统所需的最小SNR高1.5329dB，相当于发射端需要多出30%的能量。

图6.3展示了4-ASK和8-ASK的成型增益。可以看出，对于高阶调制，8-ASK的成型增益大于4-ASK。

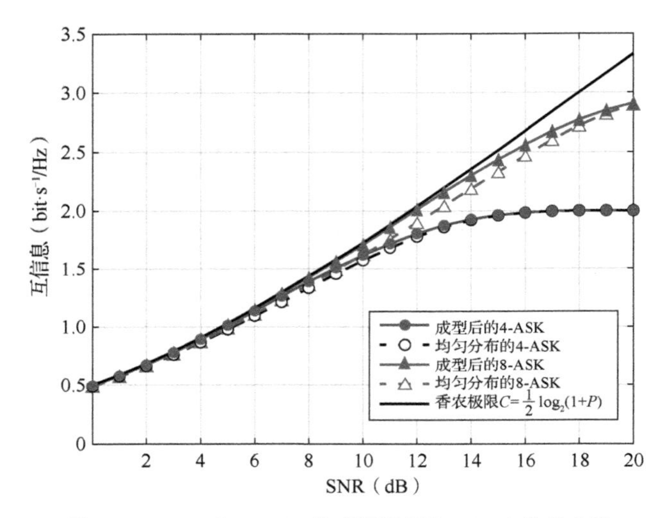


图 6.3　4-ASK 和 8-ASK 的成型增益随 SNR 变化的曲线

## 6.1.6　系统编码

二进制系统区块码可以描述为

$$\boldsymbol{sB}=\boldsymbol{t} \tag{6.20}$$

其中，矩阵乘法使用模2运算，二进制字符串 $\boldsymbol{s}=(s_1,s_2,\cdots,s_k)$ 是待编码的信息，系统生成矩阵$\boldsymbol{B}$是一个 $k\times n$ 的矩阵：

$$\boldsymbol{B}=[\boldsymbol{I}_k,\boldsymbol{P}] \tag{6.21}$$

其中，$\boldsymbol{I}_k$ 是 $k\times k$ 的单位矩阵，$\boldsymbol{P}$是 $k\times(n-k)$ 的奇偶校验矩阵。向量$\boldsymbol{t}$是长度为 $n$ 的码字。因为系统编码，可得

$$\boldsymbol{t}=[\boldsymbol{s},\boldsymbol{r}] \tag{6.22}$$

即输入信息被复制粘贴到了码字的前 $k$ 个比特，码字的另外 $n-k$ 个比特则是奇

偶校验比特（冗余信息）。上述编码器的速率 $c$ 可以表示为 $c = k/n$。

### 6.1.7　分块最大似然解码

分块最大似然解码的标准决定了码字的最大似然函数 $\boldsymbol{p}(\boldsymbol{y}|\boldsymbol{c})$，即

$$\hat{\boldsymbol{c}} = \arg\max_{c \in C} p(\boldsymbol{y}|\boldsymbol{c}) \tag{6.23}$$

其中，$C$ 表示编码的码本。考虑在高斯加性白噪声信道下的传输，将比特 0 映射到 +1，比特 1 映射到 −1，即

$$f_{\text{mod}}(\boldsymbol{c}_i) = (-1)^{c_i} \tag{6.24}$$

由此可得

$$\begin{aligned}\hat{\boldsymbol{x}} &= \arg\max_{x} p(\boldsymbol{y}|\boldsymbol{x}) \\ &= \arg\max_{x} \ln p(\boldsymbol{y}|\boldsymbol{x})\end{aligned} \tag{6.25}$$

其中，$\boldsymbol{x} = f_{\text{mod}}(\boldsymbol{c})$，$\boldsymbol{c} \in C$，而

$$\begin{aligned}\ln p(\boldsymbol{y}|\boldsymbol{x}) &= \ln \prod_{i=1}^{n} p(y_i|x_i) \\ &= \sum_{i=1}^{n} \ln p(y_i|x_i) \\ &= \sum_{i=1}^{n} \ln\left(\frac{1}{\sqrt{2\pi\sigma^2}} \exp\left(-\frac{1}{2\sigma^2}(y_i - x_i)^2\right)\right) \\ &= -\frac{n}{2}\ln(2\pi\sigma^2) - \frac{1}{2\sigma^2}\sum_{i=1}^{n}(y_i - x_i)^2 \\ &= -\frac{n}{2}\ln(2\pi\sigma^2) - \frac{1}{2\sigma^2} d_{\text{E}}^2(x, y)\end{aligned} \tag{6.26}$$

其中，$d_{\text{E}}(\boldsymbol{x}, \boldsymbol{y})$ 表示向量 $\boldsymbol{x}$ 和向量 $\boldsymbol{y}$ 之间的欧几里得距离。

因此，最大似然准则等价于MMSE准则，即

$$\begin{aligned}\hat{\boldsymbol{x}} &= \arg\max_{x} p(\boldsymbol{y}|\boldsymbol{x}) \\ &= \arg\min_{x} \ln d_{\text{E}}(\boldsymbol{x}, \boldsymbol{y})\end{aligned} \tag{6.27}$$

对于每个传输信号 $\boldsymbol{x} = f_{\text{mod}}(\boldsymbol{c})$，$\boldsymbol{c} \in C$，有 $\boldsymbol{x}\boldsymbol{x}^{\text{T}} = n$，其中 $n$ 是向量 $\boldsymbol{x}$ 和向量 $\boldsymbol{y}$ 的长度。进一步地，可得

$$
\begin{aligned}
\underset{x}{\arg\min}\ln d_{\mathrm{E}}(\boldsymbol{x},\boldsymbol{y}) &= \underset{x}{\arg\min}\sum_{i=1}^{n}(y_i-x_i)^2 \\
&= \underset{x}{\arg\min}(\boldsymbol{y}-\boldsymbol{x})(\boldsymbol{y}-\boldsymbol{x})^{\mathrm{T}} \\
&= \underset{x}{\arg\min}\left(\boldsymbol{y}\boldsymbol{y}^{\mathrm{T}}-2\boldsymbol{x}\boldsymbol{y}^{\mathrm{T}}+\boldsymbol{x}\boldsymbol{x}^{\mathrm{T}}\right) \\
&\overset{(\mathrm{a})}{=} \underset{x}{\arg\max}\left(\boldsymbol{x}\boldsymbol{y}^{\mathrm{T}}\right)
\end{aligned} \tag{6.28}
$$

其中，（a）的推导依据是 $\boldsymbol{y}\boldsymbol{y}^{\mathrm{T}}$ 和 $\boldsymbol{x}\boldsymbol{x}^{\mathrm{T}}$ 为常数。

# 6.2 PAS 系统

本节主要介绍实际PAS系统的基本组成和关键要素。

## 6.2.1 固定成分分布匹配器

为了生成非均匀分布的信号点，我们需要一个能将独立$\frac{1}{2}$伯努利（Bernoulli）分布的输入比特转化为任意设定分布输出符号序列的分布匹配器，称为固定成分分布匹配器（Constant Composition Distribution Matcher，CCDM）。文献[4]提出了一种基于固定成分和算术编码的CCDM实现方式，由固定长度输入、固定长度输出、可逆并且低复杂度的编码器和解码器组成。

如图 6.4 所示，CCDM 会匹配输入数据块 $U^k=U_1,\cdots,U_k$ 到输出信号 $A^n=A_1,\cdots,A_n$。在解匹配端，原数据序列 $U^k$ 会根据 $A^n$ 重建。以上CCDM的码率可以定义为$\frac{k}{n}\left[\frac{\text{比特}}{\text{输出符号}}\right]$。

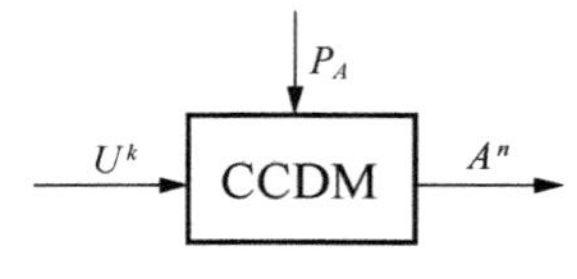


图 6.4 CCDM 的基本结构

长度为 $n$ 的向量$\boldsymbol{c}$的经验分布可以定义为

$$
P_{A,c}(a):=\frac{n_a(\boldsymbol{c})}{n} \tag{6.29}
$$

其中，$n_a(\boldsymbol{c})=\left|\{i:\boldsymbol{c}_i=a\}\right|$ 表示符号 $a$ 出现在向量 $\boldsymbol{c}$ 中的次数。$P_{A,c}(a)$ 表示码字 $\boldsymbol{c}$ 的类型。如果所有码本 $C$ 中的码字是同一类型的，我们就称这个码本为固定成分码。固定成分码的出现次数不依赖码字 $\boldsymbol{c}$，即 $n_a(\boldsymbol{c})=n_a$。

CCDM的输出序列会形成一个固定成分码。假设输出序列长度 $n$ 是固定的，输入序列长度 $k$ 是可以调整的。设 $T_{P_A}^n$ 为类型是 $P_A$ 的向量集合：

$$T_{P_A}^n=\left\{v\left|v\in A^n,\frac{n_a(v)}{n}=P_A(a)\quad\forall a\in A\right.\right\}\tag{6.30}$$

因为CCDM是可逆的，所以码字的数量至少要超过输出序列的数量。因此，输入序列长度为 $k=\left\lfloor\log_2\left|T_{P_A}^n\right|\right\rfloor$。

CCDM有两个重要性质[4]：

$$R=\frac{k}{n}<H(A)\tag{6.31}$$

$$\lim_{n\to\infty}R=H(A)\tag{6.32}$$

其中，$H(A)$ 表示随机序列 $A^n$ 的熵。

由于式（6.31），使用CCDM会损失一些速率。考虑一个相对比较短的区块长度下的CCDM，与一个 $P_A$ 分布相同的离散无记忆信源（Discrete Memoryless Source，DMS）。CCDM的速率可以是输入序列长度和输出序列长度的比值 $R_{\text{ccdm}}=k/n$，而DMS的速率为 $R_{\text{dms}}=H(\tilde{A})$。

如图6.5所示，CCDM的速率在序列长度大于$10^4$ 的时候已经十分接近DMS的速率，但较短序列长度下的速率损失还是很大。速率损失问题将在6.2.3小节讨论。

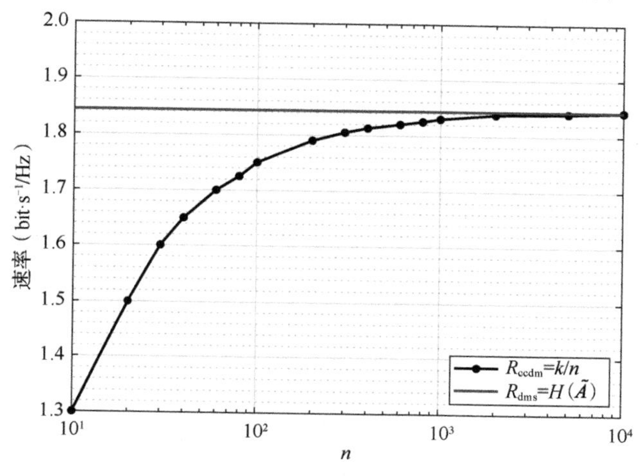


图 6.5　CCDM 和 DMS 的速率

### 6.2.2 PAS 的主要思想和步骤

PAS的主要思想是：可以使用独立且均匀分布的奇偶校验位作为符号的正负来使分布对称，如图6.6所示的4-ASK的例子。图中，$B_2$ 表示CCDM的输出，$B_1$ 表示均匀分布的奇偶校验比特。

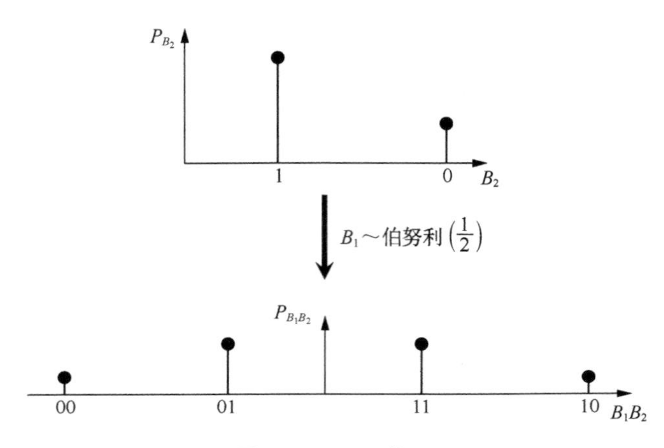


图 6.6　4-ASK 的 PAS

考虑码长为 $n_c$ 的 $2^m$ -ASK星座传输，其在PAS系统发射端中的编码过程如图6.7所示。

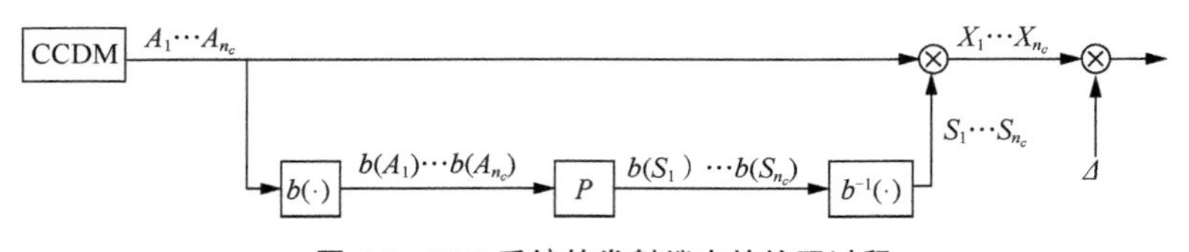


图 6.7　PAS 系统的发射端中的编码过程

PAS的具体步骤如下。

步骤1：使用CCDM来生成幅度。$2^m$ -ASK生成的幅度集合可以表示为

$$A_i \in \left\{1,3,\cdots,\left(2^m-1\right)\right\} \tag{6.33}$$

步骤2：每个幅度 $A_i$ 会被转化为长度为 $m-1$ 的标签 $b\left(A_i\right)$，即

$$b\left(A_i\right) \in \{0,1\}^{m-1} \tag{6.34}$$

其中，标签 $b\left(A_i\right)$ 选择使用格雷码。

步骤3：生成长度为 $(m-1)n_c$ 的二进制序列 $b\left(A_1\right),b\left(A_2\right),\cdots,b\left(A_{n_c}\right)$，将其乘以速率为 $(m-1)/m$ 的奇偶效验矩阵$\boldsymbol{P}$，从而生成 $n-k=n_c$ 个正负符号标签

$b(S_1), b(S_2), \cdots, b(S_{n_c})$。

步骤4：每个正负符号标签 $b(S_i)$ 根据 $b^{-1}(0)=-1$ 和 $b^{-1}(1)=1$，转换为对应的正负符号 $S_i \in \{-1,1\}$。

步骤5：每个幅度 $A_i$ 乘以符号 $S_i$，即 $X_i = A_i S_i$。因此，有

$$X_i \in \aleph = \left\{\pm 1, \pm 3, \cdots, \pm\left(2^m - 1\right)\right\} \tag{6.35}$$

步骤6：每个信号 $X_i$ 按比例 $\Delta$ 放大后进行传输。

通常假设校验比特的边缘分布是均匀的[5]。如图6.8中的例子所示，黑白图标中的40像素×100像素被分别表示为0和1。这些比特用速率为1/3的4G Turbo编码方式编码。从原有的比特的实际分布来看，0为0.3729、1为0.6271。编码后，校验比特的实际分布大致是均匀的，即0为0.5030、1为0.4970。

图 6.8　对黑白图标编码后的结果

### 6.2.3　最优操作点

考虑能进行可靠传输的最大速率：

$$R < \frac{\sum_{i=1}^{n_c} I\left(X_i;Y_i\right)}{n_c} = I\left(X_i;Y_i\right) = I\left(AS;Y\right) \tag{6.36}$$

忽略CCDM带来的速率损失，用DMS的速率作为传输速率：

$$R = \frac{H\left(A^{n_c}\right)}{n_c} = H\left(A\right) \tag{6.37}$$

可靠条件变为

$$H\left(A\right) < I\left(AS;Y\right) \tag{6.38}$$

图6.9和图6.10展示了4-ASK和8-ASK的最优操作点。可以观察到，$I(AS;Y)$ 在最优操作点附近的一定范围内和信道容量 $C(P)$ 靠得非常近。因此，可以通过使用更高的码率来拓展PAS系统，即通过使用一部分正负符号 $S_i$ 作为独立均匀的信息比特，使得 $c > (m-1)/m$。拓展后的PAS系统如图6.11所示。

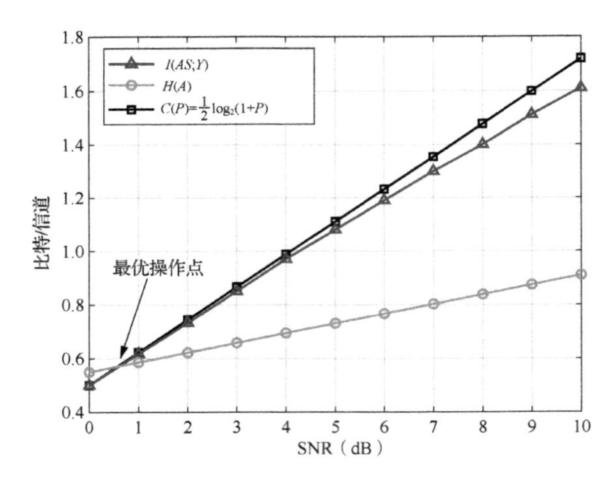


图 6.9　在码率为 $\frac{1}{2}$ 时 4-ASK 的最优操作点

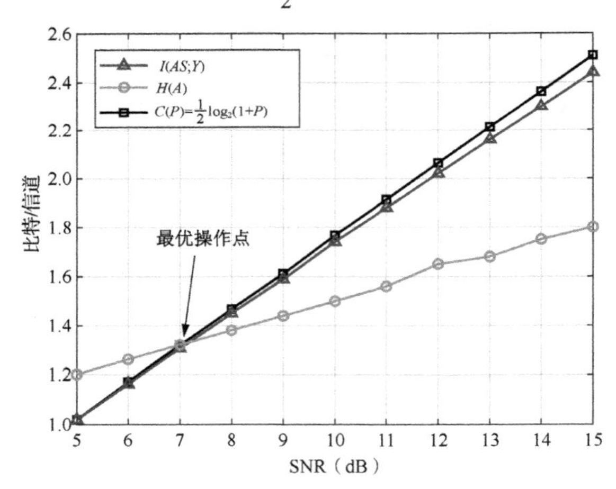


图 6.10　在码率为 $\frac{2}{3}$ 时 8-ASK 的最优操作点

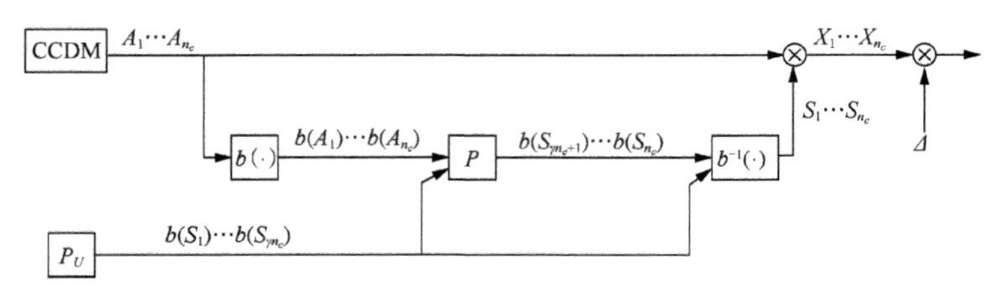


图 6.11　PAS 系统在码率高于 $(m-1)/m$ 时的发射端

令 $\gamma$ 表示将正负符号用于信息比特的比例。用 $\gamma n_c$ 个独立均匀信息比特作为符号标签 $b(S_1),\cdots,b(S_{\gamma n_c})$。利用码率为 $c$ 的校验矩阵 $\boldsymbol{P}$ 编码上述 $\gamma n_c$ 个信息比特

$b(S_1),\cdots,b(S_{\gamma n_c})$和$(m-1)n_c$个幅度标签$b(A_1),\cdots,b(A_{\gamma n_c})$，并生成另外$(1-\gamma)n_c$个新的符号标签。码率$c$和$\gamma$之间的关系可以写为

$$c=\frac{m-1+\gamma}{m} \tag{6.39}$$

$$\gamma=1-(1-c)m \tag{6.40}$$

PAS的传输速率可以写为

$$\begin{aligned}R&\overset{(a)}{=}\frac{H(A^{n_c})+H(S^{\gamma n_c})}{n_c}\\&=\frac{n_cH(A)+\gamma n_cH(S)}{n_c}\\&=\frac{n_cH(A)+\gamma n_c}{n_c}\\&=H(A)+\gamma\end{aligned} \tag{6.41}$$

其中，（a）的推导依据是正负符号中的$\gamma$部分携带着信息$H(S^{\gamma n_c})$。若考虑没有速率损失的情况，则传输速率变为

$$R_{\text{bmd}}=\frac{k}{n_c}+\gamma \tag{6.42}$$

图6.12展示了拓展后的8-ASK的PAS在速率为$c=\frac{2}{3}(\gamma=0)$、$c=\frac{3}{4}(\gamma=\frac{1}{4})$、$c=\frac{4}{5}(\gamma=\frac{2}{5})$时的最优操作点。

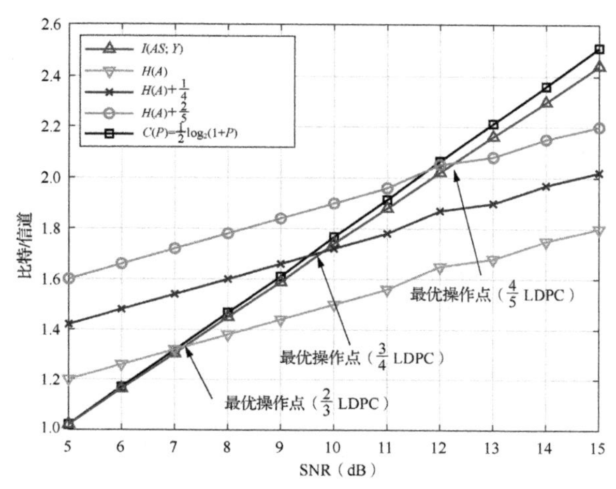


图 6.12　拓展后的 8-ASK 的 PAS 在码率分别为$\frac{2}{3}$、$\frac{3}{4}$、$\frac{4}{5}$时的最优操作点

### 6.2.4 比特度量解码

在接收端使用比特度量解码器的方法，通常称为比特交织编码调制。

**1. 二进制标记与解码**

接收端需要一个解映射器和一个解码器。其中，解映射器的任务是计算比特的软信息。

PAS系统的传输端会为幅度 $A=|X|$ 标记一个长度为 $m-1$ 的二维序列 $b(A)$ 和一个比特长度的正负符号 $S=\operatorname{sgn}(X)$。因此，符号 $X$ 会被映射到一个长度为 $m$ 的二进制字符串：

$$X \to \boldsymbol{B}=B_1B_2\cdots B_m=b(S)b(A) \tag{6.43}$$

其中，$B_i$ 表示比特序列。

因为映射是一一对应的，即

$$X=x_{\boldsymbol{B}}=\{x\in\aleph:\text{label}(x)=\boldsymbol{B}\} \tag{6.44}$$

因此，输入输出关系可以写为

$$Y=\Delta x_{\boldsymbol{B}}+Z \tag{6.45}$$

输入和输出之间的互信息可以写为

$$I(X;Y)=I(\boldsymbol{B};Y) \tag{6.46}$$

将式（6.46）的等号右侧用链式法则展开，有

$$\begin{aligned}I(\boldsymbol{B};Y)&=\sum_{i=1}^{m}I(B_i;Y|B_1,\cdots,B_{i-1})\\&=I(B_1;Y)+I(B_2;Y|B_1)+\cdots+I(B_m;Y|B_1,\cdots,B_{m-1})\end{aligned} \tag{6.47}$$

根据式（6.47），可以有以下解码方案。

步骤1：利用输出信号 $Y$ 解码比特 $\hat{B}_1$。

步骤2：利用 $Y$ 和 $\hat{B}_1,\cdots,\hat{B}_{i-1}$ 解码比特 $\hat{B}_i$。

该解码方案被称为多级编码和多阶段解码。在此基础上，有一个简化的解码方案是解码 $\hat{B}_i$ 时直接忽略 $\hat{B}_1,\cdots,\hat{B}_{i-1}$，即解码器独立处理每个比特，这可以大幅降低化接收机的复杂度。从互信息的角度评估，有

$$\begin{aligned}I(\boldsymbol{B};Y)&=\sum_{i=1}^{m}I(B_i;Y|B_1,\cdots,B_{i-1})\\&\overset{\text{(a)}}{=}\sum_{i=1}^{m}\left[H(B_i|B_1,\cdots,B_{i-1})-H(B_i|Y,B_1,\cdots,B_{i-1})\right]\end{aligned}$$

$$
\begin{aligned}
&\overset{(b)}{\geqslant}\sum_{i=1}^{m}\left[H\left(B_i\middle|B_1,\cdots,B_{i-1}\right)-H\left(B_i\middle|Y\right)\right]\\
&\overset{(c)}{=}H(\boldsymbol{B})-\sum_{i=1}^{m}H\left(B_i\middle|Y\right)\\
&\overset{(d)}{=}\left[\sum_{i=1}^{m}I\left(B_i\middle|Y\right)\right]-\left\{\left[\sum_{i=1}^{m}H\left(B_i\right)\right]-H(\boldsymbol{B})\right\}\\
&=\left[\sum_{i=1}^{m}I\left(B_i\middle|Y\right)\right]-\frac{\mathrm{D}\left(P_{\boldsymbol{B}}\middle\|\sum_{i=1}^{m}P_{B_i}\right)}{m}
\end{aligned}
\quad (6.48)
$$

其中，$\mathrm{D}(\cdot\|\cdot)$表示信息散度，(a)和(d)的推导依据是互信息的基本性质，(b)的推导依据是条件熵不会增大原始熵，(c)的推导依据是熵的链式法则。式(6.48)最终结果的第一项表示所有比特和输出信号之间的互信息之和，第二项表示比特之间的相关性。

因此，对于信道 $P_{Y|X}=P_{Y|\boldsymbol{B}}$，采用比特度量解码器可以达到的速率为

$$
R_{\mathrm{bmd}}=H(\boldsymbol{B})-\sum_{i=1}^{m}H\left(B_i\middle|Y\right) \quad (6.49)
$$

其中，$m$ 个比特在比特度量解码器中被独立解码。$R_{\mathrm{bmd}}$ 可以称为比特度量解码器下的可达速率。$R_{\mathrm{bmd}}$ 带来的互信息损失由二进制比特的映射方式决定，这将会在6.2.5小节中讨论。

## 2. 比特度量$L$值

比特 $i$ 的比特度量可以写为

$$
L_i=\log_2\frac{P_{B_i|Y}\left(0\middle|y\right)}{P_{B_i|Y}\left(1\middle|y\right)} \quad (6.50)
$$

其中，$L_i$ 被称为 $L$ 值。利用贝叶斯法则，$L_i$ 可以写为

$$
L_i=\log_2\frac{P_{B_i}(0)}{P_{B_i}(1)}+\log_2\frac{P_{Y|B_i}\left(y\middle|0\right)}{P_{Y|B_i}\left(y\middle|1\right)} \quad (6.51)
$$

其中，等号右侧的第一项表示先验信息，第二项表示信道的对数似然比。条件概率 $P_{Y|B_i}\left(y\middle|0\right)$ 可以按照以下方式计算：

$$
\begin{aligned}
p_{Y|B_i}\left(y\middle|b_i\right)&=\frac{p_{Y|B_i}\left(y,b_i\right)}{p_{B_i}\left(b_i\right)}\\
&=\sum_{\boldsymbol{a}\in\{0,1\}^m:a_i=b_i}p_{Y|\boldsymbol{B}}\left(y\middle|\boldsymbol{a}\right)\frac{P_{\boldsymbol{B}}(\boldsymbol{a})}{p_{B_i}\left(b_i\right)}
\end{aligned}
\quad (6.52)
$$

对于比特度量解码，加性高斯白噪声信道会被转换为 $m$ 个并行二进制输入信道。图6.13和图6.14分别展示了比特度量解码下的加性高斯白噪声信道模型和并行二进制输入信道模型。

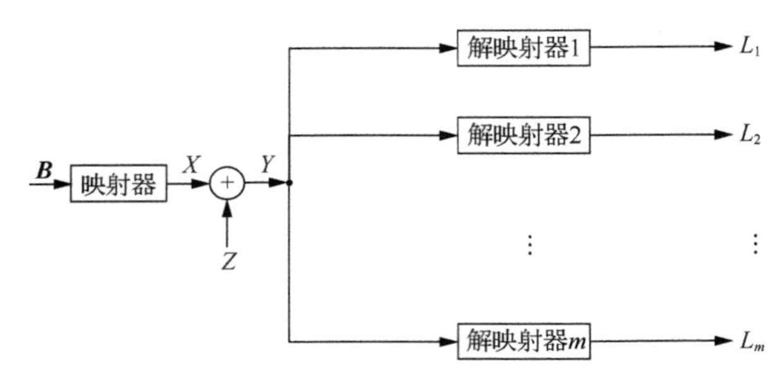


图 6.13　比特度量解码下的加性高斯白噪声信道模型

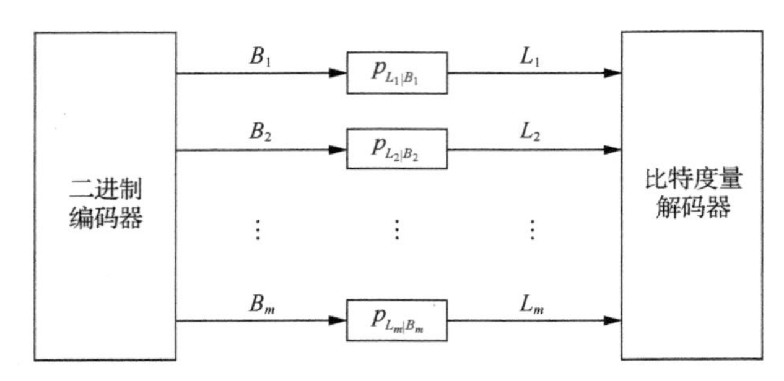


图 6.14　比特度量解码下的并行二进制输入信道模型

文献[5]证明了采用 $L$ 值不会在并行信道损失任何信息，即

$$I\left(B_i;L_i\right)=I\left(B_i;Y\right) \tag{6.53}$$

## 6.2.5　格雷映射

由本书6.2.4小节可知，比特度量解码的可达速率与映射 $b\left(A\right)$ 有关。因此，需要探讨如何设计映射 $b\left(A\right)$，以使比特度量解码造成的互信息损失更小。映射 $b\left(A\right)$ 的设计有两种选择。一种选择是使用自然映射，见表6.1和表6.2。

表 6.1　4-ASK 的自然映射

| $A$ | 3 | 1 |
|---|---|---|
| $b(A)$ | 0 | 1 |

表 6.2　8-ASK 的自然映射

| $A$ | 7 | 5 | 3 | 1 |
|---|---|---|---|---|
| $b(A)$ | 00 | 01 | 10 | 11 |

自然映射直接使用二进制数字，会使相邻的信号点有超过一位比特不同。另一种选择是格雷映射，它可以解决上述问题，见表6.3和表6.4。

表 6.3　4-ASK 的格雷映射

| $A$ | 3 | 1 |
|---|---|---|
| $b(A)$ | 0 | 1 |

表 6.4　8-ASK 的格雷映射

| $A$ | 7 | 5 | 3 | 1 |
|---|---|---|---|---|
| $b(A)$ | 00 | 01 | 11 | 10 |

为了进行格雷映射，可以使用二进制反射格雷码（Binary Reflected Gray Code，BRGC）。BRGC通过反射表中 $n-1$ 个比特递归生成，见表6.5。

表 6.5　生成 3 比特 BRGC

| 1 比特列表 | 1 | 0 | | | | | | |
|---|---|---|---|---|---|---|---|---|
| 反射 | | | 1 | 0 | | | | |
| 旧码字前缀为 0 | 00 | 01 | | | | | | |
| 新码字前缀为 1 | | | 11 | 10 | | | | |
| 2 比特列表 | 00 | 01 | 11 | 10 | | | | |
| 反射 | | | | | 10 | 11 | 01 | 00 |
| 旧码字前缀为 0 | 000 | 001 | 011 | 010 | | | | |
| 新码字前缀为 1 | | | | | 110 | 111 | 101 | 100 |
| 3 比特列表 | 000 | 001 | 011 | 010 | 110 | 111 | 101 | 100 |

由此，可以计算比特度量解码在8-ASK和格雷映射下能达到的速率。给幅度映射 $B_2B_3$ 加上符号标签 $B_1$ 时，BRGC生成的映射仍然是BRGC，自然映射则不然。这里将上述操作后的自然映射记为L1。

比特度量解码在两种映射下的可达速率对比见图6.15。从图中可以看到，BRGC下的速率要高于L1，并且十分接近8-ASK的容量。因此，BRGC通常被选为格雷映射的方案。

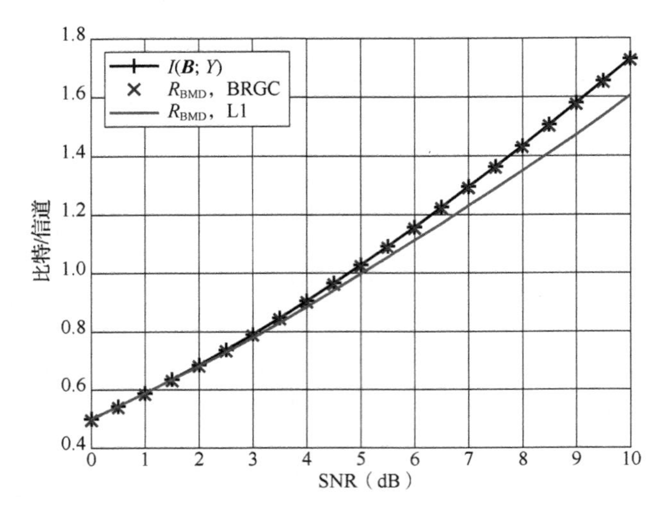


图 6.15　比特度量解码在两种映射下的可达速率对比

## 6.2.6　实际操作点

本书6.2.3小节给出了码长 $n \to \infty$ 时的最优操作点。在实际使用长度为 $n$ 的有限长度的码字时，我们必须接受误帧率 $P_e$ 的存在，因此需要重新寻找一个实际操作点。在发射端使用PAS，在接收端使用比特度量解码，则传输速率和比特度量解码的可达速率可以写为

$$R = H(A) + \gamma \tag{6.54}$$

$$\begin{aligned} R_{\text{bmd}} &= \left[\sum_{i=1}^{m} I(B_i|Y)\right] - \left\{\left[\sum_{i=1}^{m} H(B_i)\right] - H(\boldsymbol{B})\right\} \\ &= H(\boldsymbol{B}) - \sum_{i=1}^{m} H(B_i|L_i) \end{aligned} \tag{6.55}$$

因此，两者之间的速率差为

$$R_{\text{bmd}} - R = 1 - \gamma - \sum_{i=1}^{m} H(B_i|L_i) \tag{6.56}$$

图6.16展示了使用8-ASK和DVB-S2（Digital Video Broadcasting Satellite Second Generation）的 $\frac{2}{3}$ 码率的LDPC在 $P_e = 1.4\times10^{-1}$ 和 $P_e = 3.3\times10^{-3}$ 时的实际操作点。可以看到，因为有限码长的影响，实际操作点与理论上的最优操作点有一定的差距。

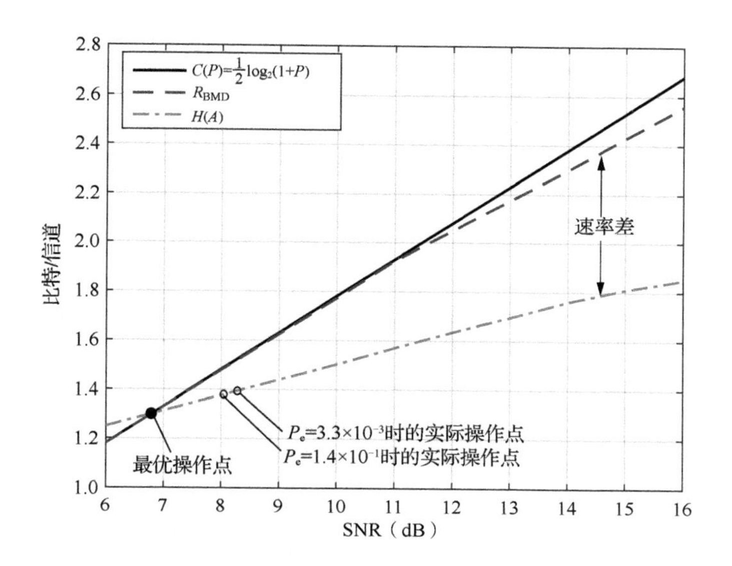


图 6.16　使用 8-ASK 和 DVB-S2 的 $\frac{2}{3}$ 码率的 LDPC 的实际操作点

## 6.2.7　速率调节

传输速率的调节方式有两种：调节码率（均匀分布离散调制信号下的速率匹配方式），以及调节输入分布。本小节主要介绍第二种速率调节方式，也就是调整输入熵 $H(A)$。对于麦克斯韦-玻尔兹曼分布，有

$$P_X(x)=\frac{\mathrm{e}^{-v|x|^2}}{\sum\limits_{i=1}^{2^m}\mathrm{e}^{-v|x|^2}},\quad x\in\aleph \tag{6.57}$$

幅度分布 $P_A$ 由式（6.58）得出：

$$P_A(|x|)=2P_X(x),\ |x|\in A \tag{6.58}$$

定义

$$P_{A^\lambda}(a)=\frac{P_A(a)\mathrm{e}^{\lambda a^2}}{\sum\limits_{\tilde{a}\in A}P_A(\tilde{a})\mathrm{e}^{\lambda\tilde{a}^2}}, \tag{6.59}$$

其中，分布 $P_{A^\lambda}$ 有以下性质：

（1）$P_{A^\lambda}$ 满足麦克斯韦-玻尔兹曼分布；

（2）对于 $\lambda=0$，$P_{A^\lambda}=P_A$；

（3）对于 $\lambda\to v$，$P_A$ 会逼近均匀分布，可以得到 $H(A)=\log_2|A|=m-1$；

（4）对于 $\lambda \to \infty$，$P_A$ 会逼近确定性分布，且 $H(A)=0$。

因此，可以用 $P_{A^\lambda}$ 来调整传输速率。可达速率范围为

$$\gamma \leqslant H\left(A^\lambda\right)+\gamma \leqslant m-1+\gamma \tag{6.60}$$

为了达到可达速率 $R$，我们进行如下操作：

（1）选择一种能达到期望的传输速率的输入分布：

$$P_{\tilde{A}}=P_{A^\lambda}:H\left(A^\lambda\right)+\gamma=\tilde{R} \tag{6.61}$$

（2）选择一个星座放大比例 $\tilde{\Delta}$，使得到的误帧率 $\tilde{P}_e$ 能达到期望的误帧率 $P_e$，即

$$\tilde{P}_e=P_e \tag{6.62}$$

# 6.3 算术编码的实现

在CCDM中，我们使用算术编码来对序列进行索引，可得到一个 $n$ 输入 $m$ 输出的系统。算术编码是CCDM的关键，而CCDM又是PAS的关键。

算术编码器会为在 $\{0,1\}^m$ 内的每个输入序列关联一个区间，同时也会为在 $T_{P_{\tilde{A}}}^n$ 内的每个输出序列关联一个区间，如图6.17所示。

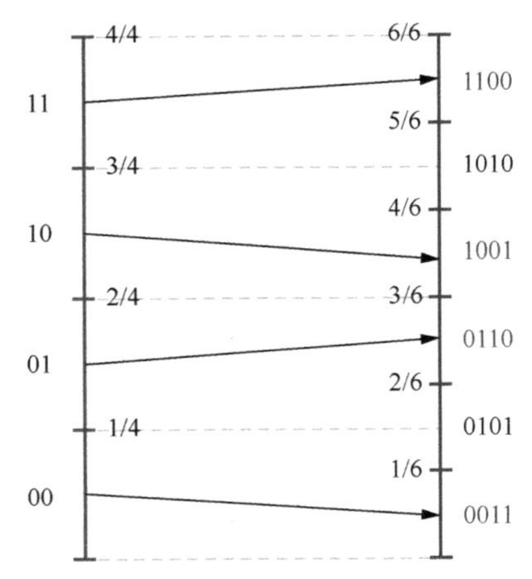


**图 6.17　CCDM 算术编码器在 $P_{\tilde{A}}(0)=P_{\tilde{A}}(1)=0.5$、$m=2$ 和 $n=4$ 时编码示意图**

编码过程的函数可以表示为

$$f_{\text{ccdm}}:\{0,1\}^m \to T_{P_{\tilde{A}}}^n \tag{6.63}$$

其中，$m$ 为输入序列长度，$n$ 为输出序列长度，$P_{\bar{A}}$ 表示设定的一种类型的固定分布，$T_{P_{\bar{A}}}^{n}$ 则是类型为 $P_{\bar{A}}$ 的向量集合。编码函数是可逆的，这也对应了解码过程。

关联的每个区间的大小和对应输入输出序列的概率相等。对于输入模型，我们选择IID的 $\frac{1}{2}$ 伯努利过程。对于输出模型，可以用以下随机向量表示：

$$\bar{A}^{n}=\bar{A}_{1}\bar{A}_{2}\cdots\bar{A}_{n} \tag{6.64}$$

它们的边缘分布为 $P_{\bar{A}_i}=P_{\bar{A}}$，并且有均匀分布

$$P_{\bar{A}_i}\left(a^{n}\right)=\frac{1}{\left|T_{P_{\bar{A}}}^{n}\right|},\ \forall\ a^{n}\in T_{P_{\bar{A}}}^{n} \tag{6.65}$$

这些区间的顺序是按字典序排序的。所有的输入区间和输出区间都在0到1的范围内，且所有区间对应的概率之和等于1。

## 6.3.1 算术编码的基础

算术编码的实现可以参考文献[6]。算术编码的编码过程是把一个信息当作输入，并且输出一个在[0,1)之间的浮点数。解码过程则相反，即输入一个浮点数并输出对应的信息。CCDM就相当于让输入序列和输出序列的浮点数相等，也就是说，用输入序列得到一个浮点数后，能用这个浮点数得到输出序列。这个浮点数的数位可能会非常长，整个输入序列都能用一个浮点数表示。这也就意味着它和常见的编程语言中的数据类型浮点数有很大不同。因此，计算这个浮点数时只能从头开始，每比特递增地得到结果，解码过程相同。因此，算术编码的编码过程是增量的。当输入序列的下一位被编码时，编码的结果就会多增加几个数位。

算术编码需要依靠输入模型来得到其正在处理的符号的特性，而模型的作用正是得出给定符号的概率。如果给出的概率更精确，得到的结果也会更精确。但如果给出的概率误差很大的话，最后的结果也可能有很大偏差。

## 6.3.2 使用浮点数进行编码和解码

为了说明算术编码的编码和解码过程，我们先使用编程语言中常用的32位或64位double数据类型来实现算术编码。需要注意的是，因为精度有限，所以编码和解码能力也是有限的。为了进行算术编码，首先需要定义一个合适的模

型。一个算术编码的编码模型是要让每个符号都有在实数轴上从 0 到 1 的一部分不相交的线段。需要注意的是，存在多种给符号建立模型的方法来给出概率。有些模型是静态的，每个符号的概率是不变的；有的模型是动态的，每个符号的概率随着该符号的处理而更新。这些模型有两个关键点：一是模型会尽可能给出每个会出现的符号的准确概率，二是编码器和解码器在任何情况下都应该有相同的模型。

例如，对于一个能编码100个不同字符的编码器，定义一个简单的静态模型，以大写字母为首，小写字母随后。也就是说，“A”的区间为[0, 0.01)，“B”的区间为[0.01, 0.02)，以此类推。

有了这个模型后，不难发现，现在可以用一个在[0.01, 0.02)区间内的浮点数来表示单个字母“B”。所以，如果输入信息是一个单独的字母“B”，可以输出0.15作为结果。

当然，只能编码单个符号的编码器是远远不够的。要进行一串符号的编码，需要进一步引入更复杂的过程，而这个过程紧密承接上文所述的过程。也就是说，如果第一个符号是“B”，那么我们可以知道输入信息编码后的最终结果在[0.01, 0.02)这个区间内。

所以，输入信息中的下一个符号会进一步划分已经得到的区间。举例来说，对于输入模型的最后一个符号，也就是对应概率为[0.99, 1)的符号，进行进一步划分后，区间就从[0.01,0.02)变成了[0.0199, 0.02)。可见，这种对区间的不断划分只是简单的乘法和加法。当整个输入信息被处理完成后，我们可以得到一个最终区间，即最终结果。编码器中区间的收敛过程如图6.18所示。

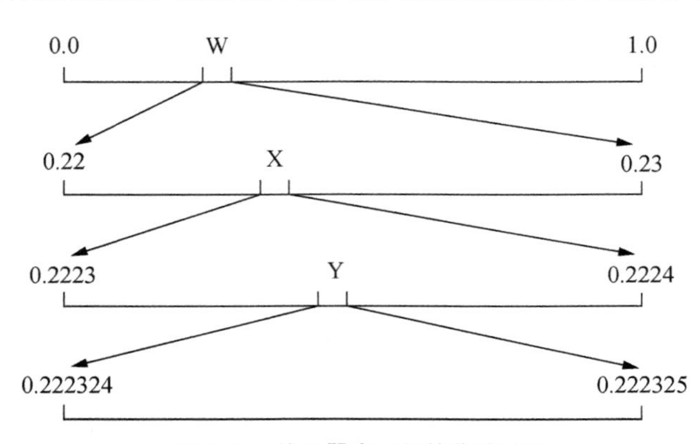


**图 6.18　编码器中区间的收敛过程**

解码过程与编码过程类似，也是不断对区间进行逼近，只不过过程被反了过来，是根据浮点数来得到符号。值得一提的是，根据浮点数得到符号时，如果模型是动态的而不是静态的，那么每次为了得到某一概率对应的符号都需要遍历模型来得到区间。对于这种情况，可以使用树状数组以 $O(\log_2 n)$ 的复杂度得到前缀和区间。

### 6.3.3　使用无限长度整数进行编码和解码

在本书6.3.2小节中，我们使用浮点数进行编码和解码，而浮点数的精度是有限的。可想而知，当编码过程或解码过程超出浮点数的精度时，我们就无法得出正确的结果。因此，我们自然可以想到用整数来代替浮点数。这种做法有两个优势：一是编程语言可以实现无限长度的整数，二是长度很长的整数的乘法有快速计算的算法。

例如，为了代替浮点数，可以用分式的形式来表达小数，其中分子和分母都是长度没有限制的整数。这样就解决了浮点数精度的问题。但是，就算有快速计算乘法的算法，如Karatsuba算法，其复杂度也只是从 $n^2$ 下降为 $n^{\log_2 3}$ 。当整数的数位 $n$ 很大的时候，这种算法的速率会存在很大的问题。

### 6.3.4　使用有限长度整数实现无限精度的算术编码

进一步观察可以发现，只要能保持编码过程和解码过程中每一步区间的同步，编码和解码的结果就能保持一致。因此，可以用有限长度的整数来表示区间，并使其在编码和解码过程中始终保持一致。

与使用浮点数的思路相同，该算法通过处理读入的符号得到概率，并进一步缩紧区间 $[a,b)$ 。如果 $b$ 小于0x80000000，说明最高位为0，可知最终结果的最终位也为0，因此我们可以安全地输出0。同理，当 $a \geqslant$ 0x80000000时，我们可以安全地输出1。而当输出结果后，就应该抛弃已输出的最高位。这时，我们可以进行一位位移，移出最高位并移入一位，其中 $b$ 位移进一位1， $a$ 位移进一位0。通过这种方式，可以保持以32位精度工作并移出不再对输出结果有帮助的数位。

但是，上述算法存在一个问题：当 $a$ 和 $b$ 开始向0.5收敛，但不超过能让比特移位的界限时，该算法就无法正常工作了。在这种情况下，一旦得出要输出的第一位二进制比特，接下来的比特会与之相反。因此，在接近收敛的情况下，可以直接移出上界 $a$ 和下界 $b$ 的第二高位，并用与之前相同的方式移入新的位，同时保持最高位不变，并增加计数器以记住状态，最后进行延迟输出。对上界进行处理的过程基本相同，只不过最低位移入的是1而不是0。

在解码器中，也可以进行类似的处理。如此这般，就可以用有限长度的整数实现无限精度的算术编码。

# | 6.4　LDPC 的编码和解码 |

LDPC是一种前向纠错码，最早在1962年的一篇博士论文[7]中被提出。当时，这种编码因为计算条件的限制一直被忽视。几十年后，对香农极限的逼近因Turbo码的出现而取得重大进展后，人们又重新想到了LDPC，并且发现其性能几乎在各方面都优于Turbo码，使得Turbo码几乎只有在低速率的情况下会被使用。现在，LDPC已经被用于多种标准中，包括4G、5G、DVB-S2等。

## 6.4.1　LDPC 简介

LDPC是一种有着奇偶校验矩阵的分组码，并且是低密度的，也就是说它只包含很少的非0条目。其中，奇偶校验矩阵的稀疏性保证了解码复杂度只随码长线性增长。

除了对奇偶校验矩阵有稀疏性要求，LDPC本身和其他分组码相比并没有太多不同。实际上，现存的分组码只要能用一个稀疏奇偶校验矩阵表示，就能顺利地使用LDPC中的迭代解码算法。但总的来说，为现存的编码找到一个稀疏的奇偶校验码并不是很现实。相反，实际设计LDPC时会先构建一个稀疏的奇偶校验矩阵，然后再决定编码的生成矩阵。

LDPC和传统的分组码之间最大的不同在于它们的解码方式。传统的分组码大多使用最大似然之类的解码算法，因此一般设计得比较短而有序，以此来降低复杂度。LDPC则相反，它是由其奇偶校验矩阵的图表示迭代解码，因此设计时奇偶校验矩阵的性质是一个重点。

若一个LDPC的奇偶校验矩阵在每个码字比特（列）有固定的 $w_c$ 个1，且在每个奇偶校验方程（行）有固定的 $w_r$ 个1，则称这个矩阵满足$(w_c, w_r)$规则。例如，式（6.66）所示矩阵即满足$(w_c, w_r)$规则，其 $w_c$ 和 $w_r$ 分别为2和3。

$$\boldsymbol{H}=\begin{bmatrix}1&1&0&1&0&0\\0&1&1&0&1&0\\1&0&0&0&1&1\\0&0&1&1&0&1\end{bmatrix} \tag{6.66}$$

对于非规则的奇偶校验矩阵，行和列中1的数量不固定。

## 6.4.2　LDPC 编码

对奇偶校验矩阵$\boldsymbol{H}$采用高斯消去法，可以得到如下形式：

$$\boldsymbol{H}=\left[\boldsymbol{A},\boldsymbol{I}_{n\text{-}k}\right] \tag{6.67}$$

其中，$\boldsymbol{A}$是一个$(n-k)\times k$的二进制矩阵，$\boldsymbol{I}_{n-k}$是长度为$n-k$的单位矩阵。因此，生成矩阵$\boldsymbol{G}$可由式（6.68）得到：

$$\boldsymbol{G}=\left[\boldsymbol{I}_k,\boldsymbol{A}^{\mathrm{T}}\right] \tag{6.68}$$

上述处理可以离线完成，计算得出$\boldsymbol{G}$和$\boldsymbol{H}$后再分别提供给编码器和解码器。编码器的编码过程为

$$\boldsymbol{c}=\boldsymbol{u}\boldsymbol{G} \tag{6.69}$$

其中，$\boldsymbol{c}$为编码后的码字，$\boldsymbol{u}$为输入向量。式（6.69）有一个缺点：该式中的生成矩阵$\boldsymbol{G}$与$\boldsymbol{H}$不同，大部分情况下不是稀疏的，所以式（6.69）中的矩阵乘法具有约$n^2$的复杂度。由于LDPC的码长$n$一般很大，一般以千或万计，因此编码过程复杂度会非常高。

因此，可以考虑不使用生成矩阵$\boldsymbol{G}$，而是通过将奇偶校验矩阵$\boldsymbol{H}$转化为上三角形式并使用向后替换的方法来编码LDPC。这一思路的关键是通过只使用行和列的排列组合来做尽可能多的变换，从而使奇偶校验矩阵$\boldsymbol{H}$保持稀疏。

首先，仅仅使用行和列的排列组合，我们将奇偶校验矩阵转换为近似的上三角形式：

$$\boldsymbol{H}_{\mathrm{t}}=\begin{bmatrix}\boldsymbol{A}&\boldsymbol{B}&\boldsymbol{T}\\\boldsymbol{C}&\boldsymbol{D}&\boldsymbol{E}\end{bmatrix} \tag{6.70}$$

其中，矩阵$\boldsymbol{T}$是一个大小为$(m-g)\times(m-g)$的上三角矩阵。如果$\boldsymbol{H}_{\mathrm{t}}$是满秩的，则矩阵$\boldsymbol{A}$和矩阵$\boldsymbol{B}$的大小分别是$(m-g)\times g$和$(m-g)\times k$。奇偶校验矩阵$\boldsymbol{H}$中剩下的$g$行则由矩阵$\boldsymbol{C}$、矩阵$\boldsymbol{D}$和矩阵$\boldsymbol{E}$组成，它们被称作近似表现的距离。$g$越小，LDPC的编码复杂度就越低。

然后，对矩阵$\boldsymbol{E}$使用高斯消去法，这相当于矩阵$\boldsymbol{H}_{\mathrm{t}}$乘以式（6.71）：

$$\begin{bmatrix} I_{m-g} & 0 \\ -ET^{-1} & I_g \end{bmatrix} \tag{6.71}$$

可以得到

$$\tilde{H} = \begin{bmatrix} I_{m-g} & 0 \\ -ET^{-1} & I_g \end{bmatrix} H_{\mathrm{t}} = \begin{bmatrix} A & B & T \\ \tilde{C} & \tilde{D} & 0 \end{bmatrix} \tag{6.72}$$

其中

$$\tilde{C} = -ET^{-1}A + C \tag{6.73}$$

$$\tilde{D} = -ET^{-1}B + D \tag{6.74}$$

从式（6.72）可知，当用高斯消去法处理矩阵$E$时，只有矩阵$C$和矩阵$D$受到了影响，奇偶效验矩阵的其余部分保持了稀疏。

最后，为了用 $\tilde{H}$ 进行编码，码字 $c = [c_1, c_2, \cdots, c_n]$ 被划分成3个部分，即 $c = [u, p_1, p_2]$。其中，$u = [u_1, u_2, \cdots, u_k]$，是 $k$ 比特的信息；$p_1$ 是前 $g$ 个奇偶效验位；$p_2$ 是剩余的奇偶检验位。

因为码字 $c = [u, p_1, p_2]$ 必须满足奇偶校验方程：

$$c\tilde{H}^{\mathrm{T}} = 0 \tag{6.75}$$

因此，有

$$Au + Bp_1 + Tp_2 = 0 \tag{6.76}$$

$$\tilde{C}u + \tilde{D}p_1 + 0p_2 = 0 \tag{6.77}$$

由式（6.77）可进一步得出，如果矩阵 $\tilde{D}$ 是可逆的，则有

$$p_1 = \tilde{D}^{-1}\tilde{C}u \tag{6.78}$$

如果矩阵 $\tilde{D}$ 不可逆，可以重新排列组合矩阵 $\tilde{H}$ 的列，直到其可逆。通过让 $g$ 尽可能小，式（6.78）矩阵乘法的复杂度 $O(g^2)$ 就会保持在较低的水平。

计算出 $p_1$ 后，同样可以计算出 $p_2$：

$$p_2 = -T^{-1}(Au + Bp_1) \tag{6.79}$$

其中，因为 $T$ 是上三角矩阵，$p_2$ 可以用向后替换的方法得到。

### 6.4.3 LDPC 解码

与其他编码类似，LDPC的最大似然解码是一个NP完备问题，尝试用最优解码解NP完备的编码是不可行的。但是，一些次优的解码技术，如迭代的置信度传播，对LDPC解码有着很好的效果并且可以实现。

因为用于解码LDPC的这类算法可以用在坦纳图中沿着边的消息传递解释，

所以它们被统一称为消息传递算法。每个坦纳图的节点独立工作，只能接触到与其连接的边中的消息中的信息。消息传递算法又被称为迭代解码算法，因为消息会被迭代地在校验节点和比特节点之间前后传递，直到得出结果。不同的消息传递算法由其传递的不同消息类型命名，或者由在节点采取的操作而命名。

例如，比特翻转解码中的消息是二进制的，置信度传播解码中的消息则表示置信度的概率。将概率值表示为对数的似然比例十分方便，当在置信度传播解码中也这么表示时，这种解码方式通常被称为和积解码，因为使用对数似然比例可使在比特节点和校验节点的计算能通过和的运算以及积的运算进行。

# 6.5 基于 PAS 的 MIMO 传输

在MIMO系统中，PAS技术可以与空间预编码技术相结合。本节介绍PAS和空间预编码的联合设计方案。

## 6.5.1 系统模型

考虑一个单用户MIMO高斯信道，其中发射端和接收端分别配置 $N_t$ 和 $N_r$ 副天线，则基于PAS的MIMO信道输入和输出关系可以写为

$$\boldsymbol{y} = \boldsymbol{H}\boldsymbol{G}\boldsymbol{\varDelta}\boldsymbol{x} + \boldsymbol{v} \tag{6.80}$$

其中，$\boldsymbol{y} \in \mathbb{C}^{N_r \times 1}$，表示接收端的输出信号；$\boldsymbol{H} \in \mathbb{C}^{N_r \times N_t}$，表示信道矩阵；$\boldsymbol{G} \in \mathbb{C}^{N_t \times N_t}$，是线性预编码矩阵；$\boldsymbol{v} \in \mathbb{C}^{N_r \times 1}$，是均值为0、协方差矩阵为 $\sigma^2 \boldsymbol{I}_{N_r}$ 的高斯噪声向量。令 $\boldsymbol{x} = \left(x_1, \cdots, x_{N_t}\right)^{\mathrm{T}}$ 表示发射信号向量，从大小为 $M$ 的离散调制信号集合M-QAM中取值。星座空间的缩放矩阵 $\boldsymbol{\varDelta} = \mathrm{diag}\left\{\varDelta_1, \cdots, \varDelta_{N_t}\right\}$ 使得成型后的信号满足以下约束：

$$\mathrm{E}\left\{\boldsymbol{\varDelta}\boldsymbol{x}\left(\boldsymbol{\varDelta}\boldsymbol{x}\right)^{\mathrm{H}}\right\} = \boldsymbol{I}_{N_t} \tag{6.81}$$

因此，总的传输信号满足以下功率约束：

$$\mathrm{E}\left\{\boldsymbol{G}\boldsymbol{\varDelta}\boldsymbol{x}\left(\boldsymbol{G}\boldsymbol{\varDelta}\boldsymbol{x}\right)^{\mathrm{H}}\right\} = \mathrm{tr}\left(\boldsymbol{G}\boldsymbol{G}^{\mathrm{H}}\right) \leqslant P \tag{6.82}$$

假设信道矩阵 $\boldsymbol{H}$ 在接收端和发射端都完全已知。考虑信道 $\boldsymbol{H}$ 和预编码矩阵 $\boldsymbol{G}$ 的SVD、$\boldsymbol{H} = \boldsymbol{U}_H \boldsymbol{\Sigma}_H \boldsymbol{V}_H^{\mathrm{H}}$ 和 $\boldsymbol{G} = \boldsymbol{U}_G \boldsymbol{\Sigma}_G \boldsymbol{\Phi}$，则根据引理4.2可知，对于任意信号分

布 $\boldsymbol{\Delta x}$，最优的预编码矩阵结构满足 $\boldsymbol{U}_G=\boldsymbol{V}_H$。同时，根据式（4.34），令 $\bar{\boldsymbol{y}}=\boldsymbol{U}_H^{\mathrm{H}}\boldsymbol{y}$，式（6.80）可以简化为

$$\bar{\boldsymbol{y}}=\boldsymbol{\Sigma}_H\boldsymbol{\Sigma}_G\boldsymbol{\Phi}\boldsymbol{\Delta x}+\boldsymbol{v} \tag{6.83}$$

其中，$\boldsymbol{\Sigma}_H$ 和 $\boldsymbol{\Sigma}_G$ 是对角元素非负的对角矩阵，$\boldsymbol{\Phi}$ 是酉矩阵。

为了设计最优的MIMO传输策略，考虑最大化式（6.83）的互信息 $I(\boldsymbol{x};\bar{\boldsymbol{y}})$。对于给定的 $\boldsymbol{\Sigma}_H$ 和 $\boldsymbol{\Sigma}_G$，$\bar{\boldsymbol{y}}$ 的概率密度函数可以写为

$$p(\bar{\boldsymbol{y}})=\mathrm{E}_{\boldsymbol{x}}\left\{p(\bar{\boldsymbol{y}}|\boldsymbol{x})\right\}=\sum_{i=1}^{M^{N_t}}p(\boldsymbol{x}_i)p(\bar{\boldsymbol{y}}|\boldsymbol{x}_i) \tag{6.84}$$

$$p(\bar{\boldsymbol{y}}|\boldsymbol{x})=\frac{1}{(\pi\sigma^2)^{N_r}}\exp\left(\frac{\left\|\bar{\boldsymbol{y}}-\boldsymbol{\Sigma}_H\boldsymbol{\Sigma}_G\boldsymbol{\Phi}\boldsymbol{\Delta x}\right\|^2}{\sigma^2}\right) \tag{6.85}$$

则互信息 $I(\boldsymbol{x};\bar{\boldsymbol{y}})$ 可以写为

$$I(\boldsymbol{x};\bar{\boldsymbol{y}})=-\sum_{i=1}^{M^{N_t}}p(\boldsymbol{x}_i)\left(\log_2 p(\boldsymbol{x}_i)+\mathrm{E}_{\boldsymbol{v}}\left\{\log_2\left(\sum_{p=1}^{M^{N_t}}\frac{p(\boldsymbol{x}_p)}{p(\boldsymbol{x}_i)}\mathrm{e}^{-a_{i,p}}\right)\right\}\right) \tag{6.86}$$

$$a_{i,p}=\sigma^{-2}\left(\left\|\boldsymbol{\Sigma}_H\boldsymbol{\Sigma}_G\boldsymbol{\Phi}\boldsymbol{\Delta}(\boldsymbol{x}_i-\boldsymbol{x}_p)+\boldsymbol{v}\right\|^2-\left\|\boldsymbol{v}\right\|^2\right) \tag{6.87}$$

其中，高斯噪声向量 $\boldsymbol{v}$ 的概率密度可以写为

$$p(\boldsymbol{v})=\frac{1}{(\pi\sigma^2)^{N_r}}\exp\left(-\frac{\|\boldsymbol{v}\|^2}{\sigma^2}\right) \tag{6.88}$$

下面针对以上非均匀分布发射信号模型，设计一个有效的传输方式来最大化互信息。相应的优化问题可以写为

$$\max_{\boldsymbol{\Sigma}_G,\boldsymbol{\Phi},p(\boldsymbol{x})} I(\boldsymbol{x};\bar{\boldsymbol{y}}) \tag{6.89}$$

$$\boldsymbol{\Phi}\boldsymbol{\Phi}^{\mathrm{H}}=\boldsymbol{I}_{N_t} \tag{6.90}$$

$$\mathrm{tr}\left(\boldsymbol{\Sigma}_G\boldsymbol{\Sigma}_G^{\mathrm{H}}\right)=\boldsymbol{P},\ \boldsymbol{\Sigma}_G\geqslant 0 \tag{6.91}$$

$$\mathrm{E}_{\boldsymbol{x}}\left\{\boldsymbol{\Delta x}(\boldsymbol{\Delta x})^{\mathrm{H}}\right\}=\boldsymbol{I}_{N_t} \tag{6.92}$$

## 6.5.2 互信息优化

本小节介绍一种用来交替优化功率分配矩阵 $\boldsymbol{\Sigma}_G$、酉矩阵 $\boldsymbol{\Phi}$ 和输入信号的分布 $\boldsymbol{\Delta x}$ 的有效算法。具体地，该算法迭代求解以下3个子问题：在给定 $\boldsymbol{\Phi}$ 和 $\boldsymbol{\Delta x}$ 的情况下优化 $\boldsymbol{\Sigma}_G$、在给定 $\boldsymbol{\Sigma}_G$ 和 $\boldsymbol{\Delta x}$ 情况下优化 $\boldsymbol{\Phi}$、在给定 $\boldsymbol{\Sigma}_G$ 和 $\boldsymbol{\Phi}$ 的情况下优

化 $\boldsymbol{\Delta x}$。

### 1．功率分配矩阵 $\boldsymbol{\Sigma}_G$ 的优化

利用梯度投影的方法在给定 $\boldsymbol{\Phi}$ 和 $\boldsymbol{\Delta x}$ 的情况下优化 $\boldsymbol{\Sigma}_G$，该子问题可以写为

$$\max_{\boldsymbol{\Sigma}_G} I(\boldsymbol{x};\overline{\boldsymbol{y}}) \tag{6.93}$$

$$\mathrm{tr}\left(\boldsymbol{\Sigma}_G\boldsymbol{\Sigma}_G^{\mathrm{H}}\right)=P, \boldsymbol{\Sigma}_G \geqslant 0 \tag{6.94}$$

**定理**6.1　将 $\hat{\boldsymbol{\Sigma}}_G$ 投影到集合 $Z \triangleq \left\{\boldsymbol{\Sigma}_G : \mathrm{tr}\left(\boldsymbol{\Sigma}_G\boldsymbol{\Sigma}_G^{\mathrm{H}}\right)<P\right\}$ 的表达式可以写为

$$\begin{aligned}\prod_Z\left[\hat{\boldsymbol{\Sigma}}_G\right] &= \arg\min_{\boldsymbol{\Sigma}_G\in Z}\left\|\boldsymbol{\Sigma}_G-\hat{\boldsymbol{\Sigma}}_G\right\|^2 \\ &= \sqrt{\frac{P}{\mathrm{tr}\left(\left[\hat{\boldsymbol{\Sigma}}_G\right]^+\left[\hat{\boldsymbol{\Sigma}}_G^{\mathrm{H}}\right]^+\right)}}\left[\hat{\boldsymbol{\Sigma}}_G\right]^+\end{aligned} \tag{6.95}$$

其中，$\left[\boldsymbol{X}\right]^+$ 表示将 $\boldsymbol{X}$ 投影到正半定锥。

**证明**　对于以上问题，有拉格朗日函数：

$$g(\lambda)=\inf_{\boldsymbol{\Sigma}_G} L(\boldsymbol{\Sigma}_G,\lambda)=\left\|\boldsymbol{\Sigma}_G-\hat{\boldsymbol{\Sigma}}_G\right\|^2+\lambda\left[\mathrm{tr}\left(\boldsymbol{\Sigma}_G\boldsymbol{\Sigma}_G^{\mathrm{H}}\right)-P\right] \tag{6.96}$$

其中，$L(\boldsymbol{\Sigma}_G,\lambda)$ 是关于 $\boldsymbol{\Sigma}_G$ 的凸函数。因此，最优的矩阵 $\boldsymbol{\Sigma}_G$ 满足

$$\nabla_{\boldsymbol{\Sigma}_G} L(\boldsymbol{\Sigma}_G,\lambda)=(1+\lambda)\boldsymbol{\Sigma}_G-\hat{\boldsymbol{\Sigma}}_G=0 \tag{6.97}$$

因此有

$$\prod_Z\left[\hat{\boldsymbol{\Sigma}}_G\right]=\frac{1}{1+\lambda}\hat{\boldsymbol{\Sigma}}_G \tag{6.98}$$

将 $\boldsymbol{\Sigma}_G$ 投影到正半定锥，有

$$\prod_Z\left[\hat{\boldsymbol{\Sigma}}_G\right]=\frac{1}{1+\lambda}\left[\hat{\boldsymbol{\Sigma}}_G\right]^+ \tag{6.99}$$

将式（6.99）代入式（6.94）可得

$$\mathrm{tr}\left(\prod_Z\left[\hat{\boldsymbol{\Sigma}}_G\right]\prod_Z\left[\hat{\boldsymbol{\Sigma}}_G\right]^{\mathrm{H}}\right)=\frac{\mathrm{tr}\left(\left[\hat{\boldsymbol{\Sigma}}_G\right]^+\left[\boldsymbol{\Sigma}_G^{\mathrm{H}}\right]^+\right)}{(1+\lambda)^2}=P \tag{6.100}$$

因此，有

$$\prod_Z\left[\hat{\boldsymbol{\Sigma}}_G\right]=\frac{1}{1+\lambda}\left[\hat{\boldsymbol{\Sigma}}_G\right]^+=\sqrt{\frac{P}{\mathrm{tr}\left(\prod_Z\left[\hat{\boldsymbol{\Sigma}}_G\right]\prod_Z\left[\hat{\boldsymbol{\Sigma}}_G\right]^{\mathrm{H}}\right)}}\left[\hat{\boldsymbol{\Sigma}}_G\right]^+ \tag{6.101}$$

至此，定理6.1得证。

另外，根据式（6.86），$I(\boldsymbol{x};\overline{\boldsymbol{y}})$ 关于 $\boldsymbol{\Sigma}_G$ 的梯度可以写为

$$\nabla_{\boldsymbol{\Sigma}_G} I\left(\boldsymbol{x};\bar{\boldsymbol{y}}\right)=\operatorname{diag}\left(\sum_{i=1}^{M^{N_t}} p\left(\boldsymbol{x}_i\right)\mathrm{E}_{\boldsymbol{v}}\left\{\frac{\sum_{p=1}^{M^{N_t}} p\left(\boldsymbol{x}_p\right)\mathrm{e}^{-b_{i,p}} c_{i,p}}{\sum_{p=1}^{M^{N_t}} p\left(\boldsymbol{x}_p\right)\mathrm{e}^{-b_{i,p}}}\right\}\right) \tag{6.102}$$

$$b_{i,p}=\sigma^{-2}\left\|\boldsymbol{\Sigma}_H\boldsymbol{\Sigma}_G\boldsymbol{\Phi}\boldsymbol{\Delta}\left(\boldsymbol{x}_i-\boldsymbol{x}_p\right)+\boldsymbol{v}\right\|^2 \tag{6.103}$$

$$c_{i,p}=\sigma^{-2}\left(\boldsymbol{\Sigma}_H^2\boldsymbol{\Sigma}_G\boldsymbol{\Phi}\boldsymbol{\Delta}\left(\boldsymbol{x}_i-\boldsymbol{x}_p\right)\left(\boldsymbol{x}_i-\boldsymbol{x}_p\right)^{\mathrm{H}}\boldsymbol{\Delta}\boldsymbol{\Phi}^{\mathrm{H}}+\boldsymbol{\Sigma}_H\boldsymbol{v}\left(\boldsymbol{x}_i-\boldsymbol{x}_p\right)^{\mathrm{H}}\boldsymbol{\Delta}\boldsymbol{\Phi}^{\mathrm{H}}\right) \tag{6.104}$$

由此，可以设计算法6.1来优化功率分配矩阵 $\boldsymbol{\Sigma}_G$。

---

**算法6.1　给定 $\boldsymbol{\Sigma}_H$、$\boldsymbol{\Phi}$ 和 $p(\boldsymbol{x})$ 优化功率分配矩阵 $\boldsymbol{\Sigma}_G$**

---

步骤1：初始化 $n=1$ 和 $\boldsymbol{\Sigma}_G^1=\sqrt{P/N_t}\boldsymbol{I}_{N_t}$。

步骤2：根据式（6.102）计算 $\nabla_{\boldsymbol{\Sigma}_G} I\left(\boldsymbol{x};\bar{\boldsymbol{y}}\right)$。

步骤3：更新 $\boldsymbol{\Sigma}_G^{n+1}=\boldsymbol{\Sigma}_G^n+\mu\left[\nabla_{\boldsymbol{\Sigma}_G} I\left(\boldsymbol{x};\bar{\boldsymbol{y}}\right)-\operatorname{tr}\left(\nabla_{\boldsymbol{\Sigma}_G} I\left(\boldsymbol{x};\bar{\boldsymbol{y}}\right)/N_t\right)\right]$，并利用回溯搜索确定步长 $\mu$。

步骤4：根据式（6.95）更新 $\boldsymbol{\Sigma}_G^{n+1}$。

步骤5：根据 $\boldsymbol{\Sigma}_G^{n+1}$ 计算互信息 $I^{n+1}\left(\boldsymbol{x};\bar{\boldsymbol{y}}\right)$。

步骤6：$n=n+1$。重复步骤2～步骤5，直到步长 $\mu$ 趋近于0。

---

**2. 酉矩阵 $\boldsymbol{\Phi}$ 的优化**

对于给定的 $\boldsymbol{\Sigma}_G$ 和 $p(\boldsymbol{x})$，酉矩阵 $\boldsymbol{\Phi}$ 的优化问题可以写为

$$\max_{\boldsymbol{\Phi}} I\left(\boldsymbol{x};\bar{\boldsymbol{y}}\right) \tag{6.105}$$

$$\boldsymbol{\Phi}\boldsymbol{\Phi}^{\mathrm{H}}=\boldsymbol{I}_{N_t} \tag{6.106}$$

这里采用流形优化算法来求解式（6.105）。式（6.106）所示的限制条件定义了一个Stiefel流形域空间：

$$S=\left\{\boldsymbol{\Phi}:\boldsymbol{\Phi}\boldsymbol{\Phi}^{\mathrm{H}}=\boldsymbol{I}_{N_t}\right\} \tag{6.107}$$

式（6.107）所示的Stiefel流行空间在矩阵 $\boldsymbol{\Phi}$ 的切线空间可以写为

$$\left\{\boldsymbol{X}:\boldsymbol{X}^{\mathrm{H}}\boldsymbol{\Phi}+\boldsymbol{\Phi}^{\mathrm{H}}\boldsymbol{X}=0\right\} \tag{6.108}$$

则矩阵 $\boldsymbol{\Phi}$ 的黎曼（Riemannian）梯度可以写为

$$\nabla_{\boldsymbol{\Phi}}^{\mathrm{Rie}} I\left(\boldsymbol{x};\bar{\boldsymbol{y}}\right)=\frac{\partial I\left(\boldsymbol{x};\bar{\boldsymbol{y}}\right)}{\partial\boldsymbol{\Phi}^*}-\boldsymbol{\Phi}\left(\frac{\partial I\left(\boldsymbol{x};\bar{\boldsymbol{y}}\right)}{\partial\boldsymbol{\Phi}^*}\right)^{\mathrm{H}}\boldsymbol{\Phi} \tag{6.109}$$

进一步地，可以利用最速下降算法来实现酉矩阵优化的迭代更新。具体地，

第 $k$ 次迭代的更新可以写为

$$\boldsymbol{\Phi}^{n+1}=\exp\left(-\mu^{n}\boldsymbol{A}^{n}\right)\boldsymbol{\Phi}^{n} \tag{6.110}$$

其中

$$\boldsymbol{A}^{n}=\nabla_{\Phi}^{\mathrm{Rie}}\boldsymbol{I}\left(\boldsymbol{x};\overline{\boldsymbol{y}}\right)\left(\boldsymbol{\Phi}^{(n)}\right)^{\mathrm{H}}=\frac{\partial\boldsymbol{I}\left(\boldsymbol{x};\overline{\boldsymbol{y}}\right)}{\partial\boldsymbol{\Phi}^{*}}\left(\boldsymbol{\Phi}^{(n)}\right)^{\mathrm{H}}-\boldsymbol{\Phi}^{(n)}\left(\frac{\partial\boldsymbol{I}\left(\boldsymbol{x};\overline{\boldsymbol{y}}\right)}{\partial\boldsymbol{\Phi}^{*}}\right)^{\mathrm{H}} \tag{6.111}$$

$$\frac{\partial\boldsymbol{I}\left(\boldsymbol{x};\overline{\boldsymbol{y}}\right)}{\partial\boldsymbol{\Phi}^{*}}=\sum_{i=1}^{M^{N_t}}p\left(\boldsymbol{x}_i\right)\mathrm{E}_{\boldsymbol{v}}\left\{\frac{\sum_{p=1}^{M^{N_t}}p\left(\boldsymbol{x}_p\right)\mathrm{e}^{-b_{i,p}}d_{i,p}}{\sum_{p=1}^{M^{N_t}}p\left(\boldsymbol{x}_p\right)\mathrm{e}^{-b_{i,p}}}\right\} \tag{6.112}$$

$$d_{i,p}=\sigma^{-2}\left(\boldsymbol{\Sigma}_{\boldsymbol{H}}^{2}\boldsymbol{\Sigma}_{\boldsymbol{G}}^{2}\boldsymbol{\Phi}\boldsymbol{\Delta}\left(\boldsymbol{x}_i-\boldsymbol{x}_p\right)\left(\boldsymbol{x}_i-\boldsymbol{x}_p\right)^{\mathrm{H}}+\boldsymbol{\Sigma}_{\boldsymbol{H}}\boldsymbol{\Sigma}_{\boldsymbol{G}}\boldsymbol{v}\left(\boldsymbol{x}_i-\boldsymbol{x}_p\right)^{\mathrm{H}}\boldsymbol{\Delta}\right) \tag{6.113}$$

步长 $\mu^{n}$ 的作用是控制收敛速率，因此需要在每次迭代时重新计算。由此，可以设计算法6.2来优化酉矩阵 $\boldsymbol{\Phi}$ 。

---

**算法6.2　给定 $\boldsymbol{\Sigma}_{\boldsymbol{H}}$ 、$\boldsymbol{\Sigma}_{\boldsymbol{G}}$ 和 $p(\boldsymbol{x})$ 优化酉矩阵 $\boldsymbol{\Phi}$**

---

步骤1：初始化 $n=1$ 和 $\boldsymbol{\Phi}^{1}=\boldsymbol{I}_{N_t}$ 。

步骤2：根据式（6.111）计算 $\boldsymbol{A}^{n}$ 。

步骤3：根据式（6.110）更新 $\boldsymbol{\Phi}^{n+1}$ ，并利用回溯搜索确定步长 $\mu^{n}$ 。

步骤4：$n=n+1$ 。重复步骤2、步骤3，直到步长 $\mu^{n}$ 趋近于0。

---

### 3．信号输入分布 $p(\boldsymbol{x})$ 的优化

对于给定的 $\boldsymbol{\Sigma}_{\boldsymbol{G}}$ 和 $\boldsymbol{\Phi}$ ，优化信号分布 $p(\boldsymbol{x})$ 的问题可以写为

$$\max_{p(\boldsymbol{x})} I\left(\boldsymbol{x};\overline{\boldsymbol{y}}\right) \tag{6.114}$$

$$\mathrm{E}_{\boldsymbol{x}}\left\{\boldsymbol{\Delta x}\left(\boldsymbol{\Delta x}\right)^{\mathrm{H}}\right\}=\boldsymbol{I}_{N_t} \tag{6.115}$$

假设不同天线之间的信号流是独立的。首先考虑每个信号流是如何优化的，然后得到整个信号的优化分布 $p(\boldsymbol{x})$ 。

对于每副天线，星座空间的缩放系数和输入分布的关系可以通过在单位功率约束下最大化输入信号熵来确定。由本书6.1.4小节可知，最大化信号熵的输入信号分布为麦克斯韦-玻尔兹曼分布：

$$p\left(x_i\right)=A\mathrm{e}^{\lambda\|x_i\|^2}，\quad A=\frac{1}{\sum_{i=1}^{M}\mathrm{e}^{\lambda\|x_i\|^2}} \tag{6.116}$$

为满足式（6.115）所示的功率约束，对应于第 $j$ 副天线的参数 $\lambda_j$ 必须满足

以下等式：

$$A_j \sum_{i=1}^{M} \mathrm{e}^{\lambda_j \|x_i\|^2} \|x_i\|^2 = \varDelta_j^{-2},\ j = 1,\cdots,N_\mathrm{t} \tag{6.117}$$

对于给定的 $\varDelta_j$，第 $j$ 副天线上的QAM信号最优分布根据式（6.117）通过牛顿法计算得到。因此，可以通过一维搜索来确定最大化互信息的 $\varDelta_j$ 和信号分布。在此基础上，可以设计算法6.3来最大化 $p(\boldsymbol{x})$。

---

**算法6.3　给定 $\boldsymbol{\Sigma}_H$、$\boldsymbol{\Sigma}_G$ 和 $\boldsymbol{\Phi}$ 优化 $p(\boldsymbol{x})$**

---

步骤1：初始化 $n=1$，$\boldsymbol{\varDelta} = \sqrt{3/(2(M-1))}\boldsymbol{I}_{N_\mathrm{t}}$。在均匀分布下计算互信息 $I^n(\boldsymbol{x};\bar{\boldsymbol{y}})$。定义门限 $\varepsilon$。

步骤2：在范围 $1/\sqrt{2}(\sqrt{M}-1) \leqslant \varDelta_j \leqslant 1/\sqrt{2}$ 内根据式（6.116）和式（6.117）搜索每副天线最大化互信息的最优星座缩放系数 $\varDelta_j$ 和对应的最优信号分布，$j=1,\cdots,N_\mathrm{t}$。

步骤3：对于更新的 $\boldsymbol{\varDelta}$ 和 $p(\boldsymbol{x})$，计算 $I^{n+1}(\boldsymbol{x};\bar{\boldsymbol{y}})$。令 $u = I^{n+1}(\boldsymbol{x};\bar{\boldsymbol{y}}) - I^n(\boldsymbol{x};\bar{\boldsymbol{y}})$。

步骤4：$n=n+1$。重复步骤2、步骤3，直到 $u \leqslant \varepsilon$。

---

根据以上3个算法，可以设计算法6.4来联合优化式（6.32）中的互信息。

---

**算法6.4　互信息 $I(\boldsymbol{x};\bar{\boldsymbol{y}})$ 的联合优化**

---

步骤1：初始化 $n=1$，$\boldsymbol{\Sigma}_G = \sqrt{P/N_\mathrm{t}}\boldsymbol{I}_{N_\mathrm{t}}$，$\boldsymbol{\Phi} = \boldsymbol{I}_{N_\mathrm{t}}$，$\boldsymbol{\varDelta} = \sqrt{3/(2(M-1))}\boldsymbol{I}_{N_\mathrm{t}}$。定义门限 $\varepsilon$。

步骤2：计算 $I^n(\boldsymbol{x};\bar{\boldsymbol{y}})$。

步骤3：利用算法6.2优化 $\boldsymbol{\Phi}$。

步骤4：利用算法6.1优化 $\boldsymbol{\Sigma}_G$。

步骤5：利用算法6.3优化 $p(\boldsymbol{x})$。

步骤6：计算 $I^{n+1}(\boldsymbol{x};\bar{\boldsymbol{y}})$。令 $u = I^{n+1}(\boldsymbol{x};\bar{\boldsymbol{y}}) - I^n(\boldsymbol{x};\bar{\boldsymbol{y}})$。

步骤7：$n=n+1$。重复步骤3～步骤6，直到 $u \leqslant \varepsilon$。

---

### 6.5.3　仿真验证

本小节采用16-QAM信号进行仿真。首先考虑一个 $2\times 2$ 的固定MIMO信道：

$$\boldsymbol{H} = \begin{bmatrix} 2 & 1 \\ 1 & 2 \end{bmatrix} \tag{6.118}$$

图6.19展示了固定MIMO信道下不同预编码设计的互信息曲线。可以看到，

采用算法6.4获得的互信息要明显高于本书第4章介绍的均匀分布最优预编码设计和等功率分配预编码设计。随着调制阶数的升高，增益会进一步提高[8]。

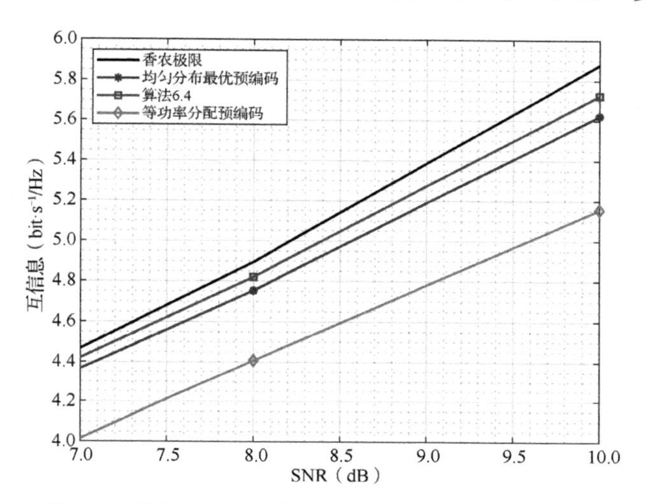


**图 6.19　固定 MIMO 信道下不同预编码设计的互信息曲线**

图6.20展示了固定MIMO信道下不同预编码设计方案中分配给较强子信道功率的比例。可以看出，与本书4.1节介绍的均匀分布信号下的水银注水功率分配方案相比，当 SNR>9dB 时，算法6.4倾向于分配更多的功率给较强子信道。这是因为PAS和矩阵 $\boldsymbol{\Phi}$ 的共同作用使发射信号变得更像高斯分布。因此，该算法的功率分配方案更加倾向于本书2.2节介绍的高斯信号下的经典注水功率分配方案。同时，算法6.1如果以经典注水功率分配方案作为起始值，能获得更快的收敛速率。

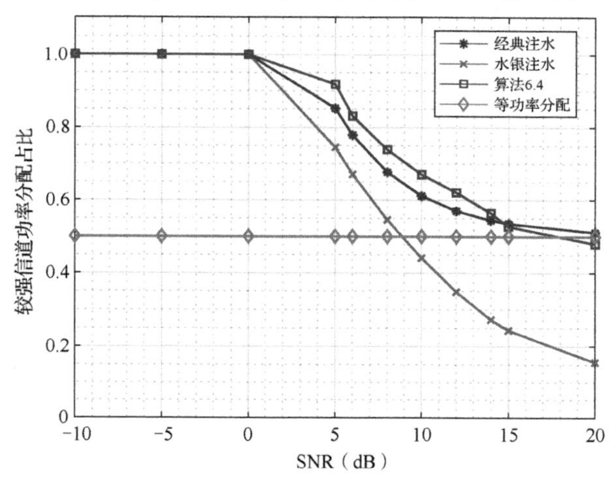


**图 6.20　固定 MIMO 信道下不同预编码设计方案中分配给较强子信道功率的比例**

进一步考虑 2×2 的瑞利衰落MIMO信道。同时，构建基于PAS的 2×2 MIMO收发机（见图6.21）来验证不同传输方案的误帧率性能。利用CCDM技术将均匀分布信号成型为利用算法6.3获得的最优概率分布。

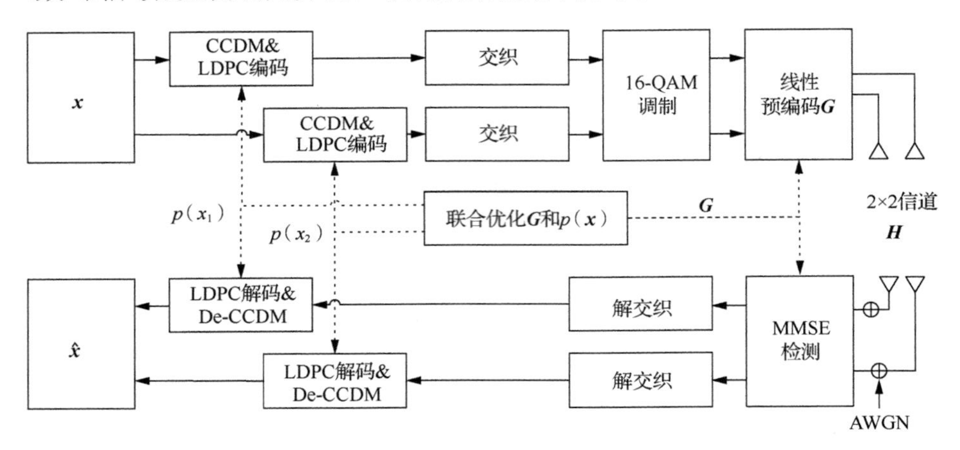


图 6.21 基于 PAS 的 MIMO 收发机

图6.22和图6.23分别展示了 2×2 瑞利衰落MIMO信道下不同预编码设计的互信息和误帧率曲线。从图6.22中可以看到，算法6.4与均匀分布最优预编码设计和等功率分配预编码设计相比，能获得明显的互信息增益。从图6.23中则可以看到，以实际系统中的误帧率作为评价指标，增益会进一步提高。

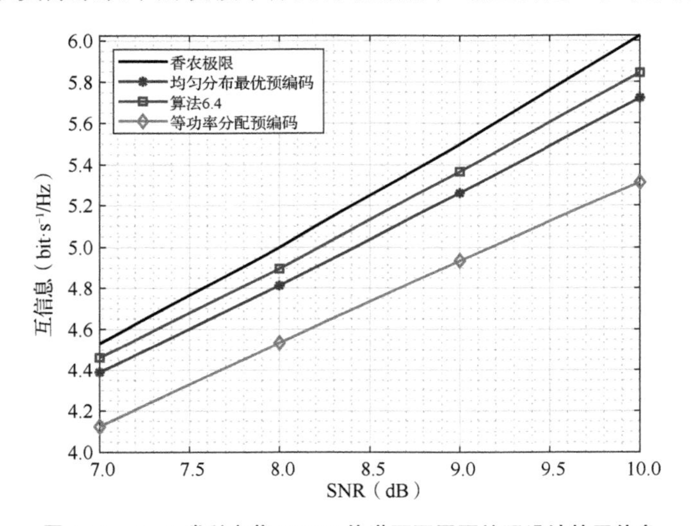


图 6.22 2×2 瑞利衰落 MIMO 信道下不同预编码设计的互信息

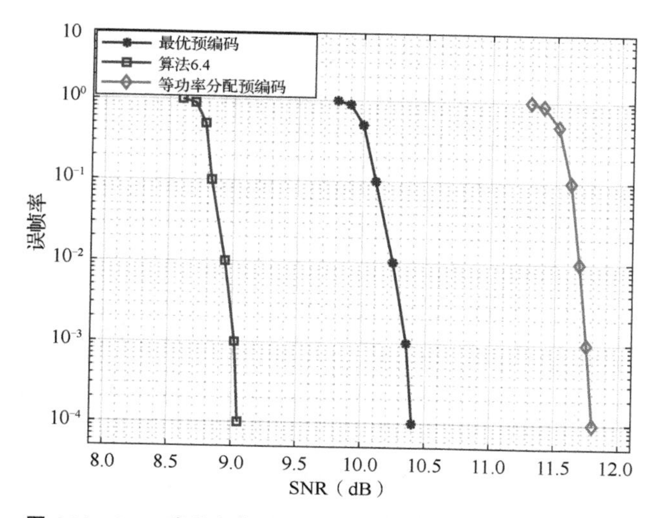


图 6.23　2×2 瑞利衰落 MIMO 信道下不同预编码设计的误帧率

# 6.6　本章小结

针对基于PAS的离散调制信号MIMO传输，本章首先介绍了PAS技术的基础知识，并推导了PAS技术的理论性能增益，然后针对实际离散调制信号MIMO传输系统，提出了信号概率分布和空间预编码联合优化设计方案，最后构建了一个MIMO收发机来验证该设计方案的性能。仿真结果表明，基于PAS的MIMO传输设计方案与已有方案相比，能获得显著的误帧率性能增益提升。

# 参考文献

[1] BLAHUT R. Computation of channel capacity and rate-distortion functions[J]. IEEE Trans. Inform. Theory, 1972, 18(4): 460-473.

[2] COVER T M. Elements of information theory[M]. 2rd. New York: Wiley, 2006.

[3] BOCHERER G, STEINER F, SCHULTE P. Bandwidth efficient and rate-matched low-density parity-check coded modulation[J]. IEEE Trans.

Commun., 2015, 63(12): 4651-4665.

[4] SCHULTE P, BÖCHERER G. Constant composition distribution matching[J]. IEEE Trans. Inform. Theory, 2016, 62(1): 430-434.

[5] BOCHERER G. Capacity-achieving probabilistic shaping for noisy and noiseless channels[D]. Aachen: Rheinisch-Westfalischen Technischen Hochschule, 2012.

[6] WITEN I H, NEAL R M, CLEARY J G. Arithmetic coding for data compression[J]. Communications of the ACM, 1987, 30(6): 520-540.

[7] GALLAGER R. Low-density parity-check codes[J]. IRE Trans. Inform. Theory, 1962, 8(1): 21-28.

[8] FORNEY G, GALLAGER R, LANG G, et al. Efficient modulation for band-limited channels[J]. IEEE J. Sel. Areas Commun., 1984, 2(5): 632-647.

# 主要术语表

| 英文全称 | 简称 | 中文全称 |
|---|---|---|
| 3rd Generation Partnership Project | 3GPP | 第三代合作伙伴计划 |
| Advanced Mobile Phone System | AMPS | （模拟制式蜂窝）高级移动电话系统 |
| Amplitude Shift Keying | ASK | 幅移键控 |
| Broadcast Channel | BC | 广播信道 |
| Binary Phase Shift Keying | BPSK | 二进制相移键控 |
| Binary Reflected Gray Code | BRGC | 二进制反射格雷码 |
| Constant Composition Distribution Matcher | CCDM | 固定成分分布匹配器 |
| Code Division Multiple Access | CDMA | 码分多址 |
| Channel State Information | CSI | 信道状态信息 |
| Digital-Advanced Mobile Phone System | D-AMPS | 数字式高级移动电话系统 |
| Digital Enhanced Cordless Telecommunication | DECT | 数字增强无绳通信 |
| Discrete Memoryless Source | DMS | 离散无记忆信源 |
| Direction of Arrival | DoA | 波达方向 |
| Dirty Paper Coding | DPC | 污纸编码 |
| Digital Video Broadcasting Satellite Second Generation | DVB-S2 | 数字视频广播卫星第二代（标准） |
| Enhanced Data Rates for GSM Evolution | EDGE | 增强型数据速率 GSM 演进 |
| Enhanced Mobile Broadband | eMBB | 增强型移动宽带 |
| Frequency Division Duplex | FDD | 频分双工 |
| Frequency Division Multiple Access | FDMA | 频分多址 |
| Future Public Land Mobile Telecommunication System | FPLMTS | 未来公众陆地移动通信系统 |
| General Packet Radio Service | GPRS | 通用分组无线业务 |
| Global System for Mobile Communication | GSM | 全球移动通信系统 |
| High-Speed Circuit-Switched Data | HSCSD | 高速电路交换数据 |

续表

| 英文全称 | 简称 | 中文全称 |
| --- | --- | --- |
| Independent and Identically Distributed | IID | 独立同分布 |
| Internet Protocol | IP | 网络协议 |
| Integrated Services Digital Network | ISDN | 综合业务数字网 |
| International Telecommunication Union | ITU | 国际电信联盟 |
| Japan Total Access Communication System | JTACS | 日本全入网通信系统 |
| Karush-Kuhn-Tucker | KKT | 卡鲁什-库恩-塔克（条件） |
| Low Density Parity Check Code | LDPC | 低密度奇偶校验码 |
| Line of Sight | LoS | 视距 |
| Multiple Access Channel | MAC | 多址接入信道 |
| Minimum Mean Square Error | MMSE | 最小均方误差 |
| Multiple-Input Multiple-Output | MIMO | 多输入多输出 |
| Multiple-Input Single-Output | MISO | 多输入单输出 |
| massive Machine Type Communication | mMTC | 海量机器类通信 |
| Nordic Mobile Telephone | NMT | 北欧移动电话（系统） |
| Orthogonal Frequency Division Multiplexing | OFDM | 正交频分复用 |
| Pulse Amplitude Modulation | PAM | 脉冲幅度调制 |
| Probabilistic Amplitude Shaping | PAS | 概率幅度成型 |
| Personal Digital Cellular | PDC | 个人数字蜂窝 |
| Phase Shift Keying | PSK | 相移键控 |
| Quality of Service | QoS | 服务质量 |
| Quadrature Amplitude Modulation | QAM | 正交幅度调制 |
| Spatial Channel Model | SCM | 空间信道模型 |
| Single-Input Single-Output | SISO | 单输入单输出 |
| Single-Input Multiple-Output | SIMO | 单输入多输出 |
| Signal-to-Noise Ratio | SNR | 信噪比 |
| Total Access Communication System | TACS | 全入网通信系统 |
| Two-Input Multiple-Output | TIMO | 两发多收 |
| Time Division Multiple Access | TDMA | 时分多址 |